微课版

普通高等院校计算机基础教育"十三五"规划教材

办公软件高级应用

（Office 2010 版）

贾小军　主　编

童小素　骆红波　副主编

中国铁道出版社有限公司

CHINA RAILWAY PUBLISHING HOUSE CO., LTD.

内 容 简 介

本书是在高等院校传统的"大学计算机"课程内容基础上，经提高与深化相关知识后编写的后续教材，结合了教育部考试中心颁布的《全国计算机等级考试二级 MS Office 高级应用考试大纲（2013 版）》。本书以 Office 2010 为操作平台，分为 6 章，深入浅出地介绍了 Word 2010 高级应用、Excel 2010 高级应用、PowerPoint 2010 高级应用、Outlook 2010 高级应用、宏与 VBA 高级应用以及 Visio 2010 高级应用等知识，内容新颖、图文并茂、直观生动、案例典型、注重操作、重点突出。本书附有重要理论知识讲授的二维码，支持移动设备在线播放，方便学习。同时，为了加强实践练习，还配有《办公软件高级应用实验案例精选（Office 2010 版）》实验教材，内设 16 个典型案例。

本书适合作为高等院校各专业"办公软件高级应用"课程的教材，也可作为参加全国计算机等级考试（二级 MS Office 高级应用）的辅导用书，还可作为企事业单位办公软件高级应用技术的培训教材以及计算机爱好者的自学参考书。

图书在版编目（CIP）数据

办公软件高级应用：Office 2010 版/贾小军主编. —北京：
中国铁道出版社，2017.1（2019.12 重印）
　普通高等院校计算机基础教育"十三五"规划教材
　ISBN 978-7-113-22506-3

　Ⅰ . ①办… Ⅱ . ①贾… Ⅲ . ①办公自动化—应用软件—高等
学校—教材 Ⅳ . ①TP317.1

中国版本图书馆 CIP 数据核字（2016）第 269871 号

书　　名：办公软件高级应用（Office 2010 版）
作　　者：贾小军　主编

策　　划：周海燕　　　　　　　　　　　　　　　读者热线：（010）63550836
责任编辑：周海燕　田银香
封面设计：穆　丽
责任校对：汤淑梅
责任印制：郭向伟

出版发行：中国铁道出版社有限公司（100054，北京市西城区右安门西街 8 号）
网　　址：http://www.tdpress.com/51eds/
印　　刷：三河市兴达印务有限公司
版　　次：2017 年 1 月第 1 版　　2019 年 12 月第 5 次印刷
开　　本：787 mm×1 092 mm　1/16　印张：18　字数：389 千
书　　号：ISBN 978-7-113-22506-3
定　　价：45.00 元

前　言

Office 是现代商务办公中使用率极高的办公辅助工具之一，它的重要性越来越为人们所熟知。熟练应用办公软件，掌握办公软件高级应用的人才将是社会急需的人才。本书根据当前社会办公的实际需求和应用范围，并结合教育部考试中心颁布的《全国计算机等级考试二级 MS Office 高级应用考试大纲（2013 版）》对 MS Office 高级应用的要求编写而成，以 Office 2010 为操作平台，结合实际应用案例，深入分析和详尽讲解了办公软件高级应用知识及操作技能。

全书共分 6 章，主要包括 Word 2010 高级应用、Excel 2010 高级应用、PowerPoint 2010 高级应用、Outlook 2010 高级应用、宏与 VBA 高级应用以及 Visio 2010 高级应用等内容。本书在总结基本操作的基础上，着重介绍一些常用、具有较强操作技巧的理论知识，并以实例的形式进行操作引导，以便读者能够有的放矢地进行学习并掌握相关理论知识及操作技巧。

本书不仅注重 Office 2010 知识的提升和扩展，强调高级应用，体现高级应用自动化、多样化、模式化和技巧化的特点，而且注重实际应用，并结合 Office 日常办公软件应用的典型案例进行讲解，举一反三，有助于学生学习"大学计算机"基础课程后进一步提高和扩展计算机知识和应用能力，也有助于读者发挥创意，灵活有效地处理工作中遇到的问题。本书内容新颖、图文并茂、直观生动、案例典型、注重操作、重点突出。书中典型的实例和细致的描述能为读者学习 Office 办公软件提供捷径，并能有效地帮助读者提高办公软件高级应用操作水平，从而提升工作效率。本书附有重要理论知识讲授的二维码，支持移动设备在线播放，方便学习。同时，为了加强实践练习，还配有实验教材《办公软件高级应用实验案例精选（Office 2010 版）》，内设 16 个典型案例，方便进行实验案例教学。

为方便教师组织教学，本书还配备了相应的多媒体教学课件及素材，可登录网站 www.51eds.com 获取。

全书由贾小军任主编，童小素、骆红波任副主编。第 1 章由贾小军编写，第 2 章由童小素编写，第 3 章由骆红波编写，第 4 章由潘云燕编写，第 5 章由顾国松编写，第 6 章由方攻编写。全书由贾小军博士统稿。

本书为我校公共计算机教研部老师在多年"大学计算机"及"办公软件高级应用"课程教学的基础上，结合多次编写相关讲义和教材的经验总结而成，同时本书在编写过程中也参考了大量书籍，得到了许多同行的帮助与支持，在此向他们表示衷心的感谢。另外，本书得到了浙江省哲学社会科学规划课题（15NDJC052YB）的部分资助，在此也表示感谢。

由于办公软件高级应用技术范围广、内容更新快，本书在编写过程中对内容的选取及知识点的阐述上，难免有不足或遗漏之处，敬请广大读者给予批评指正。

编　者
2016 年 8 月

目 录

第 1 章

Word 2010 高级应用 ‹‹‹

利用 Word 2010 提供的基本操作功能，可以实现字符和段落格式的设置，例如文字的字体、字号、颜色、字间距、特殊效果及段落的间距、缩进、对齐方式等。这些格式设置可以方便地用于短文档的排版，但在日常工作中使用 Word 时，常常会遇到长文档中更加复杂的排版要求，需要使用特殊、便捷的操作方法。本章着重讲解 Word 2010 的高级应用，主要涉及样式与模板、页面设计、图文混排与表格、域、文档批注与修订、主控文档与邮件合并等方面的高级操作方法和技巧，以实现长文档的排版。

1.1 样式与模板

样式是 Word 中最强有力的格式设置工具之一，使用样式能够准确、迅速地实现长文档的格式设置，而且利用样式可以方便地调整格式。例如，要修改某级标题的格式，只要简单地修改该标题样式，则所有应用该样式的标题格式将自动更改。模板是一个预设固定格式的文档，利用模板可以保证同一类文档风格的整体一致。本节将详细介绍样式的操作及应用方法，以及与格式设置相关的脚注和尾注、题注和交叉引用、模板等格式的设置方法。

1.1.1 样式

样式是被命名并保存的一系列格式的集合，它规定了文档中标题、正文以及各选中内容的字符或段落等对象的格式，包含字符样式和段落样式。字符样式只包含字符格式，例如字体、字号、字形、颜色、效果等，可以应用到任何文字。段落样式既可包含字符格式，也可包含段落格式，例如字体、行间距、对齐方式、缩进格式、制表位、边框和编号等，可以应用于段落或整个文档。被应用样式的字符或段落具有该样式所定义的格式，便于统一文档的所有格式。

在 Word 2010 中，样式可分为内置样式和自定义样式。内置样式是指 Word 2010 为文档中各对象提供的标准样式；自定义样式是指用户根据文档需要而新设定的样式。

1. 内置样式

在 Word 2010 中，系统提供了丰富的样式类型。单击"开始"选项卡，在"样式"组的快速样式库中显示了多种内置样式，其中"正文""无间隔""标题 1""标题 2"等都是内置样式名称。将鼠标指向各种样式时，光标所在段落或选中的对象就会自动呈现出当前样式应用后的视觉效果。单击快速样式库右侧的"其他"按钮 ，在弹出的样式列表中可以选择更多的内置样式，如图 1-1（a）所示。

单击"开始"选项卡"样式"组右下角的"对话框启动器"按钮 ，打开"样式"窗格，如图 1-1（b）所示。将鼠标指针停留在下拉列表中的样式名称上时，会显示该样式包含的格式信息。样式名称后面带符号 **a** 的表示字符样式，带符号 ↵ 的表示段落样式。

（a） （b）

图 1-1 "样式"下拉列表和"样式"窗格

下面举例说明应用内置样式进行文档段落格式的设置。对图 1-2（a）所示的原始文档进行格式设置，要求对章标题应用"标题 1"样式，对节标题应用"标题 2"样式，对正文各段实现首行缩进 2 个字符。操作步骤如下：

① 将光标定位在章标题文本中的任意位置，或选中章标题文本。

② 单击"开始"选项卡"样式"组中的快速样式库中的"标题 1"内置样式即可。或者单击"样式"组右下角的对话框启动器按钮，在打开的"样式"窗格中选择"标题 1"样式。

③ 将光标定位在节标题文本中任意位置，或选中节标题文本。

④ 单击快速样式库中的"标题 2"内置样式，或在"样式"窗格中选择"标题 2"样式。

⑤ 选中正文文本，然后单击快速样式库右侧的"其他"按钮，在弹出的下拉列表中单击"列出段落"样式，或单击"样式"窗格中的"列出段落"样式。最终效果如图 1-2（b）所示。

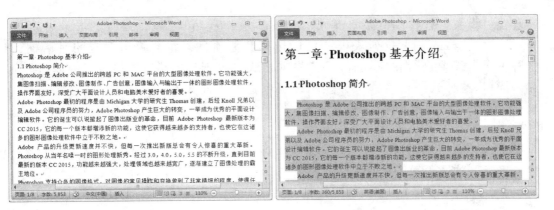

（a）　　　　　　　　　　　　　　　　（b）

图 1-2　应用系统内置样式

默认情况下，可以使用快捷键（用户也可以自定义）来应用其相应的样式。例如，按【Ctrl+Alt+1】组合键，表示应用"标题 1"样式；按【Ctrl+Alt+2】组合键，表示应用"标题 2"样式；按【Ctrl+Alt+3】组合键，表示应用"标题 3"样式，等等。此处的数字"1""2""3"只能按主键盘区上的数字键才有效，不能使用辅助键盘区中的数字键。

2. 自定义样式

Word 2010 为用户提供的内置样式能够满足一般文档格式设置的需要，但用户在实际应用中常常会遇到一些特殊格式的设置要求，当内置样式无法满足要求时，就需要创建自定义样式，并将其进行应用。

1）创建与应用新样式

例如，创建一个段落样式，名称为"样式 0001"，要求：黑体，小四号字，1.5 倍行距，段前距和段后距均为 0.5 行。具体操作步骤如下：

① 单击"开始"选项卡"样式"组右下角的对话框启动器按钮 ，打开"样式"窗格，见图 1-1（b）。

② 单击"样式"窗格左下角的"新建样式"按钮 ，弹出"根据格式设置创建新样式"对话框，如图 1-3 所示。

③ 在"名称"文本框中输入新样式的名称"样式 0001"。

④ 在"样式类型"下拉列表框中选择"段落""字符""表格""列表"样式，默认为"段落"样式。在"样式基准"下拉列表框中选择一个可作为创建基准的样式，一般应选择"正文"。在"后续段落样式"下拉列表框中为应用该样式段落的后续的段落设置一个默认样式，一般取默认值。

⑤ 一般的字符和段落格式可在"根据格式设置创建新样式"对话框的"格式"栏中进行设置，例如字体、字号、对齐方式等。也可以单击对话框左下角的"格式"下拉按钮，在弹出的下拉列表中选择"字体"命令，在弹出的"字体"对话框中进行字符格式设置。设置好字符格式后，单击"确定"按钮返回。

⑥ 单击"根据格式设置创建新样式"对话框左下角的"格式"下拉按钮，在弹出的下拉列表中选择"段落"命令，在弹出的"段落"对话框中进行段落格

式设置。设置好段落格式后，单击"确定"按钮返回。

⑦ 在"格式"下拉列表中还可以选择其他项目，将会弹出对应的对话框，然后可根据需要进行相应设置。在"根据格式设置创建新样式"对话框中单击"确定"按钮，"样式"窗格中将会显示出新创建的"样式 0001"样式。

下面将新创建的"样式 0001"样式应用于图 1-2（a）中文档正文中的第一段。将插入点置于第一段文本中的任意位置，单击"样式"窗格中的"样式 0001"，即可将该样式应用于所选段落，操作效果如图 1-4 所示。也可以选中第一段文本，然后单击"样式 0001"实现。

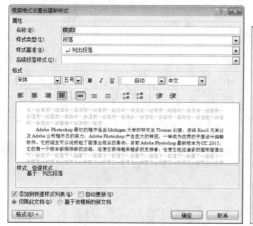

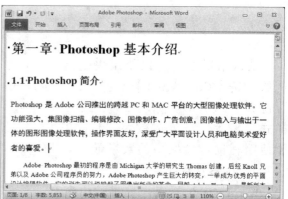

图 1-3 "根据格式设置创建新样式"对话框　　　图 1-4 应用"样式 0001"样式

还可以对文档中已完成格式定义的文本或段落以一个新样式的方式进行创建，其操作步骤如下：

① 在文档中选中已经完成格式定义的文本或段落，单击"开始"选项卡"样式"组中的快速样式库右边的"其他"下拉按钮 ，在弹出的下拉列表中选择"将所选内容保存为新快速样式"命令。或者右击所选内容，在弹出的快捷菜单中选择"样式"中的"将所选内容保存为新快速样式"命令。

② 弹出的"根据格式设置创建新样式"对话框，如图 1-5 所示。在"名称"文本框中输入新样式的名称，单击"确定"按钮。

图 1-5 "根据格式设置创建新样式"对话框

③ 如果在定义新样式的同时，还需要对该样式进行进一步的定义，则可以在图 1-5 所示的对话框中单击"修改"按钮，弹出图 1-3 所示的"根据格式设置创建新样式"对话框。

④ 在"根据格式设置创建新样式"对话框中可以对现有样式进行格式编辑，单击"确定"按钮，新定义的样式将出现在快速样式库中，并可以根据该样式快速调整文档中的文本或段落的格式。

2）修改样式

如果预设或创建的样式不能满足要求，可以在此样式的基础上进行格式修改，样式修改操作适用于内置样式或自定义样式。下面通过修改刚刚创建的"样式 0001"样式为例介绍其修改方法，要求为该样式增加首行缩进 2 个字符的段落格式。操作步骤如下：

① 单击"样式"窗格中"样式 0001"右侧的下拉按钮，在弹出的下拉列表中选择"修改"命令，或右击"样式 0001"，在弹出的快捷菜单中选择"修改"命令，弹出"修改样式"对话框。

② 单击对话框左下角的"格式"下拉按钮，选择其中的"段落"命令，弹出"段落"对话框。

③ 在"特殊格式"下拉列表框中选择"首行缩进"，磅值设置为"2 字符"，单击"确定"按钮，返回"修改样式"对话框，单击"确定"按钮。

④ "样式 0001"样式一经修改，应用此样式的所有段落格式将自动更新。

3）删除样式

若要删除创建的自定义样式，其操作步骤如下：

① 单击"样式"窗格中的"样式 0001"右侧的下拉按钮，在展开的下拉列表中选择"删除'样式 0001'"命令。

② 在弹出的对话框中单击"是"按钮，完成删除样式操作。

或右击要删除的样式，在弹出的快捷菜单中进行删除操作。

注意：只能删除自定义样式，不能删除 Word 2010 的内置样式。如果删除了某个自定义样式，Word 将对所有应用此样式的段落恢复到"正文"的默认样式格式。

4）复制与管理样式

在编辑文档的过程中，对于文档中新建的或修改的各类样式，可以将其复制到指定的其他文档或模板中，而不必重复再创建相同的样式。复制与管理样式的操作步骤如下：

① 打开已创建好各类样式的文档，单击"开始"选项卡"样式"组右下角的对话框启动器按钮，打开"样式"窗格。

② 单击"样式"窗格底部的"管理样式"按钮，弹出图 1-6 所示的"管理样式"对话框。

③ 单击对话框中的"导入/导出"按钮，弹出图 1-7 所示的样式"管理器"对话框，并且当前处于"样式"选项卡。在对话框的左侧列表中显示了当前文档中所包含的所有样式，并在"样式的有效范围"列表中显示了当前文档名称。

图 1-6　"管理样式"对话框

图 1-7　样式"管理器"对话框

④ 在图 1-7 所示的"在 Normal 中"列表框中显示了在 Word 默认文档模板中所包含的样式，在"样式的有效范围"下拉列表框中显示了 Word 默认的文档模板名"Normal.dotm（共用模板）"。

⑤ 若要将当前文档的样式（对话框左侧列表中的样式）复制到目标文档中，单击图 1-7 所示的对话框右侧的"关闭文件"按钮，将 Word 默认文档关闭后，原来的"关闭文件"按钮将变成"打开文件"按钮，如图 1-8(a)所示。

⑥ 单击"打开文件"按钮，弹出"打开"对话框。在"文件类型"下拉列表中选择"所有 Word 文档"，然后通过"查找范围"找到目标文档，单击"打开"按钮，此时在样式"管理器"对话框右侧的列表中显示了该文档所包含的样式。

⑦ 选择左侧样式列表中所需要的样式类型，可以同时选择多个，按住【Ctrl】键，然后单击各个样式，单击"复制"按钮，即可将选择的样式复制到右侧的目标文档中，如图 1-8（b）所示。如果目标文档中已经存在相同名称的样式，Word 会出现提示信息，可以根据实际需要决定是否覆盖文档中的原有样式。如果要保留目标文档中的同名样式，可以事先将目标文档或现有文档中的同名样式进行重命名，然后再进行复制样式操作。

（a）

（b）

图 1-8　样式复制

⑧ 单击"关闭"按钮，Word 将提示是否在目标文档中保存复制的样式，单

击"保存"按钮，完成样式复制。打开目标文档，就可以在文档中的"样式"窗格中看到已复制过来的样式。

注意：样式"管理器"对话框中的左右样式列表及其对应的文档名称，既可以作为复制样式的源文档，也可以作为目标文档，只不过中间的"复制"按钮上的箭头方向在发生变化。也就是说，在执行样式复制时，既可以把样式从左边打开的文档中复制到右边的文档中（箭头方向为从左向右），又可以从右边打开的文档中复制到左边的文档中（箭头方向为从右向左）。

3．多级自动编号标题样式

1）项目符号和编号

项目符号用于表示段落的并列关系，在选中的段落前面自动加上指定类型的符号；编号用于表示段落的顺序关系，在选中的段落前面自动加上按升序排列的指定类型的编号序列。

（1）添加项目符号和编号，其操作步骤如下：

① 在文档中选中要添加项目符号或编号的段落，单击"开始"选项卡"段落"组中的"项目符号"下拉按钮 ≡▼ 或"编号"下拉按钮 ≡▼ ，弹出对应的下拉列表。

② 在弹出的下拉列表中选择一种项目符号或编号样式即可，"项目符号"和"编号"下拉列表分别如图 1-9 和图 1-10 所示。

图 1-9　项目符号　　　　　　　　　　图 1-10　编号样式

（2）自定义项目符号和编号。如果对系统预定义的项目符号和自动编号不满意，可以为选中段落设置自定义的项目符号和编号。若要自定义项目符号，其操作步骤如下：

① 选择图 1-9 中的"定义新项目符号"命令，打开"定义新项目符号"对话框，如图 1-11 所示。

② 单击"符号"按钮，在弹出的"符号"对话框中选择需要的项目符号，单击"确定"按钮返回。

③ 单击"图片"按钮，在弹出的"图片项目符号"对话框中选择需要的项目符号，单击"确定"按钮返回。

④ 最后单击"确定"按钮即可添加自定义的项目符号。

若要自定义编号，其操作步骤如下：

① 选择图 1-10 中的"定义新编号格式"命令，弹出"定义新编号格式"对话框，如图 1-12 所示。

② 在"编号样式"下拉列表框中选择需要的编号样式，在"编号格式"文本框中输入需要的编号格式（不能删除"编号格式"文本框中带有灰色底纹的数值），单击"确定"按钮，即可添加自定义的编号格式。

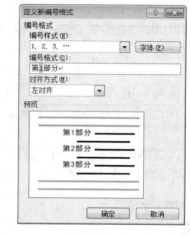

图 1-11 "定义新项目符号"对话框　　　图 1-12 "定义新编号格式"对话框

（3）删除项目符号和编号。添加的项目符号或编号可以被全部删除或部分删除。若要全部删除，分别单击图 1-9 项目符号库中和图 1-10 编号库中的"无"，再单击"确定"按钮，可删除全部的项目符号和编号。若要删除某个段落前面的项目符号或编号，等同于文档字符的删除方法，可直接删除。

2）多级自动编号标题样式的设置

内置样式库中的"标题1""标题2""标题3"等样式是不带自动编号的，在"修改样式"对话框中可以实现单个级别的编号设置，但对于多级编号，需要采用其他方法实现。在前面介绍编号内容时，可以通过将编号进行降级的方法来实现多级编号的设置，但操作方法比较复杂。此处介绍一种简便方法，可以实现多级自动编号标题样式的设置，并举例说明其操作过程。例如，对图 1-2（a）所示的文档设置格式，要求：章名使用样式"标题1"并居中，编号格式为"第 X 章"，其中 X 为自动编号，例如第 1 章；小节名使用样式"标题2"并左对齐，格式为多级编号，形如"X.Y"，其中 X 为章数字序号，Y 为节数字序号（例如"1.1"），且为自动编号。其操作步骤如下：

① 单击"开始"选项卡"段落"组中的"多级列表"下拉按钮，弹出图 1-13 所示的下拉列表。

② 选择"定义新的多级列表"命令，弹出"定义新多级列表"对话框。单击对话框左下角的"更多"按钮，对话框变成图 1-14 所示界面。

③ 在对话框的"单击要修改的级别"列表框中，显示有序号 1～9，说明可以同时设置 1～9 级的标题格式，各级标题格式效果形如右侧的预览列表。若要设置第 1 级标题格式，选择级别"1"。

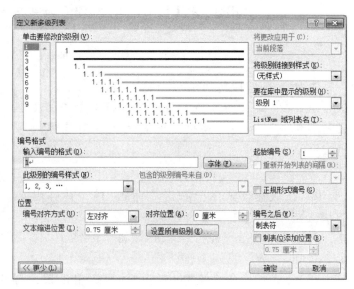

图 1-13　"多级列表"下拉列表　　　图 1-14　"定义新多级列表"对话框

④ 在"输入编号的格式"文本框中将自动出现带底纹的数字"1"，表示此"1"为自动编号格式。若无，可在"此级别的编号样式"下拉列表框中选择"1，2，3，…"编号样式，文本框中也会自动出现带底纹的"1"。然后，在"输入编号的格式"文本框中的数字前面和后面分别输入"第"和"章"（不能删除文本框中带有灰色底纹的数值）。在"编号对齐方式"下拉列表框中选择"左对齐"，对齐位置设置为"0 厘米"，文本缩进位置设置为"0 厘米"。在"将级别链接到样式"下拉列表框中选择"标题 1"样式，表示第 1 级标题为"标题 1"样式格式。在"编号之后"下拉列表框中选择"空格"。

⑤ 在"单击要修改的级别"列表框中单击"2"，在"输入编号的格式"文本框中将自动出现带底纹的序号"1.1"，第 1 个"1"表示第 1 级序号，第 2 个"1"表示第 2 级序号，均为自动编号。若文本框中无序号"1.1"，可在"包含的级别编号来自"下拉列表框中选择"级别 1"，在"输入编号的格式"文本框中将自动出现"1"，然后输入"."。在"此级别的编号样式"下拉列表框中选择"1，2，3，…"样式。在"输入编号的格式"文本框中将出现节序号"1.1"。在"编号对齐方式"下拉列表框中选择"左对齐"，对齐位置设置为"0 厘米"，文本缩进位置设置为"0 厘米"。在"将级别链接到样式"下拉列表框中选择"标题 2"样式，表示第 2 级标题为"标题 2"样式格式。在"编号之后"下拉列表框中选择"空格"。

⑥ 若有需要，按照相同方法，可以设置其余各级列表的标题样式，最后单击"确定"按钮，关闭"定义新多级列表"对话框。

⑦ 在"开始"选项卡"样式"组中的快速样式库中将会出现图 1-15 所示的带有多级自动编号的"标题 1"和"标题 2"样式。如果设置了更多，还会出现定义的其他样式。

图 1-15 修改后的标题样式

注意：各级标题的缩进值设置还可以采取以下方法。在"定义新多级列表"对话框中单击"设置所有级别"按钮，弹出"设置所有级别"对话框，如图 1-16 所示，可以将各级标题设为统一的缩进值。

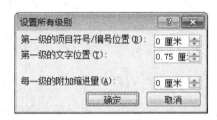

图 1-16 "设置所有级别"对话框

⑧ 在快速样式库中右击"标题 1"，在弹出的快捷菜单中选择"修改"命令，弹出"修改样式"对话框，单击"居中"按钮，将"标题 1"样式设为居中对齐方式，单击"确定"按钮。

⑨ 将光标定位在文档中的章标题，单击快速样式库中的"标题 1"样式，则章名设为指定的格式。选中标题中原来的"第一章"字符并删除。

⑩ 将光标定位在文档中的节标题，单击快速样式库中的"标题 2"样式，则节名设为指定的格式。选中节标题中原来的"1.1"字符并删除。

⑪ 可以将"标题 1"和"标题 2"应用于其他章名和节名。标题样式应用后的效果如图 1-17 所示。

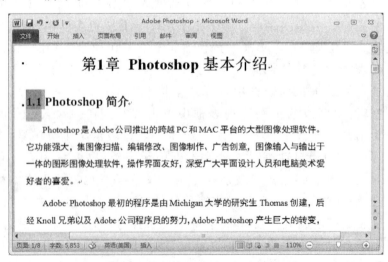

图 1-17 标题样式应用后的效果

3）标题样式的显示

在 Word 2010 中，快速样式库中的部分样式在使用前系统将其默认为隐藏，甚至在"样式"窗格中也找不到其样式，可以按照下面的操作方法显示隐藏的样式，并以修改后的样式格式进行显示。

① 单击"开始"选项卡"样式"组右下角的对话框启动器按钮 ，打开"样式"窗格。

② 选择窗格底部的"显示预览"复选框，窗格中显示为最新修改过的各个样式。

③ 单击"样式"窗格右下角的"选项"按钮，弹出"样式窗格选项"对话框，如图 1-18 所示。在"选择要显示的样式"下拉列表中选择"所有样式"，单击"确定"按钮返回。"样式"窗格中将显示 Word 2010 的所有样式，并且可以将"样式"窗格的各类样式应用到文档中。

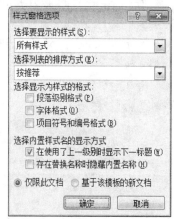

图 1-18 "样式窗格选项"对话框

1.1.2 脚注与尾注

脚注与尾注在文档中主要用于对文本进行补充说明，例如单词解释、备注说明或提供文档中引用内容的来源等。脚注通常位于页面的底部，用来说明每页中要注释的内容。尾注位于文档结尾处，用来集中解释需要注释的内容或标注文档中所引用的其他文档名称。脚注和尾注由两部分组成：引用标记及注释内容。引用标记可自动编号或自定义标记。

在文档中，脚注和尾注的插入、修改或编辑方法完全相同，区别在于它们出现的位置不同。本节以脚注为例介绍其相关操作，尾注的操作方法类似。

1. 插入及修改脚注

在文档中，可以同时插入脚注和尾注注释文本，也可以在文档中的任何位置添加脚注或尾注进行注释。默认设置下，Word 在同一文档中对脚注和尾注采用不同的编号方案。插入脚注的操作步骤如下：

① 将光标移动到要插入脚注的文本位置处，单击"引用"选项卡"脚注"组中的"插入脚注"按钮 ，此时即可在选择的位置处看到脚注标记。

② 在当前页最下方光标闪烁处输入注释内容，即可实现插入脚注操作。

插入第一个脚注后，可按相同操作方法插入第 2 个、第 3 个……并实现脚注的自动编号。如果用户要修改某个脚注内容，光标定位在该脚注内容处，然后直接进行修改。也可在两个脚注之间插入新的脚注，编号将自动更新。图 1-19 所示为文档中插入了两个脚注。

2. 修改或删除脚注分隔符

在 Word 文档中，用一条短横线将文档正文与脚注或尾注分隔开，这条线称为注释分隔符，可以修改或删除注释分隔符。其操作步骤如下：

① 单击 Word 窗口下面的状态栏右侧的"草稿"视图按钮，将文档视图切换到草稿视图模式。

② 单击"引用"选项卡"脚注"组中的"显示备注"按钮。

③ 在文档正文的下方将出现图 1-20 所示的操作界面，在"脚注"下拉列表框中选择"脚注分隔符"或"脚注延续分隔符"。

④ 对出现的注释分隔符进行修改。如果要删除注释分隔符，按【Delete】键进行删除即可。

⑤ 单击状态栏右侧的"页面视图"按钮，将文档视图切换到页面视图，可查看操作后的效果。

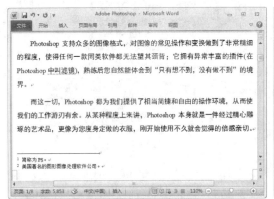

图 1-19 插入脚注

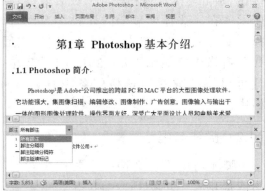

图 1-20 修改或编辑脚注

3．删除脚注

要删除单个脚注，只需选中文本右上角的脚注标记，按【Delete】键即可删除脚注内容。Word 将自动对其余脚注编号进行更新。

要一次性删除整个文档中的所有脚注，方法是利用"查找和替换"对话框实现。操作方法如下：

① 单击"开始"选项卡"编辑"组中的"替换"按钮，弹出"查找和替换"对话框。

② 单击"更多"按钮，在对话框新界面中将光标定位在"查找内容"下拉列表框中，单击对话框下方的"特殊格式"下拉按钮，在弹出的快捷菜单中选择"脚注标记"，"替换为"下拉列表框中设为空；单击"全部替换"按钮，系统将出现替换完成对话框，单击"确定"按钮即可实现对当前文档中全部脚注的删除操作。

4．脚注与尾注的相互转换

脚注与尾注之间可以进行相互转换，操作步骤如下：

① 将光标移动到某个要转换的脚注注释内容处并右击，在弹出的快捷菜单中选择"转换至尾注"命令，即可实现脚注到尾注的转换操作。

② 将光标移到某个要转换的尾注注释内容处并右击，在弹出的快捷菜单中选择"转换至脚注"命令，即可实现尾注到脚注的转换操作。

除了前面介绍的插入脚注与尾注的方法外，还可以利用"脚注和尾注"对话框来实现脚注与尾注的插入、修改及相互转换操作。单击"引用"选项卡"脚注"组右下角的对话框启动器按钮，弹出"脚注和尾注"对话框，如图 1-21（a）所示，可以插入脚注或尾注，还可以设定各种格式。在对话框中单击"转换"按钮，将出现图 1-21（b）所示的对话框，可实现脚注和尾注之间的相互转换。

（a）

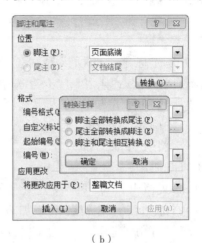
（b）

图 1-21 "脚注和尾注"对话框

1.1.3 题注与交叉引用

题注是添加到表格、图表、公式或其他项目上的名称和编号标签，由标签及编号组成。使用题注可以使文档中的项目更有条理，方便阅读和查找。交叉引用是在文档的某个位置引用文档另外一个位置的内容，类似于超链接，只不过交叉引用一般是在同一文档中相互引用。在创建某一对象的交叉引用之前，必须先标记该对象，才能将对象与其交叉引用链接起来。

1. 题注

在 Word 2010 中，可以在插入表格、图表、公式或其他项目时自动添加题注，也可以为已有的表格、图表、公式或其他项目添加题注。

1）为已有项目添加题注

通常，表格的题注位于表格的上面，图片的题注位于图片的下面，公式的题注位于公式的右边。对文档中已有的表格、图表、公式或其他项目添加题注，操作步骤如下：

① 图片下面（或表格上面）有较短的、独立的一行文字，表示其为图片（或表格）的注释内容，通常要放在题注编号的后面，此时可将光标定位在该行文字的最左侧位置。若无，在文档中选中想要添加题注的项目（如图片），建立题注后再输入注释内容。然后单击"引用"选项卡"题注"组中的"插入题注"按钮，弹出"题注"对话框，如图 1-22 所示。

② 在"标签"下拉列表中选择一个标签，例如图表、表格、公式等。若要新建标签，可单击"新建标签"按钮，在弹出的"新建标签"对话框中输入要使用的标签名称，例如图、表等，单击"确定"按钮返回，即可建立一个新的题注标签。

③ 单击"编号"按钮，弹出"题注编号"对话框，可以设置编号格式，也可以将编号和文档的章节序号联系起来。单击"确定"按钮返回"题注"对话框。

④ 如果是光标定位的插入题注位置，图 1-22 对话框中的"位置"下拉列表框为灰色不可选状态；若第 1 步为选中图片（或表格），可在"位置"下拉列表框中选择"所选项目下方"或"所选项目上方"，用来确定题注放置的位置。

⑤ 单击"确定"按钮，完成题注的添加，在光标所在位置（或者所选项目下方或上方）将会自动添加一个题注。

2）自动添加题注

在 Word 文档中，可以先设置好题注格式，然后再添加图表、公式或其他项目时将自动添加题注，这种题注添加方法的操作步骤如下：

① 单击"引用"选项卡"题注"组中的"插入题注"按钮，弹出"题注"对话框。

② 单击"自动插入题注"按钮，弹出"自动插入题注"对话框，如图 1-23 所示。

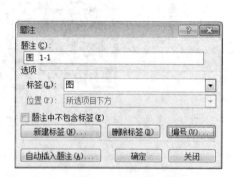

图 1-22 "题注"对话框

图 1-23 "自动插入题注"对话框

③ 在"插入时添加题注"列表框中选择自动插入题注的项目，在"使用标签"下拉列表框中选择标签类型，在"位置"下拉列表框中选择题注相对于项目的位置。如果要新建标签，单击"新建标签"按钮，在弹出的"新建标签"对话框中输入新标签名称。单击"编号"按钮可以设置编号格式。

④ 单击"确定"按钮，完成自动添加题注的操作。

3）修改题注

根据需要，用户可以修改题注标签，也可以修改题注的编号格式，甚至可以删除标签。可以修改单个题注，也可以修改文档中的所有题注。如果要修改文档中单一题注的标签，只需先选择该标签并按【Delete】键删除标签，然后再重新添加新题注。如果要修改所有相同类型的标签，操作步骤如下：

① 选择要修改的相同类型的一系列题注标签中的任意一个，单击"引用"选项卡"题注"组中的"插入题注"按钮，弹出"题注"对话框。

② 在"标签"下拉列表框中选择要修改的题注的标签。单击"新建标签"按钮，输入新标签名称，单击"确定"按钮返回。单击"编号"按钮，弹出"题注编号"对话框，选择其中的编号格式，单击"确定"按钮返回。

③ 在"题注"文本框中即可看到修改编号后的题注格式。单击"确定"按钮，文档中所有相同类型的题注将自动更改为新的题注。

如果在"题注"对话框中单击"删除标签"按钮，则会将选择的标签从"题注"的下拉列表中删除。

2．交叉引用

在 Word 2010 中，可以在多个不同的位置使用同一个引用源的内容，这种方法称为交叉引用。建立交叉引用实际上就是在要插入引用内容的地方建立一个域，当引用源发生改变时，交叉引用的域将自动更新。可以为标题、脚注、书签、题注、段落编号等项目创建交叉引用。本节以上面小节中创建的题注为例介绍交叉引用。

1）创建交叉引用

创建的交叉引用仅可引用同一文档中的项目，其项目必须已经存在。若要引用其他文档中的项目，首先要将相应文档合并到主控文档中。创建交叉引用的操作步骤如下：

① 将光标移动到要创建交叉引用的位置，单击"引用"选项卡"题注"组中的"交叉引用"按钮 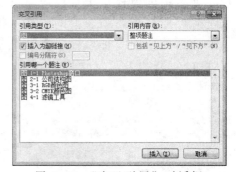，弹出"交叉引用"对话框，如图 1-24 所示。也可以单击"插入"选项卡"链接"组中的"交叉引用"按钮。

② 在"引用类型"下拉列表框中选择要引用的项目类型，例如图、图表、表格等，在"引用内容"下拉列表框中选择要插入的信息内容，例如整项题注、只有标签和标号、

图 1-24 "交叉引用"对话框

只有题注文字等。这里选择"只有标签和标号"。在"引用哪一个题注"列表框中选择要引用的题注，然后单击"插入"按钮。

③ 选中的题注编号将自动添加到文档中的指定位置。按照第②步方法可继续选择其他题注。选择完要插入的题注后单击"关闭"按钮，退出交叉引用操作。

2）更新交叉引用

当文档中被引用项目发生了变化，例如添加、删除或移动了题注，题注编号将发生改变，交叉引用应随之改变，这称为交叉引用的更新。可以更新一个或多个交叉引用，操作步骤如下：

① 若要更新单个交叉引用，选中该交叉引用；若要更新文档中所有的交叉引用，选中整篇文档。

② 右击所选对象，在弹出的快捷菜单中选择"更新域"命令。即可实现单个或所有交叉引用的更新。

也可以选中要更新的交叉引用或整篇文档，按【F9】键实现交叉引用的更新。

1.1.4 模板

模板是一种文档类型，是一类特殊的文档，所有的 Word 文档都是基于某个模板创建的。模板中包含了文档的基本结构及文档设置信息，例如文本、样式和格式；页面布局，例如页边距和行距；设计元素，例如特殊颜色、边框和底纹等。Word 2010 中支持 3 种类型的模板，其扩展名分别是"dot""dotx""dotm"。其中，"dot"为 Word 97—2003 的模板的扩展名；"dotx"为 Word 2010 的标准模板的扩展名，但不能存储宏；"dotm"为 Word 2010 中存储了宏的模板的扩展名。

用户在打开 Word 2010 时就启动了模板，该模板为 Word 2010 自动提供的普通模板（Normal.dotm），它包含了宋体、5 号字、两端对齐、纸张大小为 A4 纸型等信息。Word 2010 提供了许多预先定义好的模板，可以利用这些模板快速地建立文档。

1．利用模板创建文档

Word 2010 提供了许多被预先定义的模板，称为常用模板。使用常用模板可以快速创建基于某种类型和格式的文档，其操作步骤如下：

① 单击"文件"选项卡中的"新建"按钮。

② Word 2010 提供了"可用模板"和"Office.com 模板"两类模板。"可用模板"列表中的模板位于本机内，"Office.com 模板"列表中的模板需要在线搜索。单击"可用模板"列表中的"样本模板"，系统列出了 53 种模板，如图 1-25 所示。选择其中的一种模板，在预览效果图下面选择"文档"单选按钮。

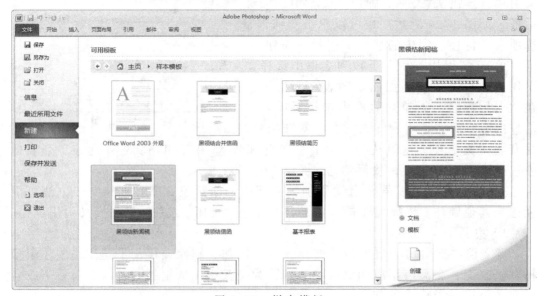

图 1-25　样本模板

③ 单击"创建"按钮，即可创建基于该模板的新文档。

④ 根据需要输入文档信息，然后进行文档的保存。

2．创建新模板

当 Word 2010 提供的现有模板不能满足用户需求时，可以创建新模板。创建新模板主要有两种方法，即利用已有模板创建新模板或利用已有文档创建新模板。

（1）利用已有模板创建新模板，其操作步骤如下：

① 单击"文件"选项卡中的"新建"按钮。

② 单击"样本模板"，选择一种模板样式，在预览效果图下选择"模板"单选按钮，单击"创建"按钮即可创建一个新模板。

③ 根据需要在新建的模板中进行修改，主要是进行内容及格式的调整。

④ 单击"保存"按钮或单击"文件"选项卡中的"另存为"按钮，弹出"另存为"对话框。

⑤ 在"另存为"对话框中显示的是系统提供的模板默认的存放位置，如图 1-26 所示。用户可选择默认位置，或自行设置模板的存放位置，在"文件名"下拉列表框中输入模板的文件名，在"保存类型"下拉列表框中选择"Word 模板"。Word 2010 模板默认的扩展名为"dotx"。

⑥ 单击"保存"按钮即可将设置的模板保存到用户指定的位置。

（2）利用已有文档创建模板，其操作步骤如下：

图 1-26 "另存为"对话框

① 打开已经排版好各种格式的现有文档。

② 单击"文件"选项卡中的"另存为"按钮，弹出"另存为"对话框。

③ 设置模板的存放位置，在"文件名"下拉列表框中输入模板的文件名，在"保存类型"下拉列表框中选择"Word 模板"。

④ 单击"保存"按钮即可将设置的模板保存到用户指定的位置。

3．应用模板

可以将一个定制好的模板应用到打开的文档中，具体操作步骤如下：

① 打开文档，单击"文件"选项卡中的"选项"按钮，弹出"Word 选项"对话框，如图 1-27（a）所示。

② 在"Word 选项"对话框左侧列表中单击"加载项"按钮，在"管理"下拉列表框中选择"模板"，然后单击"转到"按钮，弹出"模板和加载项"对话框，如图 1-27（b）所示。

③ 单击"选用"按钮，在弹出的"选用模板"对话框中选择一种模板，单

击"打开"按钮，将返回"模板和加载项"对话框。

④ 在"文档模板"文本框中将会显示添加的模板文档名和路径。选择"自动更新文档样式"复选框。

⑤ 单击"确定"按钮即可将此模板中的样式应用到打开的文档中。

（a）　　　　　　　　　　　　　　　　　　　　（b）

图 1-27　模板应用

4．编辑模板

除了前面介绍的通过已有文档或模板的方法来创建新模板或修改模板外，还可以将文档中的一个样式复制成一个新模板或将此样式复制到一个已存在的模板中去，这种操作称为向模板中复制样式，详细操作步骤如下：

① 打开 Word 文档，然后按上述"3"中的方法打开"模板和加载项"对话框。

② 单击"管理器"按钮，弹出"管理器"对话框，选择"样式"选项卡，弹出图 1-28 所示的对话框。左边为文档中已有的样式，右边为 Normal.dotm（共用模板）样式。

③ 可以将左边文档中的样式复制到右边的共用模板中，也可以将共用模板中的样式复制到当前文档中。如果要复制的样式未在 Normal.dotm 模板文件中，则可单击右边的"样式的有效范围"下拉列表下方的"关闭文件"按钮，此时该按钮将变成"打开文件"按钮。

④ 单击"打开文件"按钮，弹出"打开"对话框，从中选择要复制样式的模板或文档，单击"打开"按钮即可将选中的模板内容添加到"管理器"对话框中右侧的样式列表框中。

⑤ 完成样式复制操作后，单击"管理器"对话框中的"关闭"按钮即可完成样式的复制。

⑥ 单击"开始"选项卡"样式"组中的"样式"对话框启动器按钮，弹出"样式"窗格，可以查看添加的样式，也可以单击快速样式库右侧的"其他"按

钮，查看添加的样式。

在如图 1-28 所示的"管理器"对话框中，还可以实现对当前文档或 Normal.dotm 模板文档中的样式进行删除或重命名操作，读者可自行尝试。

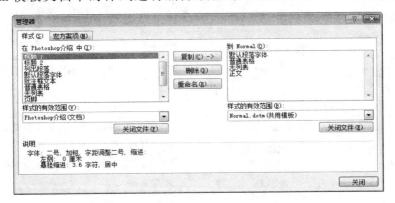

图 1-28　"管理器"对话框

1.2　页面设计

除了对文档内容进行各种格式设计外，Word 还提供了对页面进行高级设计的工具，主要包括视图方式、分隔符、页眉和页脚、页面设置、页面背景、文档主题及目录与索引，本节将对这些内容进行详细地介绍。

1.2.1　视图

视图是指文档的显示方式。在不同的视图方式下，文档中的部分内容将会突出显示，有助于更有效地编辑文档。另外，Word 2010 还提供了其他辅助工具，帮助用户编辑和排版文档。

1．视图方式

Word 2010 提供有页面视图、阅读版式视图、Web 版式视图、大纲视图和草稿 5 种视图显示方式。

1）页面视图

页面视图是 Word 最基本的视图方式，也是 Word 默认的视图方式，用于显示文档打印的外观，与打印效果完全相同。在页面视图方式下可以看到页面边界、分栏、页眉和页脚的实际打印位置，可以实现对文档的各种排版操作，具有"所见即所得"的显示效果。

2）阅读版式视图

阅读版式视图以图书的分栏样式显示文档内容，标题栏、选项卡、功能区等窗口元素被隐藏起来。在阅读版式视图中，用户还可以通过单击"工具"下拉按钮选择各种阅读工具，如图 1-29（a）所示。

3）Web 版式视图

Web 版式视图以网页的形式显示文档内容，其外观与在 Web 或 Intranet 上发布时的外观一致。在 Web 版式视图中，还可以看到背景、自选图形和其他在 Web 文档及屏幕上查看文档时常用的效果。Web 版式视图适用于发送电子邮件和创建网页，如图 1-29（b）所示。

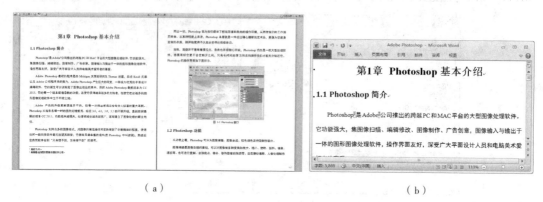

（a）   （b）

图 1-29　阅读版式和 Web 版式视图

4）大纲视图

大纲视图主要用于设置文档的标题和显示标题的层级结构，并可以方便地折叠和展开各种层级的文档，广泛用于长文档的快速浏览和设置，特别适合较多层次的文档，如图 1-30（a）所示。

在大纲视图中，利用"大纲"选项卡"大纲工具"组中的按钮，可以实现文档标题的快速设置及显示。其中，按钮 ➡ 实现将所选内容提升至标题 1 级别；按钮 ⬅ 实现将所选内容提升一级标题；按钮 ➡ 实现将所选内容下降一级标题；按钮 ➡➡ 实现将所选内容下降为正文文本；按钮 ▲ 实现将所选内容上移一个标题或一个对象；按钮 ▼ 实现将所选内容下移一个标题或一个对象；按钮 ➕ 实现展开下级的内容；按钮 ➖ 实现折叠下级的内容。

5）草稿

在草稿视图中，用户可以查看草稿形式的文档，可以输入、编辑文字或编排文字格式。该视图方式不显示文档的页眉、页脚、脚注、页边距及分栏结果等，页与页之间的分页线是一条虚线，简化了页面的布局，使显示速度加快，方便输入或编辑文档中的文字，并可进行简单的排版，如图 1-30（b）所示。

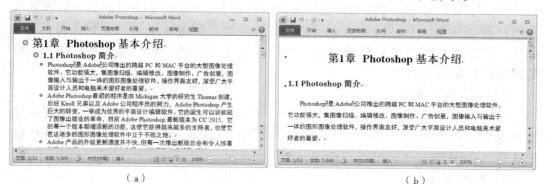

（a）   （b）

图 1-30　大纲和草稿视图

Word 2010 可以方便地实现 5 种视图之间的相互转换。单击"视图"选项卡"文档视图"组中的所需视图方式，或单击 Word 窗口右下角文档视图控制按钮区域中的某个视图按钮，即可使当前文档进入相应的视图方式。

2．辅助工具

Word 2010 提供了许多辅助工具，例如标尺、导航窗格、显示比例等，可以方便用户编辑和排版文档。

1）标尺

标尺用来测量或对齐文档中的对象，作为字体大小、行间距等的参考标准。标尺上有明暗分界线，可以对页边距、分栏的栏宽、表格的行和高等设置对象进行快速调整。当选中表格中的部分内容时，标尺上面会显示分界线，手动即可调整。手动的同时按住【Alt】键可以实现微调。Word 2010 中的标尺默认方式是隐藏的，其打开方式有 3 种。

（1）选择"视图"选项卡"显示"组中的"标尺"复选框。

（2）单击文档右侧垂直滚动条顶端的"标尺"按钮。

（3）移动鼠标指针到工作区上端的灰色区域处，停留几秒，即可显示标尺。移动到其他工作区位置，标尺将再次隐藏。

2）"导航"窗格

导航窗格由联机版式视图发展而来，它在文档中的一个单独的窗格中显示文档各级标题，使文档结构一目了然。在"导航"窗格中，可以单击各级标题、页面或通过搜索文本或对象进行导航。选择"视图"选项卡"显示"组中的"导航窗格"复选框，可打开"导航"窗格，如图 1-31 所示。单击左侧的某级标题，在右边的窗格中将会显示所对应的标题及其内容。通过单击 ▲ 或 ▼ 按钮实现向上或向下移动一个标题位置。利用文档页面导航可查看每页的缩略图并快速定位到相应页，并且利用"导航"窗格中的"搜索栏"可以快速查找文本、对象。

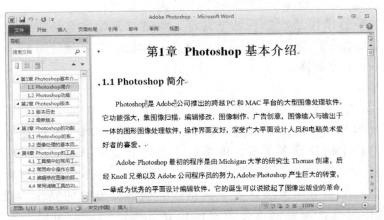

图 1-31　文档结构图

3）显示比例

为了便于浏览文档内容，可以缩小或者放大屏幕上的字体和图表，但不会影响文档的实际打印效果。这个操作可以通过调整显示比例来实现，其操作方法主要有以下两种。

（1）单击"视图"选项卡"显示比例"组中的"显示比例"按钮 ，弹出图 1-32 所示的对话框，可以根据自己的需要选择或设置文档显示的比例。单击文档窗口状态栏右侧的"缩放级别"按钮，也会弹出"显示比例"对话框。

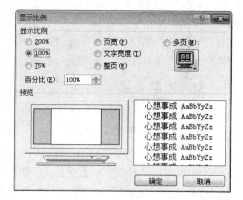

图 1-32　"显示比例"对话框

（2）通过单击状态栏右侧的"显示比例"滑动按钮 中的 、 按钮或移动滑块可实现文档的放大或缩小。

1.2.2　分隔符

有时根据排版的要求，需要在文档中人工插入分隔符，实现分页、分节及分栏。本节介绍这 3 种分隔符的使用方法。

1．分页符

在 Word 中，编辑文档时系统会自动分页。如果要从文档中的某个指定位置开始，之后的文档内容在下一页出现，此时可通过在指定位置插入分页符进行强制分页。操作方法如下：

① 将光标定位在要分页的位置，单击"页面布局"选项卡"页面设置"组中的"分隔符"下拉按钮，弹出一个下拉列表，如图 1-33（a）所示。

② 选择其中的"分页符"命令 ，此时，光标后面的文档内容将自动在下一页中出现。

利用其他方法也可以实现分页操作，例如，单击"插入"选项卡"页"组中的"分页"按钮 ，或按【Ctrl+Enter】组合键实现分页。

分页符为一行虚线，若看不见分页符，单击"开始"选项卡"段落"组中的"显示/隐藏编辑标记"按钮 即可显示分页符标记。若要删除分页符，单击分页符，按【Delete】键删除。

2．分节符

建立 Word 新文档时，Word 将整篇文档默认为一节，所有对文档的设置都是应用于整篇文档的。为了实现对同一篇文档中不同位置的文本进行不同的格式操作，可以将整篇文档分成多个节，根据需要为每节设置不同的文档格式。节是文档格式化的最大单位，只有在不同的节中，才可以设置不同的页眉和页脚、页边距、页面方向、纸张方向或版式等页面格式。插入分节符的操作步骤如下：

① 将光标定位在需要插入分节符的位置，单击"页面布局"选项卡"页面设置"组中的"分隔符"下拉按钮 ，将出现一个下拉列表，如图 1-33（a）所示。

② 在下拉列表中的"分节符"区域中选择分节符类型，选择"下一页"。

其中的分节符类型如下：

- 下一页：表示分节符后的文本将从新的一页开始。
- 连续：新节与其前面一节同处于当前页中。
- 偶数页：新节中的文本显示或打印在下一偶数页上。如果该分节符已经在一个偶数页上，则其下面的奇数页为一空页，对于普通的书籍就是从左手页开始的。
- 奇数页：新节中的文本显示或打印在下一奇数页上。如果该分节符已经在一个奇数页上，则其下面的偶数页为一空页，对于普通的书籍就是从右手页开始的。

③ Word 2010 即在光标处插入一个分节符，并将分节符后面的内容自动显示在下一页中，如图 1-33（b）所示。

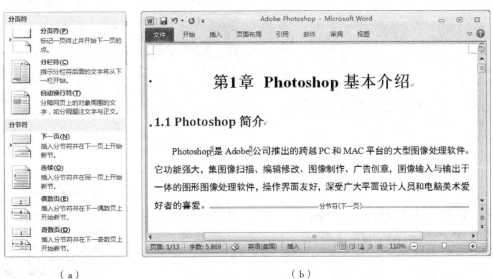

（a）　　　　　　　　　　　　　　　　　（b）

图 1-33　分节符及其操作结果

删除分节符等同于文档中字符的删除方法，将光标定位在分节符的前面，按【Delete】键。当删除一个分节符后，分节符前后两段将合并成一段，新合并的段落格式遵循如下规则：对于文字格式，分节符前后段落中的文字格式即使合并后也保持不变，例如字体、字号、颜色等；对于段落格式，合并后的段落格式与分节符前面的段落格式一致，例如行距、段前距、段后距等；对于页面设置格式，被删除分节符前面的页面将自动应用分节符后面的页面设置，例如页边距、纸张方向、纸张大小等。

3．分栏符

在 Word 2010 中，分栏用来实现在单页页面中以两栏或多栏方式显示文档内容，被广泛应用于报刊和杂志的排版编辑中。在分栏的外观设置上，Word 2010 具有很大的灵活性，可以控制栏数、栏宽以及栏间距，还可以很方便地设置分栏长度。分栏的操作步骤如下：

① 选中要分栏的文本，单击"页面布局"选项卡"页面设置"组中的"分栏"下拉按钮，在展开的下拉列表中选择一种分栏方式。

② 使用"分栏"按钮只可设置小于 4 栏的文档分栏，选择下拉列表中的"更多分栏"命令，弹出"分栏"对话框，如图 1-34（a）所示。

③ 在"分栏"对话框中，可以设置栏数、栏宽、分隔线、应用范围等。设置完成后，单击"确定"按钮完成分栏操作。图 1-34（b）所示为将选中的文本设置为两栏形式。

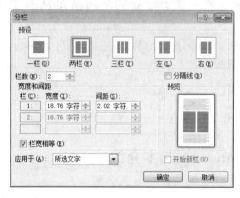

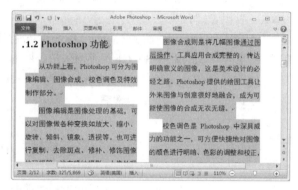

（a）　　　　　　　　　　　　　　　　（b）

图 1-34　"分栏"对话框及分栏结果

1.2.3　页眉与页脚

页眉和页脚分别位于文档中每页的顶部和底部，用来显示文档的附加信息，包括文档名、作者名、章节名、页码、日期时间、图片及其他一些域。可以将文档首页的页眉和页脚设置成与其他页不同的形式，也可以对奇数页和偶数页设置不同的页眉和页脚。

1．添加页眉和页脚

要添加页眉和页脚，只需在某一个页眉或页脚中输入要放置在页眉或页脚中的内容即可，Word 会把它们自动添加到每一页上，其操作步骤如下：

① 单击"插入"选项卡"页眉和页脚"组中的"页眉"下拉按钮，在展开的下拉列表中选择内置的页眉样式。如果不使用内置样式，选择"编辑页眉"命令，直接进入页眉编辑状态。或者直接双击页面上边界或下边界，也可以进入页眉或页脚编辑状态。

② 进入"页眉和页脚"编辑状态后，会同时显示"页眉和页脚工具/设计"选项卡，如图 1-35 所示。在页眉处可以直接输入页眉内容。

图 1-35　"页眉和页脚工具/设计"选项卡

③ 单击"导航"组中的"转到页脚"按钮，光标将定位到页脚编辑区（或直接单击页脚编辑区进行光标的定位），可以直接输入页脚内容。也可以单击"页眉和页脚"组中的"页脚"下拉按钮，在展开的下拉列表中选择内置的页脚样式。

④ 输入页眉和页脚内容后，单击"关闭"组中的"关闭页眉和页脚"按钮，则返回文档正文原来的视图方式。

退出页眉和页脚编辑环境的操作，也可以通过在正文文档任意处双击实现。

2．页码

在 Word 文档中，页码是一种放置于每页中标明次序，用以统计文档页数、便于读者检索的编码或其他数字。加入页码后，Word 可以自动而迅速地编排和更新页码。在 Word 2010 中，页码可以放在页面顶端（页眉）、页面底端（页脚）、页边距或当前位置处，通常放在文档的页眉或页脚处。插入页码的操作步骤如下：

① 单击"插入"选项卡"页眉和页脚"组中的"页码"下拉按钮，展开的下拉列表如图 1-36（a）所示。

② 在弹出的下拉列表中，可以通过"页面顶端""页面底端""页边距""当前位置"命令的级联菜单选择页码放置的样式。例如，选择"页面底端"中的"普通数字 2"命令，将自动在页脚处居中显示阿拉伯数字样式的页码。

③ 在页眉或页脚编辑状态下，可以对插入的页码格式进行修改。单击"页眉和页脚工具/设计"选项卡"页眉和页脚"组中的"页码"下拉按钮，在弹出的下拉列表中选择"设置页码格式"命令，弹出"页码格式"对话框，如图 1-36（b）所示。若不在页眉或页脚编辑状态，可单击"插入"选项卡"页眉和页脚"组中的"页码"下拉按钮，在弹出的下拉列表中选择"设置页码格式"命令。

（a）　　　　　　　　　　　　（b）

图 1-36 "页码"下拉列表及"页码格式"对话框

④ 在"页码格式"对话框中的"编号格式"下拉列表框中选择编号的格式，在"页码编号"栏下可以根据实际需要选择"续前节"或"起始页码"单选按钮。单击"确定"按钮完成页码的格式设置。

⑤ 单击"页眉和页脚工具/设计"选项卡"位置"组中的"插入'对齐方式'选项卡"按钮，弹出"对齐制表位"对话框，用来设置页码的对齐方式。也可以单击"开始"选项卡"段落"组中的对齐按钮实现页码对齐方式的设置。

⑥ 单击"关闭页眉和页脚"按钮退出页眉和页脚编辑状态。

还可以双击页眉或页脚区域进入页眉和页脚编辑环境，然后单击"页眉和页脚工具/设计"选项卡"页眉和页脚"组中的"页码"下拉按钮插入页码。

3．页眉和页脚选项

有些文档的首页没有页眉和页脚，或者与文档中其余各页的页眉或页脚不同，是因为设置了首页不同的页眉和页脚。在有些文档中，要求对奇数页和偶数页分别设置各自不同的页眉或页脚，或在文档指定页中设置不同的页眉或页脚，这些操作可以借助页眉和页脚选项或利用分节符功能来实现。

1）创建首页不同的页眉或页脚

若将文档中首页页面的页眉和页脚设置成与文档中其余各页不同，操作步骤如下：

① 双击文档中的页眉或页脚区域，进入页眉或页脚编辑状态，或用其他方法进入页眉或页脚编辑状态。

② 选择"页眉和页脚工具/设计"选项卡"选项"组中的"首页不同"复选框 ☑ 首页不同。

③ 将光标分别移到首页的页眉或页脚处，然后分别编辑其内容。编辑完首页的页眉或页脚内容后，退出页眉和页脚编辑状态。

2）创建奇偶页不同的页眉或页脚

若在文档中的奇、偶页上设置不同的页眉或页脚，例如，在奇数页页眉中使用章标题，在偶数页页眉中使用节标题，其操作步骤如下：

① 双击文档中的页眉或页脚区域，进入页眉或页脚编辑状态，或用其他方法进入页眉或页脚编辑状态。

② 选择"页眉和页脚工具/设计"选项卡"选项"组中的"奇偶页不同"复选框 ☑ 奇偶页不同。

③ 将光标移到文档的奇数页页眉或页脚处，编辑其内容。文档中其余各奇数页将自动加上相应的页眉或页脚内容。

④ 将光标移到文档的偶数页页眉或页脚处，编辑其内容。文档中其余各偶数页将自动加上相应的页眉或页脚内容。

⑤ 分别编辑完文档的奇、偶页的页眉或页脚内容后，双击文档区域，退出页眉和页脚的编辑状态。

图 1-37 所示为文档的奇、偶页页眉的设置结果。其中，图 1-37（a）是将文档奇数页的页眉内容设置为文档的章标题内容，图 1-37（b）为将偶数页的页眉内容设置为文档的节标题内容。

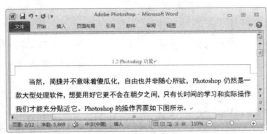

（a）   （b）

图 1-37　奇、偶页页眉设置结果

3）创建各节不同的页眉或页脚

节是文档格式化的最大单位，只有在不同的节中，才可以设置不同的页眉和页脚、页边距、页面方向、文字方向或版式等页面格式。将文档分成多节，可以利用分节符来实现，然后再在各节中实现相应操作。例如，在毕业论文排版中，需要将正文前的部分（封面、中文摘要、英文摘要、目录等）与正文（各章节）两部分应用不同的页码样式。其操作步骤如下：

① 根据文档需要，将文档分成多节。首先将光标定位在需要分节的位置，单击"页面布局"选项卡"页面设置"组中的"分隔符"下拉按钮，在弹出的下拉列表中选择"分节符"栏中的"下一页"进行分节。重复此操作，可在文档中插入多个分节符。

② 将光标定位在文档的第一节中，双击文档下边界的页脚区域，进入页脚编辑状态。也可以用其他方法进入页脚编辑状态，并将光标重新定位在需要修改页脚格式的所在节的页脚编辑区中。

③ 单击"导航"组中的"链接到前一条页眉"按钮，断开该节与前一节的页脚之间的链接。此时，页面中将不再显示"与上一节相同"的提示信息，即用户可以根据需要修改本节现有的页脚内容或格式，或者输入新的页脚内容。

④ 若本节中需要新建页脚的页码，选择"页眉和页脚"组中的"页脚"下拉列表中的某种页码样式，所选的页脚样式将被应用到本节各页面的页脚处。

⑤ 若要修改本节的页码格式，单击"页眉和页脚"组中的"页码"下拉列表中的"设置页码格式"按钮，弹出"页码格式"对话框，在对话框中修改"编号格式"或"页码编号"，并单击"确定"按钮。

⑥ 文档中其余各节的页码格式设置方法可参考上述步骤来实现。并且可以根据用户需要，设置成不同的页码格式，甚至设置成不同的页脚内容。

⑦ 若文档中设置了多节，并且要求页码连续，则必须选择"页码格式"对话框中的"续前节"单选按钮。若不需要页码连续，可选择"起始页码"单选按钮并设定起始页码数字，然后单击"确定"按钮。

⑧ 双击文档内容区域，退出页脚编辑状态，完成页码格式设置。

毕业论文的页脚的页码格式设置的详细操作步骤可参考配套的上机实验教程《办公软件高级应用实验案例精选（Office 2010 版）》中的相应案例。

各节不同的页眉编辑方法类似于页脚编辑方法，在此不再举例赘述。

4．删除页眉和页脚

当需要将页眉或页脚内容删除时，可以按如下操作方法进行。

（1）删除文档的所有页眉或页脚。单击文档中的任何文本区域，然后单击"插入"选项卡"页眉和页脚"组中的"页眉"下拉按钮，在弹出的下拉列表中单击"删除页眉"按钮，可以删除文档中的所有页眉内容。单击"页眉和页脚"组中的"页脚"下拉列表中的"删除页脚"按钮，可以删除文档中的所有页脚内容。

（2）删除文档中的指定节的页眉或页脚。进入页眉或页脚编辑状态，并将光标定位在要删除页眉或页脚内容处，直接删除，可以实现将本节中所有的页眉或页脚内容删除。

（3）还可以用其他方法进行选择性删除，例如，"页码"下拉列表中的"删除页码"命令用于页码删除；文档首页不同，或者奇偶页的页眉或页脚不同，需要将光标分别定位在相应的页面中，再删除页眉或页脚内容；也可以在页眉或页脚编辑环境下，选择要删除的页眉或页脚内容，按【Delete】键实现删除。

1.2.4 页面设置

页面设置包括页边距、纸张、版式和文档网格等页面格式的设置。新建文档时，Word 对页面格式进行了默认设置，用户可以根据需要随时进行更改。可以在输入文档之前进行页面设置，也可以在输入文档的过程中或输入文档之后进行页面设置。

1. 页边距

页边距是指页面四周的空白区域，通俗理解是页面的边线到文字的距离。设置页边距，包括调整上、下、左、右边距，以及页眉和页脚边界的距离，操作步骤如下：

① 单击"页面布局"选项卡"页面设置"组中的"页边距"下拉按钮，弹出下拉列表，如图 1-38（a）所示，选择需要调整的页边距样式。

② 若下拉列表中没有所需要的样式，选择下拉列表最下面的"自定义边距"命令，或单击"页面设置"组右下角的对话框启动器按钮，弹出"页面设置"对话框，如图 1-38（b）所示。

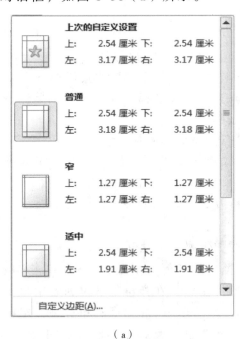

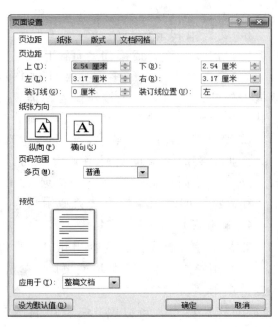

（a）   （b）

图 1-38 "页边距"下拉列表及"页面设置"对话框

③ 在对话框中设置页面的上（默认为 2.54 厘米）、下（默认为 2.54 厘米）、

左（默认为 3.17 厘米）、右（默认为 3.17 厘米）边距，纸张方向（默认为纵向），页码范围及应用范围（默认为本节）。

④ 单击"确定"按钮，完成页边距的设置。

2．纸张

默认情况下，Word 中的纸型是标准的 A4 纸，文字纵向排列，纸张宽度是 21cm，高度是 29.7cm。可以根据需要重新设置或随时修改纸张的大小和方向，操作步骤如下：

① 单击"页面布局"选项卡"页面设置"组中的"纸张方向"下拉按钮，在弹出的下拉列表中选择"纵向"或"横向"。

② 单击"页面布局"选项卡"页面设置"组中的"纸张大小"下拉按钮，弹出下拉列表，如图 1-39（a）所示，选择需要调整的纸张样式。

③ 若下拉列表中没有所需要的纸张样式，选择下拉列表最下面的"其他页面大小"命令，或单击"页面设置"组右下角的对话框启动器按钮，弹出"页面设置"对话框，选择"纸张"选项卡，如图 1-39（b）所示。

④ 在"纸张"选项卡中设置纸张大小及应用范围。

⑤ 单击"确定"按钮，完成纸张大小的设置。

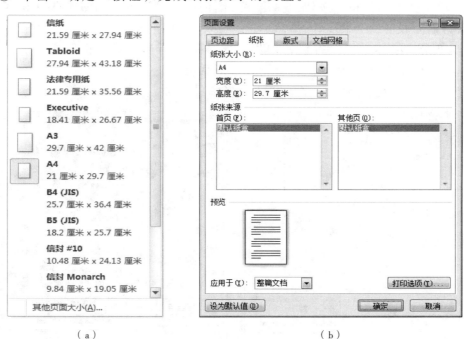

（a）　　　　　　　　　　　　（b）

图 1-39 "纸张"下拉列表及"页面设置"对话框

3．版式

版式也就是版面格式，包括节、页眉和页脚、版心和周围空白的尺寸等项目的设置，操作步骤如下：

① 单击"页面布局"选项卡"页面设置"组右下角的对话框启动器按钮，弹出"页面设置"对话框，选择"版式"选项卡。

② 在该对话框中可以设置节的起始位置、首页不同或奇偶页不同、页眉和页脚边距、对齐方式等。

③ 单击"行号"按钮，弹出"行号"对话框，如图 1-40（a）所示，可以根据需要添加行号。选择"添加行号"复选框，单击"确定"按钮返回。

④ 单击"边框"按钮，弹出"边框和底纹"对话框，可以根据需要设置页面边框，单击"确定"按钮返回。

⑤ 单击"页面设置"对话框中的"确定"按钮，完成文档版式的设置。

4．文档网格

Word 2010 可以实现文字排列方向、页面网格、每页行数、每行字数等项目的设置，操作步骤如下：

① 单击"页面布局"选项卡"页面设置"组右下角的对话框启动器按钮，弹出"页面设置"对话框，选择"文档网格"选项卡。

② 根据需要，在对话框中可以设置文字排列方向、栏数，网格的类型，每页的行数、每行的字数，应用范围等。

③ 单击"绘图网格"按钮，弹出"绘图网格"对话框，如图 1-40（b）所示，可以根据需要设置文档网格格式，单击"确定"按钮返回。

④ 单击"字体设置"按钮，弹出"字体"对话框，可以设置文档的字体格式，单击"确定"按钮返回"页面设置"对话框。

⑤ 单击"确定"按钮，完成文档网格的设置。

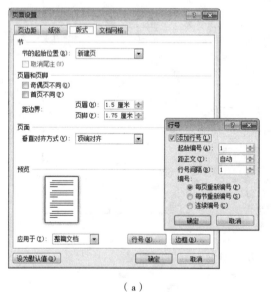
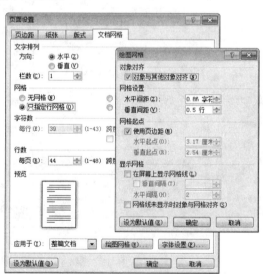

（a）　　　　　　　　　　　　　　　（b）

图 1-40　"行号"对话框及"绘图网格"对话框

1.2.5 页面背景

页面背景是指显示于 Word 文档最底层的颜色或图案，用于丰富文档的页面显示效果，使文档更美观，增加其观赏性。页面背景包括水印、页面颜色和页面边框的设置。

1. 水印

在打印一些重要文件时给文档加上水印，例如"绝密""保密""禁止复制"等字样，以强调文档的重要性，水印分为图片水印和文字水印。添加水印的操作步骤如下：

① 单击"页面布局"选项卡"页面背景"组中的"水印"下拉按钮，弹出下拉列表，选择需要的水印样式即可。

② 若要自定义水印，选择下拉列表中的"自定义水印"命令，弹出"水印"对话框，如图 1-41（a）所示。

③ 在该对话框中，可以根据需要设置图片水印和文字水印。图片水印是将一幅制作好的图片作为文档水印。文字水印包括设置水印语言、文字、字体、字号、颜色、版式等格式。

④ 单击"确定"按钮，完成水印设置。图 1-41(b)所示为插入文字水印"Adobe Photoshop"后的操作结果。

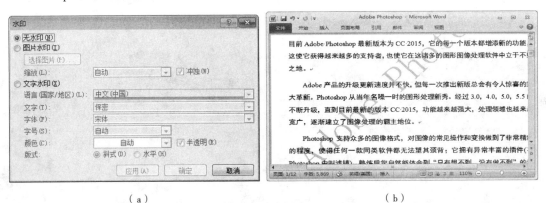

（a）　　　　　　　　　　　　　（b）

图 1-41　"水印"对话框及操作结果

文字水印在一页中仅显示为单个水印，若要在同一页中同时显示多个文字水印，可以先制作一幅含有多个文字水印的图片，然后将它作为图片水印的方式加入文档中。

若要修改已添加的水印，按照上面的操作方法打开"水印"对话框，在对话框中可以对现有水印的文字、字体、字号、颜色及版式进行设置，或重新添加图片水印。

若要删除水印，单击"页面布局"选项卡"页面背景"组中的"水印"下拉按钮，在弹出的下拉列表中选择其中的"删除水印"命令即可。

2．页面颜色

在 Word 中，系统默认的页面颜色为白色，用户可以将页面颜色设置为其他颜色，以增强文档的显示效果。例如，将当前 Word 文档页面的填充效果设置为"雨后初晴"形式，操作步骤如下：

① 单击"页面布局"选项卡"页面背景"组中的"页面颜色"下拉按钮 ，弹出下拉列表，可以根据需要选择主题颜色。也可以选择"其他颜色"命令，弹出"颜色"对话框，选择所需要的颜色。

② 选择"填充效果"命令，弹出"填充效果"对话框。单击"渐变""纹理""图案""图片"标签，可以在打开的相应选项卡中选择所需要的填充效果。其中，"渐变""纹理""图案"可以在对应列表中直接进行选择，"图片"可以将指定位置的图片文件作为文档背景进行添加。"雨后初晴"效果在"渐变"选项卡中，选择"预设"单选按钮，在"预设颜色"下拉列表框中选择"雨后初晴"，单击"确定"按钮返回。

③ 页面颜色即为指定的颜色，操作效果如图 1-42（a）所示。

也可将一个图片文件设置为文档的背景，如图 1-42（b）所示。

若要删除页面颜色，单击"页面布局"选项卡"页面背景"组中的"页面颜色"按钮，弹出下拉列表，选择"无颜色"命令即可。

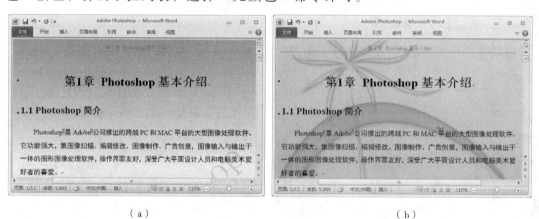

（a）　　　　　　　　　　　　　　　　　（b）

图 1-42　页面颜色填充效果

3．页面边框

可以在 Word 文档的每页四周添加指定格式的边框以增强文档的显示效果，操作步骤如下：

① 单击"页面布局"选项卡"页面背景"组中的"页面边框"按钮 ，弹出"边框和底纹"对话框。

② 在"页面边框"选项卡中设置页面边框的类型、颜色、线型等。单击"确定"按钮即可。图 1-43 所示为设置红色页面边框后的效果。

若要删除页面边框，单击"页面布局"选项卡"页面背景"组中的"页面边框"按钮，弹出"边框和底纹"对话框。在"页面边框"选项卡中的"设置"列表框中选择"无",单击"确定"按钮,即可删除页面边框。

图 1-43　页面边框添加效果

1.2.6　文档主题

文档主题是一组具有统一外观的格式选项,包括一组主题颜色(配色方案的集合)、一组主题字体(包括标题字体和正文字体)和一组主题效果(包括线条和填充效果)。Microsoft Office Word、Excel 和 PowerPoint 提供了许多内置的文档主题,用户还可以通过自定义并保存文档主题来创建自己的文档主题。文档主题可在各种 Office 程序之间共享,这样所有 Office 文档都具有统一的外观。

1．内置主题

内置文档主题是 Word 自带的主题,若要使用内置主题,其操作步骤如下:

① 单击"页面布局"选项卡"主题"组中的"主题"下拉按钮。

② 在弹出的下拉列表中,显示了 Word 内置的"主题库",有 Office、暗香扑面、奥斯汀、跋涉、波形等 40 余种文档主题,如图 1-44 所示。鼠标移到某种主题,文档将显示其应用效果。

③ 直接选择某个需要的主题,即可应用该主题到当前文档中。

若文档先前应用了样式,然后再应用主题,样式可能受到影响,反之亦然。

2．自定义主题

用户不仅可以在文档中应用系统的内置主题,还可以根据实际需要自定义文档主题。要自定义文档主题,需要对主体颜色、主题字体以及主题效果进行设置,这些设置会立即影响当前文档的外观。如果需要将这些设置应用到新文档,可以将其另存为自定义的文档主题,并保存在主题库中。

(1)主题颜色。用来设置文档中不同对象的颜色,包含四种文本颜色及背景色、六种强调文字颜色和两种超链接颜色。更改其中任何已存在的颜色来创建自己的一组主题颜色,则在"主题颜色"按钮中以及主题名称旁边显示的颜色将相应地发生变化。操作步骤如下:

① 单击"页面布局"选项卡"主题"组中的"颜色"下拉按钮。

② 在弹出的下拉列表中列出了 Word 内置文档主题中所使用的主题颜色,单击其中的一项,可将当前文档的主题颜色更改为指定的主题颜色。

③ 若要新建主题颜色，选择下拉列表框底部的"新建主题颜色"命令，弹出"新建主题颜色"对话框，如图 1-45 所示。

图 1-44　文档主题　　　　　　　　　　　　图 1-45　主题颜色

④ 在"主题颜色"列表中，单击要更改的主题颜色元素对应的按钮，选择要使用的颜色。重复此操作，为要更改的所有主题元素更改颜色。

⑤ 在"名称"文本框中，为新主题颜色输入适当的名称，然后单击"保存"按钮。新建的主题颜色将出现在主题颜色库中。

（2）主题字体。包含标题字体和正文字体，可以更改这两种字体来创建一组主题字体。操作步骤如下：

① 单击"页面布局"选项卡"主题"组中的"字体"下拉按钮。

② 在弹出的下拉列表中列出了 Word 内置的主题字体，单击其中的一项，可将当前文档的主题字体更改为指定的主题字体。

③ 若要新建主题字体，选择下拉列表底部的"新建主题字体"命令，弹出"新建主题字体"对话框，如图 1-46 所示。

④ 在"标题字体"和"正文字体"下拉列表框中，选择要使用的字体。

⑤ 在"名称"文本框中，为新主题字体输入适当的名称，然后单击"保存"按钮。新建的主题字体将出现在主题字体库中。

（3）主题效果。主题效果是线条和填充效果的组合，用户无法创建自己的一组主题效果，但是可以选择想要在自己的文档主题中使用的主题效果。操作步骤如下：

① 单击"页面布局"选项卡"主题"组中的"效果"下拉按钮。

② 在弹出的下拉列表中列出了 Word 内置的主题效果，如图 1-47 所示。单击其中的一项，可将当前文档的主题效果更改为指定的主题效果。

（4）保存文档主题。对文档主题的颜色、字体、线条及填充效果进行修改后，可以保存为应用于其他文档的自定义文档主题。操作步骤如下：

图 1-46　主题字体　　　　　　　　图 1-47　主题效果

① 单击"页面布局"选项卡"主题"组中的"主题"下拉按钮。

② 在弹出的下拉列表中，选择"保存当前主题"命令，弹出"保存当前主题"对话框，在"文件名"文本框中，输入该主题名称，单击"保存"按钮，该主题将自动添加到主题库中。

1.2.7　目录与索引

目录是 Word 文档中各级标题及每个标题所在的页码的列表，通过目录可以实现文档内容的快速浏览。此外，Word 中的目录包括标题目录、图表目录和引文目录。索引是将文档中的字、词、短语等单独列出来，注明其出处和页码，根据需要按一定的检索方法编排，以方便读者快速查阅有关内容。引文与书目可实现文档中参考文献的自动引用，以及书目列表的自动生成。

1. 目录

本小节的目录操作主要包括标题目录和图表目录的创建及其修改，引文目录的介绍单独列出。

1）标题目录

Word 具有自动编制各级标题目录的功能。编制了目录后，只要按住【Ctrl】键，单击目录中的某个标题，就可以自动跳转到该标题所在的页面。标题目录的操作主要涉及目录的创建、修改、更新及删除。

（1）创建目录。创建目录的操作步骤如下：

① 打开已经预定义好各级标题样式的文档，将光标定位在要建立目录的位置（一般在文档的开头），单击"引用"选项卡"目录"组中的"目录"下拉按钮，将展开一个下拉列表，可以选择其中的一种目录样式。

② 也可以选择下拉列表中的"插入目录"命令，弹出"目录"对话框，如图 1-48（a）所示。在对话框中，确定目录显示的格式及级别，例如，显示页码、页码右对齐、制表符前导符、格式、显示级别等对象的设置。

③ 单击"确定"按钮，完成创建目录的操作，如图 1-48（b）所示，其中标

题"目录"两个字符为手动输入。

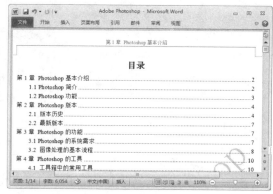

（a）   （b）

图 1-48 "目录"对话框及插入目录结果

（2）修改目录。如果对设置的目录格式不满意，可以对目录进行修改，其操作步骤如下：

① 单击"引用"选项卡"目录"组中的"目录"下拉按钮，选择下拉列表中的"插入目录"命令，打开"目录"对话框。

② 根据需要修改相应的选项。单击"选项"按钮，弹出"目录选项"对话框，如图 1-49（a）所示，选择目录标题显示的级别，默认为 3 级，单击"确定"按钮返回。

③ 单击"修改"按钮，弹出"样式"对话框。如果要修改某级目录格式，可在"样式"列表框中选择该级目录，单击"修改"按钮，弹出"修改样式"对话框，如图 1-49（b）所示。根据需要修改该级目录各种格式，单击"确定"按钮返回"样式"对话框，然后单击"确定"按钮返回"目录"对话框。

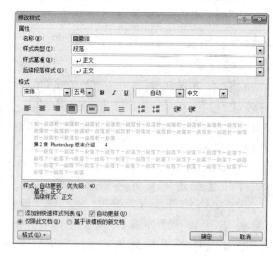

（a）   （b）

图 1-49 "目录选项"对话框与"修改样式"对话框

④ 单击"确定"按钮，系统会弹出一个是否替换目录的信息提示框，单击"是"按钮完成目录的修改。

（3）更新目录。编制目录后，如果文档内容进行了修改，导致标题或页码发生变化，需更新目录。更新目录的操作方法有以下几种：

- 右击目录区域的任意位置，在弹出的快捷菜单中选择"更新域"命令，然后在弹出的"更新目录"对话框中选择"更新整个目录"单选按钮，单击"确定"按钮完成目录更新。
- 单击目录区域的任意位置，按【F9】键，也可实现目录更新。
- 单击目录区域的任意位置，然后单击"引用"选项卡"目录"组中的"更新目录"按钮 📑更新目录，也可实现目录更新。

（4）删除目录。若要删除创建的目录，操作方法为：单击"引用"选项卡"目录"组中的"目录"下拉按钮，选择下拉列表底部的"删除目录"命令即可。或者在文档中选中整个目录后按【Delete】键进行删除。

2）图表目录

图表目录是对 Word 文档中的图、表、公式等对象编制的目录。对这些对象编制了目录后，只要按住【Ctrl】键，单击图表目录中的某个题注，就可以跳转到该题注对应的页面。图、表目录的操作主要涉及目录的创建、修改、更新及删除。创建图、表目录的操作步骤如下：

① 打开已经预先对文档中的图、表或公式创建了题注的文档。将光标定位在要建立图、表目录的位置，单击"引用"选项卡"题注"组中的"插入表目录"按钮 📄插入表目录，弹出"图表目录"对话框，如图 1-50（a）所示。

② 在"题注标签"下拉列表框中选择不同的题注对象，可实现对文档中图、表或公式题注的选择。图 1-50（a）所示为选择图题注，图 1-50（b）所示为选择表题注。

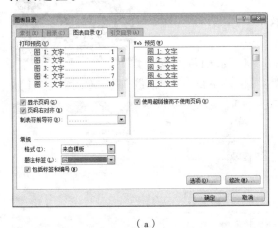
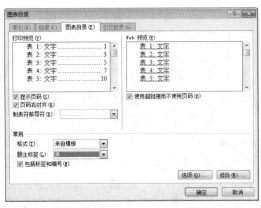

（a）　　　　　　　　　　（b）

图 1-50 "图表目录"对话框

③ 在"图表目录"对话框中还可以对其他选项进行设置，例如显示页码、页码右对齐、格式等，与标题目录的设置方法类似。

④ 单击"选项"按钮，弹出"图表目录选项"对话框，可以对图表目录标题的来源进行设置，单击"确定"按钮返回"图表目录"对话框。单击"修改"按钮，弹出"样式"对话框，可对图表目录的样式进行修改，单击"确定"按钮返回"图表目录"对话框。

⑤ 单击"确定"按钮，完成图表目录的创建，如图 1-51 所示。其中，"图目录"和"表目录"字符为手动输入。

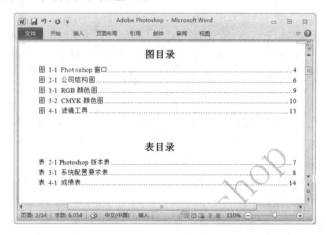

图 1-51　图表目录

图表目录的操作还涉及图表目录的修改、更新及删除，其操作和标题目录的相应操作方法类似，在此不再赘述。

2．索引

索引是将文档中的关键词（专用术语、缩写和简称、同义词及相关短语等对象）或主题按一定次序分条排列，并显示其页码，以方便读者快速查找。索引的操作主要包括标记索引项、编制索引目录、更新索引及删除索引等。

1）标记索引项

要创建索引，首先要在文档中标记索引项，索引项可以是来自文档中的文本，也可以是与文本有特定关系的短语，例如同义词。索引标记可以是文档中的一处对象，也可以是文档中相同内容的全部。标记索引项的操作步骤如下：

① 将光标定位在要添加索引的位置（标记单个索引项，这种索引为位置索引），或选中要创建索引项的文本（可标记全部索引项）。单击"引用"选项卡"索引"组中的"标记索引项"按钮，弹出"标记索引项"对话框，如图 1-52 所示。

② 如果是位置索引，在该对话框中的

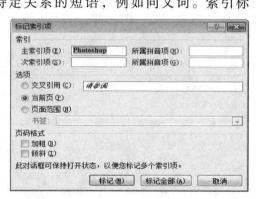

图 1-52　"标记索引项"对话框

“主索引项”文本框中输入作为索引标记的内容；如果先选中了要创建索引项的文本，则会自动跳出索引项的内容，如“Photoshop”。在文本框中右击，在弹出的快捷菜单中选择“字体”命令，弹出“字体”对话框，可以对索引内容进行格式设置。在“选项”栏中选择“当前页”单选按钮。还可以设置加粗、倾斜等页码格式。“次索引项”是对索引对象的进一步限制。

③ 单击“标记”按钮即可在光标位置或选中的文本后面出现索引区域“{ XE “Photoshop”}”。单击“标记全部”按钮，实现将文档中所有与“主索引项”文本框中内容相同的文本建立索引标记。

④ 按照相同方法可建立其他对象的索引标记。

2）编制索引目录

Word 是以 XE 域的形式插入索引项的标记，标记好索引项后，默认方式为显示索引标记。由于索引标记在文档中也占用文档空间，在创建索引目录前需要将其隐藏。单击“开始”选项卡“段落”组中的“显示/隐藏编辑标记”按钮，可以实现索引标记的隐藏，再次单击为显示。编制索引目录的操作步骤如下：

① 将光标定位在要添加索引目录的位置，单击“引用”选项卡“索引”组中的“插入索引”按钮，弹出“索引”对话框，如图 1-53（a）所示。

② 根据实际需要，可以设置“类型”“栏数”“页码右对齐”“格式”等选项。例如，选择“页码右对齐”复选框，设置栏数为“1”，单击“确定”按钮。

③ 在光标处将自动插入索引目录，如图 1-53（b）所示。其中，“索引目录”4 个字符为手动输入。

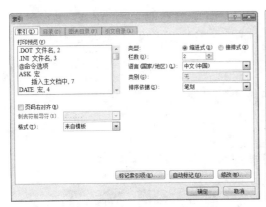
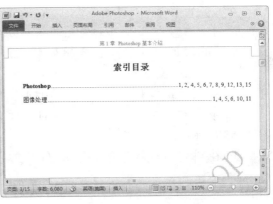

（a）　　　　　　　　　　　（b）

图 1-53 “索引”对话框及索引目录

3）更新索引

更改了索引项或索引项所在页的页码发生改变后，应及时更新索引。其操作方法与标题目录更新类似。选中索引，单击“引用”选项卡“索引”组中的“更新索引”按钮或者按【F9】键实现。也可以右击索引，在弹出的快捷菜单中选择“更新域”命令实现索引更新。

4）删除索引

如果看不到索引域（隐藏），单击“开始”选项卡“段落”组中的“显示/隐藏编辑标记"按钮，实现索引标记的显示，选择整个索引项域，包括括号" "，然后按【Delete】键实现删除单个索引标记。索引目录的删除和标题目录的相应操作方法类似，在此不再赘述。

3．引文与书目

引文与书目的功能是 Word 2010 用来管理及标注文档中使用的参考文献。通过建立一个引文源，该源可以是用户输入、计算机中其他文档或网络共享，利用引文的国际通用样式，将引文标识自动插入文档中。书目是在创建文档时，参考或引用的源的列表（参考文献目录），用户可以根据为该文档提供的源信息自动生成书目，通常位于文档的末尾。引文与书目操作主要包括插入引文、管理源及创建书目。

1）插入引文

插入引文操作可以实现创建新引文源并插入引文，以及在文档中插入已有引文。创建引文源的操作步骤如下：

① 单击"引用"选项卡"引文与书目"组中的"样式"右边的下拉按钮，在弹出的下拉列表中选择一种引文样式。引文样式分为：APA Sixth Edition、APA 第五版、Chicago 第十五版、IEEE 2006、ISO 690、GOST 等多种样式。

② 将光标定位在文档中要引用的句子或短语的末尾处。单击"引文与书目"组中的"插入引文"下拉按钮，在弹出的下拉列表中选择"添加新源"命令，弹出"创建源"对话框，如图 1-54 所示。

③ 在该对话框中，设置引文源信息，包括：源类型（书籍、杂志文章、期刊文章、报告等），语言（默认、英语、中文），作者（单击"编辑"按钮，可以添加、删除、修改多个作者），标题，期刊标题等信息。单击"确定"按钮，完成引文源的添加，并自动在光标处插入该引文。

插入现有引文的操作步骤如下：

① 将光标定位在文档中要引用的句子或短语的末尾处。

② 单击"引文与书目"组中的"插入引文"下拉按钮，弹出下拉列表，如图 1-55 所示。

③ 在列表中直接选中要引用的引文对象即可。

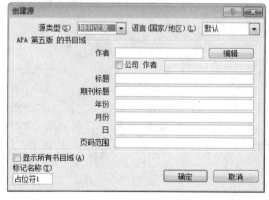

图 1-54　"创建源"对话框

图 1-55　引文列表

2）管理源

Word 文档引用的源，可以在当前文档中，也可以在其他文档中，这些源可以在不同文档间相互使用。

① 单击"引用"选项卡"引文与书目"组中的"管理源"按钮，弹出"源管理器"对话框，如图 1-56 所示。

② 在对话框左侧的"主列表"列表框中，显示的是 Word 以前及当前文档中建立的所有源，"当前列表"列表框中显示的是打开的文档中已建立或新建的源。可以将"主列表"中的引文信息复制到"当前列表"中，反之也行。也可以分别对"主列表"或"当前列表"中的引文信息进行编辑、删除，还可以新建一个引文源。

③ 利用搜索功能，可以实现按标题或作者对引文进行搜索，并可以实现按照作者、标题、引文标记名称或年份进行排序操作。

3）创建书目

创建好引文源后，可以调用源中的数据自动产生参考文献列表，即为书目。将光标定位在要插入书目的位置，通常位于文档末尾，单击"引文与书目"组中的"书目"下拉按钮，在弹出的下拉列表中选择某种书目样式即可插入书目，或者在下拉列表中选择"插入书目"命令，在光标处将自动插入参考文献列表，如图 1-57 所示。

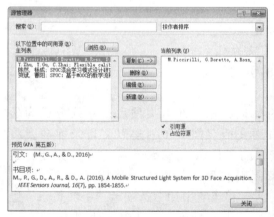

图 1-56 "源管理器"对话框

图 1-57 书目列表

若引文源中的书目发生了变化，例如增加或删除，书目列表中的书目也可以更新。右击书目列表，在弹出的快捷菜单中单击"更新域"命令即可更新书目列表，或按【F9】键也可实现。删除书目的操作与标题目录的相应操作方法类似，在此不再赘述。

4．引文目录

引文目录在名称上很容易与引文书目混淆。引文书目是文档中对参考文献的引用，然而文档中的引文目录主要用于创建参考内容列表，例如法律类的事例、法规、规则、协议、规章、宪法条款等对象。引文目录是将文档中的这些对象按类别次序分条排列，以方便读者快速查找。引文目录的操作主要包括标记引文、编制引文目录、更新引文目录及删除引文目录，其操作方法类似于索引操作。

1）标记引文

要创建引文目录，首先要在文档中标记引文，引文项可以来自文档中的任意文本。引文标记可以是文档中的一处对象，也可以是文档中相同内容的全部。标记引文的操作步骤如下：

① 选中要创建标记引文的文本。单击"引用"选项卡"引文目录"组中的"标记引文"按钮 ，弹出"标记引文"对话框，如图 1-58 所示。

② 在"所选文字"列表框中将显示选中的文本，在"类别"下拉列表框中选择引文的类别，主要有"事例""法规""其他引文""规则""协议""规章"。在"短引文"文本框中可以输入引文的简称，或选择列表框中的现有引文。"长引文"文本框中将自动出现引文。

图 1-58 "标记引文"对话框

③ 单击"标记"按钮即可在选中的文本后面出现引文区域"{ TA \s "***"}"，其中"*"表示引文标记的统称。单击"标记全部"按钮，实现将文档中所有与选中内容相同的文本进行引文标记。

④ 单击"关闭"按钮完成本次标记引文操作。

⑤ 按照相同方法可以建立其他对象的引文标记。

2）编制引文目录

Word 是以 TA 域的形式插入引文项的标记，标记好引文项后，默认方式为显示引文标记。由于引文标记在文档中也占用文档空间，在创建引文目录前需要将其隐藏。单击"开始"选项卡"段落"组中的"显示/隐藏编辑标记"按钮 ，实现引文标记的隐藏，再次单击为显示。编制引文目录的操作步骤如下：

① 将光标定位在要添加引文目录的位置，单击"引用"选项卡"引文目录"组中的"插入引文目录"按钮 插入引文目录，弹出"引文目录"对话框，如图 1-59（a）所示。

② 根据实际需要，可以设置类别、使用"各处"、保留原格式、格式等选项。例如，选择"使用'各处'"和"保留原格式"复选框，单击"确定"按钮。

③ 在光标处将自动插入引文目录，如图 1-59（b）所示。其中，"引文目录"4 个字符为手动输入。

3）更新引文目录

更改了引文项或引文项所在页的页码发生改变后，应及时更新引文目录。其操作方法与标题目录的更新类似。选中引文，单击"引用"选项卡"引文目录"组中的"更新表格"按钮 更新表格或者按【F9】键实现。也可以右击引文目录，在弹出的快捷菜单中选择"更新域"命令实现更新。

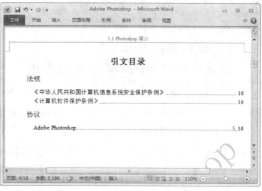

（a） （b）

图 1-59 "引文目录"对话框及引文目录效果

4）删除引文目录

如果看不到引文域（隐藏），单击"开始"选项卡"段落"组中的"显示/隐藏编辑标记"按钮，实现引文标记的显示。选中整个引文项域，包括括号"{ }"，然后按【Delete】键实现单个引文标记的删除。更新引文目录后，该引文标记对应的目录将自动删除。

引文目录的删除和标题目录的相应操作方法类似，在此不再赘述。

5．索引与引文标记的删除

Word 是以 XE 域的形式插入索引项的标记，以 TA 域的形式插入引文项的标记。在前面相关内容中介绍了单个索引标记或引文标记的删除方法，若在文档中插入了多个索引及引文标记，这种删除方法比较费时。现在介绍一种利用替换操作一次性删除文档中所有索引及引文标记的方法。操作步骤如下：

① 单击"开始"选项卡"段落"组中的"显示/隐藏编辑标记"按钮，显示文档中所有的索引及引文标记。如果标记已经显示，此步操作省略。

② 单击"开始"选项卡"编辑"组中的"替换"按钮，弹出"查找和替换"对话框。

③ 在对话框中的"查找内容"文本框中输入"^d"。或者单击"更多"按钮，然后选择"特殊格式"下拉列表中的"域"（索引标记及引文标记各是一种域）命令，"查找内容"文本框中将自动出现"^d"。

④ 对话框中的"替换为"文本框中不输入内容。

⑤ 单击"全部替换"按钮，文档中的所有域将自动删除（不仅仅是索引标记和引文标记）。当然也可以交叉使用"查找下一处"和"替换"按钮实现有选择的删除文档中的域。

⑥ 单击"取消"按钮或对话框右上角的"关闭"按钮，关闭"查找和替换"对话框。

6．书签

书签是一种虚拟标记，形如，其主要作用在于快速定位到特定位置，或者引用同一文档（也可以是不同文档）中的特定文字。在 Word 文档中，文本、段落、图形、图片、标题等项目都可以添加书签。

1）添加和显示书签

在 Word 文档中添加书签的操作步骤如下：

① 选中要添加书签的文本（或者将光标定位在要插入书签的位置），单击"插入"选项卡"链接"组中的"书签"按钮 🔖，弹出"书签"对话框。

② 在"书签名"文本框中输入书签名，单击"添加"按钮即可完成对所选文本（或光标所在位置）添加书签的操作。书签名必须以字母、汉字开头，不能以数字开头，不能有空格，但可用下画线分隔字符。

在默认状态下，书签不显示，如果要显示，可通过如下方法设置：

① 单击"文件"选项卡中的"选项"按钮，弹出"Word 选项"对话框，选择"高级"选项卡。

② 在"显示文档内容"栏中选择"显示书签"复选框，单击"确定"按钮即可。设置为书签的文本将以方括号"[ ]"的形式出现（仅在文档中显示，不会打印出来）。

③ 再次选择"显示书签"复选框，则隐藏书签。

2）定位及删除书签

在文档中添加书签后，打开"书签"对话框，可以看到已经添加的书签。使用"书签"对话框可以快速定位或删除添加的书签。

利用定位操作，可以查找文本的位置。操作步骤如下：

① 打开"书签"对话框，在"书签名"文本框下方的列表框中选择要定位的书签名，然后单击"定位"按钮，即可定位到文档中书签的位置，添加了该书签的文本会高亮显示。

② 单击"关闭"按钮即可关闭"书签"对话框。

可以删除添加的书签。操作步骤如下：

① 打开"书签"对话框，在"书签名"文本框下方的列表框中选择要删除的书签名，然后单击"删除"按钮即可删除已添加的书签。

② 单击"关闭"按钮即可关闭"书签"对话框。

3）引用书签

在 Word 文档中添加了书签后，可以对书签建立超链接及交叉引用。

（1）建立超链接，操作步骤如下：

① 在文档中选择要建立超链接的对象，例如文本、图像等，单击"插入"选项卡"链接"组中的"超链接"按钮，弹出"插入超链接"对话框。或者右击要建立超链接的对象，在弹出的快捷菜单中选择"超链接"命令，也会弹出"插入超链接"对话框。

② 单击"链接到"下方的"本文档中的位置"，对话框中的内容如图 1-60 所示。

③ 选择"书签"标记下面的某个书签名，单击"确定"按钮即为选择的对象建立超链接。也可以在"插入超链接"对话框中单击左侧的"现有文件或网页"，

然后再单击右侧的"书签"按钮，在弹出的"在文档中选择位置"对话框中选择书签的超链接对象。

（2）建立交叉引用，操作步骤如下：

① 首先在文档中确定建立交叉引用的位置，然后单击"插入"选项卡"链接"组中的"交叉引用"按钮，弹出"交叉引用"对话框。也可以单击"引用"选项卡"题注"组中的"交叉引用"按钮，也会弹出"交叉引用"对话框，如图 1-61 所示。

② 在"引用类型"下拉列表框中选择"书签"选项，在"引用内容"下拉列表框中选择"书签文字"选项，在"引用哪一个书签"列表框中选择某个书签，单击"插入"按钮即可在选定位置处建立交叉引用。

图 1-60 "插入超链接"对话框　　　图 1-61 "交叉引用"对话框

1.3 图文混排与表格应用

Word 2010 除了具有强大的文字处理功能外，还提供了强大的图形、图片处理功能。同时，Word 2010 还提供了完善的表格应用功能。这些功能的使用，使得用户能够制作出图文并茂、形象生动的 Word 文档。

1.3.1 图文混排

在 Word 2010 中，对于添加到文档中的图片，除了通过简单的复制操作外，系统在"插入"选项卡中提供了 6 种方式以插入图片，它们分别是图片、剪贴画、形状、SmartArt、图表和屏幕截图，这 6 种方式位于"插入"选项卡"插图"组中，如图 1-62 所示。

图 1-62 "插入"选项卡的"插图"组

- 图片：用来插入来自文件的图片，单击该按钮会弹出"插入图片"对话框，用来确定插入图片的位置及图片名称。
- 剪贴画：用来插入系统中提供的剪贴画，包括绘图、影片、声音或库存照片，以展示特定的概念。单击该按钮会弹出"剪贴画"窗格，可以搜索需要的对象并插入到文档中。

- 形状：用来插入现成的形状，例如矩形、圆、箭头、线条、流程图符号和标注等。单击该按钮会弹出下拉列表供用户选择，如图 1-63（a）所示。
- SmartArt：用来插入 SmartArt 图形，以直观的方式交流信息。SmartArt 图形包括图形列表、流程图以及更复杂的图形。单击该按钮会弹出"选择SmartArt 图形"对话框，用户可根据需要选择图形类型。
- 图表：用来插入图表，用于演示和比较数据，包括柱形图、拆线图、饼图、条形图、面积图和曲面图等。单击该按钮会弹出"插入图表"对话框，用户可根据需要选择图表类型，如图 1-63（b）所示。
- 屏幕截图：用来插入任何未最小化到任务栏的程序窗口的图片，可插入程序的整个窗口或部分窗口的图片。

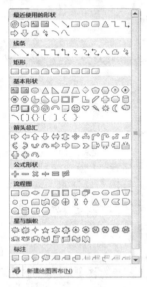

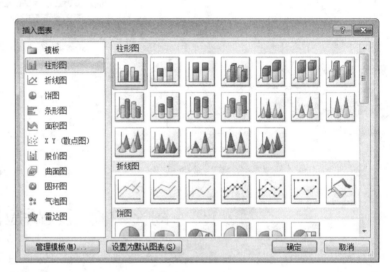

（a）　　　　　　　　　　　　　　（b）

图 1-63　"形状"下拉列表与"插入图表"对话框

1. 插入图片

在如图 1-62 所示的"插入"选项卡"插图"组的功能按钮中，"图片""剪贴画""形状""图表"在以往的 Word 版本中已经详细介绍过并被广泛应用，在 Word 2010 中，这些功能按钮只是在界面和样式的显示方面进行了改进，操作方法非常类似，在此不再赘述。本小节主要介绍在 Word 2010 文档中如何插入SmartArt 图形和屏幕截图。

1）SmartArt 图形

Word 2010 提供了丰富的 SmartArt 图形类型，以组织结构图为例，介绍如何创建 SmartArt 图形，以及如何编辑 SmartArt 图形。

（1）创建 SmartArt 图形。该类图形的创建步骤如下：

① 将光标定位在需要插入图形的位置，单击"插入"选项卡"插图"组中的"SmartArt"按钮，弹出"选择 SmartArt 图形"对话框，如图 1-64 所示。

② 在对话框左边的列表框中选择"层次结构"选项卡，然后在右边的列表框中选择图形样式，例如"组织结构图"选项。

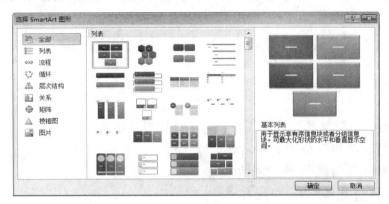

图 1-64 "选择 SmartArt 图形"对话框

③ 单击"确定"按钮，在光标处将自动插入一个基本组织结构图。

④ 输入文字，有两种输入方法：一种是使用文本窗格输入，即在左侧文本窗格中的"在此处输入文字"文本框中输入文本，右侧的组织结构图中将会显示对应的文字，输完一个后单击下一个文本框继续输入，也可通过键盘上的光标键移动；另一种输入方法是单击右侧的组织结构图中的文本框，直接输入文本。

⑤ 输入完成后单击 SmartArt 图形以外的任意位置，完成 SmartArt 图形的创建，如图 1-65 所示。

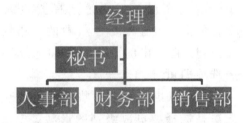

图 1-65 公司组织结构图

（2）"SmartArt 工具/设计"和"SmartArt 工具/格式"选项卡。当插入一个 SmartArt 图形后，系统将自动显示"SmartArt 工具/设计"和"SmartArt 工具/格式"选项卡，并自动切换到"SmartArt 工具/设计"选项卡，如图 1-66（a）所示。"SmartArt 工具/格式"选项卡如图 1-66（b）所示。

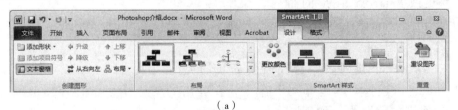

（a）

（b）

图 1-66 "SmartArt 工具/设计"和"SmartArt 工具/格式"选项卡

"SmartArt 工具/设计"选项卡包括"创建图形""布局""SmartArt 样式""重置"4 个组。"创建图形"组用来添加形状、升降形状及添加项目符号等操作。在"布局"组中，可以将组织结构图切换成图片型、半圆形、圆形等多种形式。"SmartArt 样式"组提供了多种预设样式，并可修改图形的边框、背景色、字体等。"重置"组用来放弃对 SmartArt 图形所做的全部格式更改。

"SmartArt 工具/格式"选项卡包括"形状""形状样式""艺术字样式""排列""大小"5 个组，提供了详细的图形加工操作。

（3）添加与删除形状。当默认的结构不能满足需要时，可以在指定的位置处添加形状，也可以将指定位置处的形状删除。例如，若要在图 1-65 中的"财务部"右侧添加形状"规划部"，其操作步骤如下：

① 单击"财务部"，定位光标。

② 单击"SmartArt 工具/设计"选项卡"创建图形"组中的"添加形状"下拉按钮，在弹出的下拉列表中选择"在后面添加形状"命令。

③ 输入文本即可，如图 1-67 所示。

可以调整整个 SmartArt 图形或其中一个分支的布局。方法是选择要更改的形状，单击"创建图形"组中的"布局"下拉按钮，在弹出的下拉列表中选择一种布局选项即可。

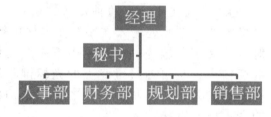

图 1-67 改进的公司组织结构图

也可以更改某个形状的级别或位置。方法是选择要更改级别的形状，单击"创建图形"组中的"降级""升级""上移""下移"按钮来实现。

若要删除一个形状，首先选择该形状，然后按【Delete】键即可。

（4）设置 SmartArt 图形布局和样式。这里是指对整个 SmartArt 图形进行布局和样式的设置，单击 SmartArt 图形以选择该图形。

若要更改 SmartArt 图形的布局，操作步骤如下：

① 单击"SmartArt 工具/设计"选项卡"布局"组中的"布局"列表右侧的"其他"下拉按钮。

② 在弹出的下拉列表中选择需要的布局类型。如果列表中没有满足条件的布局选项，可以选择"其他布局"命令，在弹出的"选择 SmartArt 图形"对话框中选择需要的布局样式，如图 1-68（a）所示。

若要更改 SmartArt 图形的样式，操作步骤如下：

① 在"SmartArt 工具/设计"选项卡"SmartArt 样式"组中选择需要的外观样式。还可以单击"SmartArt 样式"列表右侧的"其他"下拉按钮。

② 在弹出的下拉列表中选择需要的外观样式，如图 1-68（b）所示，即可更改 SmartArt 图形的样式。

若要更改 SmartArt 图形的颜色，操作步骤如下：

① 单击"SmartArt 工具/设计"选项卡"SmartArt 样式"组中的"更改颜色"下拉按钮 。

② 在弹出的下拉列表中选择理想的颜色选项即可。

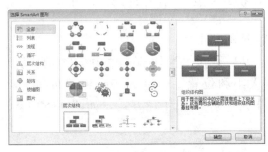

（a）

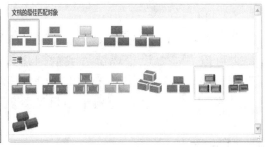

（b）

图 1-68   SmartArt 图形的布局及样式

2）屏幕截图

操作系统提供了将计算机的整个屏幕或当前窗口进行复制的操作方法。按【PrtSc SysRq】键，可将整个屏幕图像复制到剪贴板中。按【Alt+PrtSc SysRq】组合键，可将当前活动窗口图像复制到剪贴板中。在 Word 2010 中，专门提供了屏幕截图工具软件，可以实现将任何未最小化到任务栏的程序窗口图片插入到文档中，也可以插入屏幕上的任意大小图片。

插入任何未最小化到任务栏的程序窗口图片的操作步骤如下：

① 将光标定位在文档中要插入图片的位置。

② 单击"插入"选项卡"插图"组中的"屏幕截图"下拉按钮 ，弹出"可用视窗"列表，列表中存放了除当前屏幕外的其他未最小化到任务栏上的所有程序窗口图片。

③ 单击其中所要插入的程序窗口图片即可。

插入未最小化到任务栏的程序窗口任意大小图片的操作步骤如下：

① 将光标移到文档中要插入图片的位置。

② 单击"插入"选项卡"插图"组中的"屏幕截图"下拉按钮 ，弹出"可用视窗"列表。

③ 选择"屏幕剪辑"命令，此时"可用视窗"列表中的第一个屏幕被激活且成模糊状。模糊前有 1～2 s 的停顿时间，这期间允许用户进行一些操作。

④ 模糊状后鼠标变成一个粗十字形状，拖动鼠标可以剪辑图片的大小，放开鼠标后将自动在光标处插入剪辑的图片。

2．编辑图形、图片

Word 在"插入"选项卡中提供了 6 种方式插入各种图形及图片，其中，插入的形状图片默认方式为"浮于文字上方"，其他均以嵌入方式插入文档中。根据用户需要，可以对这些插入的图形、图片进行各种编辑操作。

1）设置文字环绕方式

文字环绕方式是指插入图形、图片后，图形、图片与文字的环绕关系。Word 2010 提供了 7 种文字环绕方式，分别是嵌入型、四周型、紧密型、穿越型、上下型、浮于文字上方及衬于文字下方，其设置步骤为：

① 选择图形或图片，单击"图片工具/格式"选项卡"排列"组中的"自动换行"下拉按钮。

② 在弹出的下拉列表中选择一种环绕方式即可。

也可以右击要设置环绕方式的图形或图片，在弹出的快捷菜单中选择"自动换行"级联菜单下的"其他布局选项"或"大小和位置"命令，将弹出"布局"对话框，在"文字环绕"选项卡中可选择其中的一种文字环绕方式，如图 1-69（a）所示。

2）设置大小

对于 Word 文档中的图形和图片，可以使用鼠标拖动四周控点的方式调整大小，但很难精确控制。可以通过如下操作方法来实现精确控制：选择图形或图片，直接在"图片工具/格式"选项卡"大小"组中的"高度"和"宽度"文本框中输入具体值。也可以单击"大小"组右下角的对话框启动器按钮，打开"布局"对话框，在"大小"选项卡中对图形和图片的高度和宽度进行精确设置，如图 1-69（b）所示。还可以右击要设置大小的图形或图片，在弹出的快捷菜单中选择"自动换行"级联菜单下的"其他布局选项"或"大小和位置"命令，弹出"布局"对话框，在"大小"选项卡中进行设置。如果取消选中"锁定纵横比"复选框，可以实现高度和宽度不同比例的设置。

（a）

（b）

图 1-69 "布局"对话框

3）删除图片背景与裁剪图片

删除图片背景是指将图片中不必要的信息或杂乱的细节删除，以强调或突出图片的主题。裁剪是指仅取一幅图片的部分区域。删除图片背景功能与裁剪图片功能仅对图片、剪贴画、屏幕截图的图片有效。

（1）删除图片背景，其操作步骤如下：

① 在 Word 中选中要进行背景删除的图片，图 1-70（a）所示为原始图片。

② 单击"图片工具/格式"选项卡"调整"组中的"删除背景"按钮，"图片工具/格式"选项卡的功能区中的图标切换成如图 1-70（b）所示界面，并且图片上出现遮幅区域以及由控点框住的目标区域，如图 1-70（c）所示。

③ 单击线条上的一个控点，然后拖动线条，使之包含希望保留的图片部分，并将大部分期望删除的区域排除在外，如图 1-70（d）所示。

④ 根据需要，调整要保留或删除的图片区域。若不希望自动删除要删除的图片区域，单击"图片工具/格式"选项卡"优化"组中的"标记要保留的区域"按钮，然后在图片中单击目标区域进行标记；若除了自动标记要删除的图片区域外，还有要删除的区域，可以单击"优化"组中的"标记要删除的区域"按钮，然后在图片中单击目标区域进行标记；若对保留或删除的区域不满意，可以单击"优化"组中的"删除标记"按钮，然后再进行保留或删除的标记操作。

⑤ 需要保留或删除的图片区域调整完成后，单击"图片工具/格式"选项卡"关闭"组中的"保留更改"按钮，完成图片背景操作，显示结果如图 1-70（e）所示。若要恢复删除的背景，单击"关闭"组中的"放弃所有更改"按钮即可。

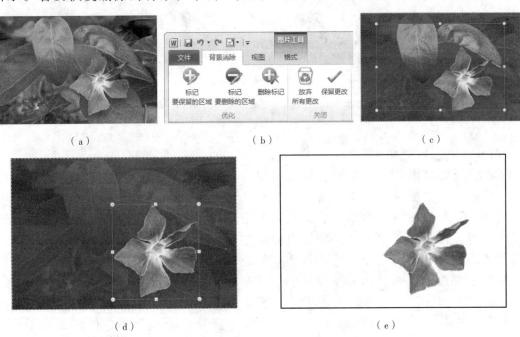

图 1-70 删除图片背景

删除图片背景的操作仅仅影响图片背景图案的删除，但是该图片的长和宽依然与之前的原始图片相同。因此，可以利用裁剪图片将图片中不需要的空白区域裁剪掉，也可以在原图上仅仅截取一部分用户需要的图片或截取为一定形状的目标图片。

（2）裁剪图片，其操作步骤如下：

① 选择要裁剪的图片，单击"图片工具/格式"选项卡"大小"组中的"裁剪"下拉按钮，在弹出的下拉列表中选择一种裁剪方式，裁剪方式主要有以下几种。

● 裁剪：图片四周出现裁剪控点，通过拖动控点可以实现边、两侧及四侧的裁剪，完成后按【Esc】键退出。

- 裁剪为形状：可将图片裁剪为特定形状，例如圆形、箭头、星形等。
- 纵横比：可将图片按方形、纵向及横向按一定比例进行裁剪。
- 填充或调整：调整图片大小，以便填充整个图片区域，同时保持原始纵横比。

② 图 1-71（a）所示为单击"裁剪"按钮后，在图片的周围出现的裁剪控点，拖动控点调整裁剪图片的范围，使其正好框住目标区域，如图 1-71（b）所示。

③ 单击图片区域外的任意位置，实现裁剪，得到目标区域的图片，如图 1-71（c）所示。此步操作也可以按【Esc】键完成。

其他裁剪方式的操作步骤类似。

（a）　　　　　　　　　　　　　（b）　　　　　　（c）

图 1-71　裁剪图片

4）调整图片效果

该功能仅对图片、剪贴画、屏幕截图的图片有效。可以调整图片亮度、对比度、颜色、压缩图片等。选中图片，单击"图片工具/格式"选项卡"调整"组中的"更正"下拉按钮，在弹出的下拉列表中选择预设好的效果，即可实现图片的亮度和对比度设置。单击"调整"组中的"颜色"下拉按钮，在弹出的下拉列表选择色调、饱和度或重新着色即可实现颜色的设置。单击"调整"组中的"艺术效果"下拉按钮，在弹出的下拉列表中选择一种艺术效果即可实现图片艺术化。

单击"调整"组中的"压缩图片"按钮，在弹出的"压缩图片"对话框中可以对文档中的当前图片或所有图片进行压缩。单击"调整"组中的"更改图片"按钮，可以重新选择图片代替现有图片，同时保持原图片的格式和大小。单击"调整"组中的"重设图片"下拉按钮，在弹出的下拉列表中可以实现放弃对图片所做的格式和大小的设置。

图片格式的设置还可以通过右击图片，在弹出的快捷菜单中选择"设置图片格式"命令，弹出"设置图片格式"对话框，可以根据实际需要进行各种格式设置，如图 1-72 所示。

5）调整 SmartArt 图形及形状图形格式

Word 2010 可以设置插入的 SmartArt 图形和形状图形的格式，但与图片、剪贴画、屏幕截图有所区别。当插入了这两种图形后，可以利用系统针对它们提供的"绘图工具/格式"选项卡中的功能按钮进行详细设置，主要包括形状样式、艺术字样式、文本等项目的设置。也可以分别右击这两种图形，在弹出的快捷菜单中选择"设置形状格式"命令，然后在弹出的"设置形状格式"对话框中进行设置。

图 1-72　"设置图片格式"对话框

3．编辑艺术字与文本框

艺术字是文档中具有特殊效果的文字，它不是普通的文字，而是图形对象。文本框也是一种图形对象，它作为存放文本或图形的独立窗口可以存放在页面中的任意位置。在 Word 2010 中，插入的艺术字及文本框默认的环绕方式均为"浮于文字上方"，可以根据需要调整为其他环绕方式。

1）编辑艺术字

艺术字可以有各种颜色及字体，可以带阴影、倾斜、旋转和缩放，还可以更改为特殊的形状。在文档中插入艺术字的操作步骤如下：

① 将光标定位在文档中需要插入艺术字的位置，单击"插入"选项卡"文本"组中的"艺术字"下拉按钮，在弹出的下拉列表中选择一种艺术字样式，在文档中将自动出现一个带有"请在此放置您的文字"字样的文本框。

② 在文本框中输入需要的内容，例如输入"通信与信息工程学院"，则文档中就插入了艺术字，并以默认格式显示该艺术字的效果。

插入艺术字后，可以根据要求修改艺术字的风格，例如艺术字的格式、样式、形状等，操作步骤如下：

① 选中要修改的艺术字，单击"绘图工具/格式"选项卡。

② 单击"形状样式"组中的按钮，可以进行形状填充、形状轮廓、形状效果的设置。

③ 单击"艺术字样式"组中的按钮，可以进行文本填充、文本轮廓、文本效果的设置。例如，将"通信与信息工程学院"艺术字进行如下设置："文本效果"下"转换"中的"波形 2"弯曲效果，字体颜色为"红色"、字体为"华文琥珀"，字号为"一号"，编辑效果如图 1-73 所示。

还可以利用"设置形状格式"对话框对艺术字的形状格式进行设置。鼠标指向艺术字的边界后，当鼠标形状变成十字箭头时右击，在弹出的快捷菜单中选择"设置形状格式"命令，弹出"设置形状格式"对话框，在对话框中可以设置艺术字的"填充""线条颜色""线型""阴影""艺术效果"等，单击"关闭"按钮完成设置操作。

2）编辑文本框

文本框分为横排和竖排，可以根据需要进行选择。在文档中插入文本框的方法有直接插入空文本框和在已有文本上插入文本框两种。在文档中插入文本框的操作步骤如下：

① 将光标定位在文档中的任意位置，单击"插入"选项卡"文本"组中的"文本框"下拉按钮，在弹出的下拉列表中选择一种内置的文本框样式。

② 若需绘制，选择"绘制文本框"命令。光标变成十字形状，在文档中的适当位置手动鼠标绘制所需大小的文本框，然后输入文本内容，例如输入文本"天艺数码工作室"。"绘制竖排文本框"命令用来绘制竖排文字的文本框。若需将文档中已有文本转化为"文本框"，可先选中文本，然后选择"绘制文本框"命令即可。新生成的文本框及其文本以默认格式显示其效果。

插入文本框后，可以根据需要编辑文本框的格式，包括调整位置、大小、三维效果、阴影、轮廓、填充颜色等，操作方法类似于艺术字。例如，将"天艺数码工作室"文本框进行如下设置："文本效果"下"转换"中的"倒三角"弯曲效果，字体颜色为"紫色"、字体为"华文行楷"，字号为"二号"，编辑效果如图 1-74 所示。

还可以利用"设置形状格式"对话框对文本框的形状格式进行设置，操作方法类似于艺术字，在此不再赘述。

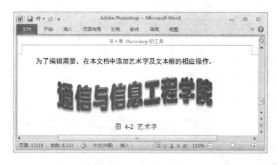

图 1-73　艺术字

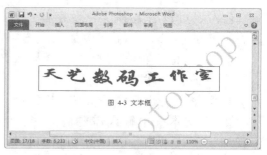

图 1-74　文本框

4．文档部件

文档部件是一个库，是一个可在其中创建、存储和查找可重复使用的内容片段的库，内容片段包括自动图文集、文档属性（如标题和作者）和域，也可以是文档中的指定内容（文本、图片、表格、段落等对象）。文档部件可实现文档内容片段的保存和重复使用。

若要将当前文档中选中的一部分内容保存为文档部件并重复使用，操作步骤如下：

① 打开文档，选中内容，并对选中内容进行各种格式编辑。

② 单击"插入"选项卡"文本"组中的"文档部件"下拉按钮，在弹出的下拉列表中选择"将所选内容保存到文档部件库"命令。

③ 弹出"新建构建基块"对话框，如图 1-75所示。在"名称"文本框中输入文档部件名称。

图 1-75　"新建构建基块"对话框

"库"下拉列表中包括公式、封面、文档部件、表格、页眉和页脚等分类，默认为文档部件；"类别"下拉列表中包含常规（默认项）和创建新类别；"保存位置"下拉列表中包含 Building Blocks（默认项）、Normal 等；"选项"下拉列表中包含仅插入内容（默认项）、插入自身段落中的内容和将内容插入其所在的页面。这些选项可以根据需要进行选择。

④ 单击"确定"按钮，完成将选中的内容以新建的构建基块保存到文档部件库中。

⑤ 打开或新建另外一个文档，将光标定位在要插入文档部件的位置，单击"插入"选项卡"文本"组中的"文档部件"下拉按钮，在弹出的下拉列表中查看新建的文档部件，默认状态下只显示"库"为文档部件且"类别"为常规的构建基块，如图 1-76 所示。单击其中的某个文档部件，该部件将直接重用在文档中。

需要说明的是，在"插入"选项卡"文本"组中的"文档部件"下拉列表中，仅仅显示"库"为文档部件且"类别"为常规的构建基块，若创建了其他"库"类的构建基块，在应用这些构建基块时，需在相应操作环境下实现。例如，创建"库"为"目录"的构建基块，应用时可以在"引用"选项卡"目录"组中的"目录"下拉列表中找到；创建"库"为"表格"的构建基块，应用时可以在"插入"选项卡"表格"组中的"快速表格"下拉列表中找到。

若要删除创建的文档部件，可以单击"插入"选项卡"文本"组中的"文档部件"下拉按钮，在弹出的下拉列表中选择"构建基块管理器"命令，弹出"构建基块管理器"对话框，如图 1-77 所示。在对话框左侧的列表中显示的是文档中所有的基块，若要删除某个文档部件，首先选择它，然后单击"删除"按钮，在弹出的确认对话框中单击"是"按钮即可删除。也可以对选择的构建基块进行修改，单击"编辑属性"按钮，弹出"修改构建基块"对话框，再对其属性进行修改，单击"确定"按钮返回"构建基块管理器"对话框。最后，单击"关闭"按钮，退出"构建基块管理器"对话框。

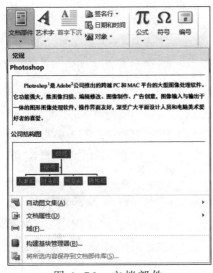

图 1-76 文档部件

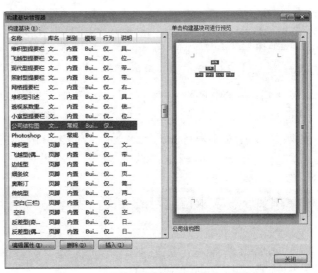

图 1-77 "构建基块管理器"对话框

5．数学公式

在 Word 中编辑技术性文档时，常常需要输入一些数学公式，Word 中的数学公式是通过公式编辑器输入的。Microsoft Office 从 2007 版开始，添加了对 LaTex 语言的支持，可以直接方便地编辑公式，不必借助于 MathType 和 Aurora 插件。Word 2010 自带有两种类型的公式编辑器。

（1）Microsoft 公式 3.0。这是一种低版本的公式编辑器，方便与 Office 低版本兼容。打开公式编辑器的方法为：单击"插入"选项卡"文本"组中的"对象"下拉按钮，在弹出的下拉列表中选择"对象"命令，弹出"对象"对话框。在该对话框中，移动滚动条，选择列表框中的"Microsoft 公式 3.0"，单击"确定"按钮。在插入点处将出现公式编辑框，形如 ▨▨▨，可以在公式编辑框中输入数学公式。在输入公式时，可以根据公式工具栏上提供的各种数学符号，结合键盘上的字符，实现公式输入，Microsoft 公式 3.0 的编辑器的操作环境如图 1–78 所示。

（2）高版本的公式。在 Word 2010 中输入公式时，可以直接借助公式符号或命令进行数学公式的输入，输入方法更加灵活，而且可以对输入的公式进行格式编辑。打开公式编辑器的方法为：将光标定位在需要插入公式的位置，单击"插入"选项卡"符号"组中的"公式"下拉按钮，在弹出的下拉列表中选择"插入新公式"命令，将会出现"公式工具/设计"选项卡，且功能区中自动显示编辑公式时所需的各种数学符号。在插入点所在位置处自动出现公式编辑框，形如 ▨在此处键入公式▨，可以在公式编辑框中直接输入数学公式。或按【Alt+=】组合键，也可以弹出公式编辑器。Word 2010 的"公式工具/设计"选项卡如图 1–79 所示。

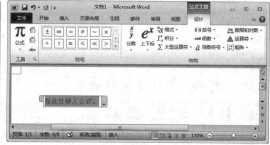

图 1–78　公式 3.0 编辑器　　　　　图 1–79　公式工具设计选项卡

数学公式中的操作数符号及运算符号有两种输入方法：一种方法是在功能区中直接选择数学符号输入，另一种方法是手工输入，通过格式"\命令"方式输入。例如，要输入小写希腊字母"α"，可以用鼠标选择"符号"组中的相应字母，也可以直接在公式编辑框中输入命令"\alpha"，按空格键后，将自动生成希腊字母"α"。

例如，输入求两点距离公式：$d=\sqrt{(x_2-x_1)^2+(y_2-y_1)^2}$，其操作步骤如下：

① 将光标定位在需要插入公式的位置，按【Alt+=】组合键，弹出公式编辑器。或单击"插入"选项卡"符号"组中的"公式"下拉按钮，在弹出的下拉列表中选择"插入新公式"命令。

② 输入"d=\sqrt",按一次空格键,公式编辑框中出现"$d = \sqrt{\ }$"。

③ 在根号内继续输入"(x_2−x_1)^2"。其中,"_2"和"_1"分别表示 x_2,x_1;"^2"表示平方。

④ 输入后面的公式,直到输入完成,形如"$d = \sqrt{(x_2 - x_1)^2 + (y_2 - y_1)^2}$"。

⑤ 公式输入完成后,可以对公式进行格式编辑,例如,进行字符格式设置,包括字体、字号、颜色、加粗、倾斜等;也可以进行段落格式设置,如对齐方式、行距、段间距等。

当然,公式的输入过程也可以直接在功能区中选择相应的数学符号及运算符号完成。

6.文档封面

文档封面是在文档的最前面(作为文档的首页)自动插入一页图文混排的页面,用来美化文档,使用的封面样式可以来自 Word 2010 的内置封面库,也可以自制封面。Word 2010 的内置封面库提供了近 20 种文档封面。

为现有文档添加封面的操作步骤如下:

① 单击"插入"选项卡"页"组中的"封面"下拉按钮。

② 在弹出的下拉列表中选择一个封面样式,例如"瓷砖型",如图 1-80 所示。该封面将自动插入文档的第一页中,现有的文档内容会自动后移一页。

③ 根据封面上的文本框的提示信息,还可以添加或修改封面上的文本框的信息,以完善封面内容。

若要删除文档封面,可以单击"插入"选项卡"页"组中的"封面"下拉按钮,在弹出的下拉列表中选择"删除当前封面"命令即可。也可以把封面当作文档内容,进行相应删除。

另外,用户可以自己设计封面,并将其保存在"封面库"中,以便下次使用。

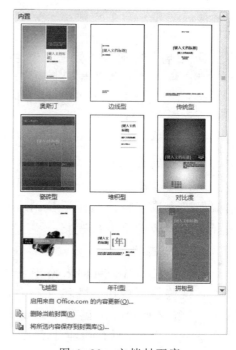

图 1-80 文档封面库

1.3.2 表格应用

Word 2010 提供了方便、快捷的创建和编辑表格功能,还能够为表格内容添加格式和美化表格,以及进行数据计算等操作,利用 Word 2010 提供的表格工具,可以制作出各种各样符合要求的表格。

1.插入表格

在 Word 2010 中,系统在"插入"选项卡"表格"组中的"表格"下拉列表中提供了 6 种插入表格的方式，它们分别是表格、插入表格、绘制表格、文本转换成表格、Excel 电子表格和快速表格，用户可根据需要选择一种方式在文档中插入表格。

（1）表格。单击"插入"选项卡"表格"组中的"表格"下拉按钮，在弹出下拉列表的"插入表格"下面拖动鼠标选择单元格数量，单击完成插入表格操作。利用这种方式最多能插入 10 列×8 行大小的表格。

（2）插入表格。选择下拉列表中的"插入表格"命令，弹出"插入表格"对话框，确定表格的行数和列数，单击"确定"按钮即可生成表格。

（3）绘制表格。选择下拉列表中的"绘制表格"命令，鼠标变成一支笔状，拖动鼠标画出表格的外围边框，然后再绘制表格的行和列。

（4）文本转换成表格。将具有特定格式的多行多列文本转换成一个表格。这些文本中的各行之间用段落标记符换行，各列之间用分隔符隔开。列之间的分隔符可以是逗号、空格、制表符等。转换方法为：选中文本，单击下拉列表中的"文本转换成表格"命令，弹出"将文字转换成表格"对话框，设置表格的行列数，单击"确定"按钮完成转换。反之，表格也可以转换成文本，选中表格，单击"表格工具/布局"选项卡"数据"组中的"转换为文本"按钮，弹出"表格转换成文本"对话框，选择好文字分隔符后，单击"确定"按钮完成转换。

（5）Excel 电子表格。选择下拉列表中的"Excel 电子表格"命令，将在文档中自动插入一个 Excel 电子表格，可以直接输入表格数据，并且可以改变表格大小，等同于操作 Excel 表格。单击表格外区域，将自动转换成 Word 表格。双击之，可转换到 Excel 电子表格编辑状态。

（6）快速表格。Word 2010 提供了一个内置样式的表格模板库，可以利用表格模板来生成表格。选择下拉列表中的"快速表格"命令，在弹出的级联菜单中选择一种模板即可生成表格。

2．编辑表格

表格建立之后，可向表格中输入数据，并且可以对生成的表格进行各种编辑操作。这些编辑操作，既包含对表格内的数据进行格式编辑（字符格式和段落格式），又包含对表格（包括单元格、行、列、表格）进行各种编辑操作。这些功能大部分在 Word 以往版本中就已经详细介绍过并被广泛应用。在 Word 2010 中，这些功能按钮只是在界面和样式的显示方面进行了改进，操作方法非常类似，在此不再赘述，仅对其中的几个主要功能进行介绍。

将光标移到表格中的任何单元格或选中整个表格，系统将自动显示"表格工具/设计"和"表格工具/布局"选项卡，如图 1-81 所示。

"表格工具/设计"选项卡提供了对选中的表格部分或整个表格的格式设计，主要包括表格样式、边框样式、底纹样式、表格线的绘制与擦除等方面的操作。

"表格工具/布局"选项卡提供了对表格的布局进行调整的功能，主要包括单元格、行和列的增加及删除，行高和列宽的设置，单元格的合并与拆分，对齐方式的设置，数据排序及数据计算等操作。

（a）

（b）

图 1-81　Word 2010 的表格工具

（1）设置表格样式。Word 2010 自带了丰富的表格样式，表格样式中包含了预先设置好的表格字体、边框和底纹格式。应用表格样式后，其所有格式将应用到表格中。设置方法：将光标移到表格任意单元格中，单击"表格工具/设计"选项卡"表格样式"组中的"快速样式"库中的某个表格样式即可。如果"快速样式"库中的表格样式不符合要求，单击"快速样式"库右侧的"其他"按钮，将弹出下拉列表，在下拉列表中选择所需要的样式即可。还可以根据需要独立修改表格样式。

（2）单元格的合并与拆分。除了常规的单元格合并与拆分方法外，还可以通过"表格工具/设计"选项卡"绘图边框"组中的"擦除"和"绘制表格"按钮来实现。单击"表格工具/设计"选项卡"绘图边框"组中的"擦除"按钮，鼠标指针变成橡皮状，在要擦除的边框线上单击，可删除表格线，实现两个相邻单元格的合并。单击"表格工具/设计"选项卡"绘图边框"组中的"绘制表格"按钮，鼠标指针变成铅笔状，在单元格内按住鼠标左键并拖动，此时将会出现一条虚线，松开鼠标即可插入一条表格线，实现单元格的拆分。并且可以设置铅笔的粗细及颜色。

（3）表格的跨页。如果表格放置的位置正好处于两页交界处，称为表格跨页。有两种处理方法，一种是允许表格跨页断行，即表格的一部分位于上一页，另一部分位于下一页，但只有一个标题（适用于较小的表格）；另外一种处理方法是在每页的表格上都提供一个相同的标题，使之看起来仍是一个表格（适用于较大的表格）。第二种处理方法的操作步骤为：选中要设置的表格标题（可以是多行），单击"表格工具/布局"选项卡"数据"组中的"重复标题行"按钮，系统会自动在为分页而被拆开的表格中重复标题行信息。

（4）"表格属性"对话框与"边框和底纹"对话框。除了可以利用"表格工具/设计"和"表格工具/布局"选项卡可以实现表格的各种编辑，还可以利用"表格属性"对话框与"边框和底纹"对话框来实现相应的操作。单击"表格工具/布局"选项卡"表"组中的"属性"按钮，弹出"表格属性"对话框，如图 1-82（a）所示。也可以单击"表格工具/布局"选项卡"单元格大小"组右侧的对话框启动器按钮，或右击表格任意区域，在弹出的快捷菜单中选择"表格属性"命令，也会弹出"表格属性"对话框。在"表格属性"对话框中，可以对表格、行、列和单元格等对象进行格式设置。

"边框和底纹"对话框的打开方法有多种。在"表格属性"对话框的"表格"选项卡中单击"边框和底纹"按钮可打开该对话框，如图1-82（b）所示。单击"表格工具/设计"选项卡"表格样式"组中的"边框"下拉按钮，选择下拉列表中的"边框和底纹"命令，或单击"表格工具/设计"选项卡"绘图边框"组右侧的对话框启动器按钮，或右击表格任意区域，在弹出的快捷菜单中选择"边框和底纹"命令，都会弹出"边框和底纹"对话框。在"边框和底纹"对话框中，可以对边框、页面边框和底纹进行设置。

（a）　　　　　　　　　　（b）

图1-82　"表格属性"对话框和"边框和底纹"对话框

3．表格数据处理

除了前面介绍的表格基本功能外，Word 2010还提供了表格的其他功能，例如表格的排序和计算。

1）表格排序

在Word 2010中，可以按照递增或递减的顺序把表格中的内容按照笔画、数字、拼音及日期等方式进行排序，而且可以根据表格多列的值进行复杂排序。表格排序的操作步骤如下：

①　将光标移到表格的任意单元格中或选择要排序的行或列，单击"表格工具/布局"选项卡"数据"组中的"排序"按钮 。

②　整个表格高亮显示，同时弹出"排序"对话框。

③　在"排序"对话框中，在"主要关键字"下拉列表框中选择用于排序的字段，在"类型"下拉列表框中选择用于排序的值的类型，例如笔画、数字、拼音及日期等。升序或降序用于选择排序的顺序，默认为升序。

④　若需要多字段排序，可在"次要关键字""第三关键字"等下拉列表框中指定字段、类型及顺序。

⑤ 单击"确定"按钮完成排序。

注意：要进行排序的表格中不能有合并后的单元格，否则无法进行排序。同时，在"排序"对话框中，如果选择"有标题行"单选按钮，则排序时标题行不参与排序；否则，标题行参与排序。

2）表格计算

利用 Word 2010 提供的公式或函数，可以对表格中的数据进行简单的计算，例如加（＋）、减（－）、乘（＊）、除（／），求和、平均值、最大值、最小值、条件求值等。

（1）单元格引用。利用 Word 2010 提供的函数可进行一些复杂的数据计算，表格中的计算都是以单元格名称或区域进行的，称为单元格引用。在 Word 表格中，用英文字母 A，B，C……从左到右表示列号，用数字 1，2，3……从上到下表示行号，列号和行号组合在一起，称为单元格的名称，或称为单元格地址或单元格引用。例如，A1 表示表格中第 1 列第 1 行的单元格，其他单元格名称依此类推。单元格的引用主要分为以下几种情况，现举例说明。

- B1：表示位于第 2 列第 1 行的单元格。
- B1,C2：表示 B1 和 C2 共 2 个单元格。B1 和 C2 之间用英文标点符号逗号分隔。
- A1:C2：表示以单元格 A1 和单元格 C2 为对角的矩形区域，包含 A1，A2，B1，B2，C1，C2 共 6 个单元格。A1 和 C2 之间用英文标点符号冒号分隔，下同。
- 2:2：表示整个第 2 行的所有单元格。
- E:E：表示整个第 5 列的所有单元格。
- SUM(A1:A5)：SUM 为求和函数，表示求 5 个单元格的所有数值型数据之和。
- AVERAGE(A1:A5)：AVERAGE 为求平均值函数，表示求 5 个单元格数值型数据的平均值。

（2）利用公式进行计算。公式中的参数用单元格名称表示，但在进行计算时则提取单元格名称所对应的实际数据。现举例说明，表 1-1 为学生成绩表，要求计算每个学生的总分及平均分。

表 1-1 学生成绩表

姓名	思想道德修养与法律基础	英语一	大学计算机基础	高等数学	大学物理	总分	平均分
张贵兰	90	91	92	76	86		
成成	86	84	93	86	82		
赵越	90	79	91	90	85		
程自成	88	73	93	76	79		
王辉	82	93	89	79	83		
郭香	83	86	87	88	76		

操作步骤如下：

① 将光标置于"总分"单元格的下一个单元格中，单击"表格工具/布局"选项卡"数据"组中的"公式"按钮，弹出"公式"对话框。

② 在"公式"文本框中已经显示出所需的公式"=SUM(LEFT)"，表示对光标左侧的所有单元格数据求和。根据光标所在的位置，公式括号中的参数还可能是右侧（RIGHT）、上面（ABOVE）或下面（BELOW），可根据需要进行参数设置，或输入单元格或区域的引用。

③ 在"编号格式"下拉列表框中选择数字格式，如小数位数。如果出现的函数不是所需要的，可以在"粘贴函数"下拉列表框中选择所需要的函数。

④ 单击"确定"按钮，光标所在单元格中将显示计算结果 435。

⑤ 按照同样的办法，可计算出其他单元格的总分数据结果。

⑥ 平均分的计算方法类似。可以利用公式或函数来实现，选择的函数为 AVERAGE。H2 单元格的公式为"=AVERGE(B2:F2)"，计算结果为 87。其他单元格的平均分数据结果可以依此进行计算。

当然，可用多种方法计算出单元格的数据结果。例如，对于单元格 G2 的数据结果，还可输入公式"=B2+C2+D2+E2+F2"、"=SUM(B2,C2,D2,E2,F2)"或"=SUM(B2:F2)"得到相同的结果；对于 H2 单元格的数据结果，其公式还可写成："=(B2+C2+D2+E2+F2)/5"、"=AVERGE(B2,C2,D2,E2,F2)"、"=AVERGE(B2:F2)"、"=SUM(B2:F2)/5"或"=G2/5"等。

（3）更新计算结果。表格中的运算结果是以域的形式插入到表格中的，当参与运算的单元格数据发生变化时，可以通过更新域对计算结果进行更新。选中更改了单元格数据的结果单元格，即域，显示为灰色底纹，按【F9】键，即可更新计算结果。也可以右击结果单元格（显示为灰色底纹），在弹出的快捷菜单中选择"更新域"命令。

1.4 域

域是 Word 中最具特色的工具之一，它是引导 Word 在文档中自动插入文字、图形、页码或其他信息的一组代码，在文档中使用域可以实现数据的自动更新和文档自动化。在 Word 2010 中，可以通过域操作插入许多信息，包括页码、时间和某些特定的文字、图形等，也可以利用它来完成一些复杂而非常有用的功能，例如自动创建目录、索引、图表目录，插入文档属性信息，实现邮件的自动合并与打印等，还

可以利用它来连接或交叉引用其他的文档及项目，也可以利用域实现计算功能等。本节将介绍域的概念、一些常用域和域的基本操作。

1.4.1 域的基本知识

域是 Word 中的一种特殊命令，它分为域代码和域结果。域代码是由域特征字符、域名、域参数和域开关组成的字符串；域结果是域代码所代表的信息。域

结果会根据文档的变动或相应因素的变化而自动更新。

域通常用于文档中可能发生变化的数据，例如目录、索引、页码、打印日期、储存日期、编辑时间、作者、总字符数、总行数、总页数等，在邮件合并文档中为收件人单位、姓名、头衔等。

域的一般格式为：｛域名 [域参数][域开关]｝。

- 域特征字符：即包含域代码的大括号"｛｝"，它不能使用键盘直接输入，而是按【Ctrl+F9】组合键自动产生。
- 域名：Word 域代码的名称，为必选项。例如，"Seq"就是一个域的名称，Word 2010 提供了 9 种类型的域。
- 域参数和域开关：设定域类型如何工作的参数和开关，包括域参数和域开关，为可选项。域参数是对域名作进一步的说明；域开关是特殊的指令，在域中可引发特定的操作，域通常有一个或多个可选的开关，之间用空格进行分隔。

1.4.2 常用域

在 Word 2010 中，域分为编号、等式和公式、链接和引用、日期和时间、索引和目录、文档信息、文档自动化、用户信息及邮件合并 9 种类型共 73 个域。下面介绍 Word 2010 中常用的域。

1．编号域

编号域用来在文档中根据需要插入不同类型的编号，共有 10 个域，如表 1-2 所示。

表 1-2 编 号 域

域 名 称	域 代 码	域 功 能
AutoNum	{ AUTONUM [Switches] }	插入段落的自动编号
AutoNumLgl	{ AUTONUMLGL }	插入正规格式的自动编号
AutoNumOut	{ AUTONUMOUT }	插入大纲格式的自动编号
BarCode	{ BARCODE \u "LiteralText" 或书签 \b [Switches] }	插入收信人地点条码
ListNum	{ LISTNUM ["Name"] [Switches] }	在列表中插入元素
Page	{ PAGE [* Format Switch] }	插入当前页码
RevNum	{ REVNUM }	插入文档的保存次数
Section	{ SECTION }	插入当前节的编号
SectionPages	{ SECTIONPAGES }	插入当前节的总页数
Seq	{ SEQ Identifier [Bookmark] [Switches] }	插入自动序列号

2．等式和公式域

等式和公式域用来创建科学公式、插入特殊符号及执行计算，共有 4 个域，如表 1-3 所示。

表 1-3　等式和公式域

域　名　称	域　代　码	域　功　能
=(Formula)	{ =Formula [Bookmark] [\\# Numeric-Picture] }	计算表达式结果
Advance	{ ADVANCE [Switches] }	将一行内随后的文字向左、右、上或下偏移
Eq	{ EQ Instructions }	创建科学公式
Symbol	{ SYMBOL CharNum [Switches] }	插入特殊字符

3．链接和引用域

链接和引用域用来实现将文档中指定的项目与另一个项目，或指定的外部文件与当前文档链接起来的域，共有 11 个域，如表 1-4 所示。

表 1-4　链接和引用域

域　名　称	域　代　码	域　功　能
AutoText	{ AUTOTEXT AutoTextEntry }	插入"自动图文集"词条
AutoTextList	{ AUTOTEXTLIST "LiteralText" \\s "StyleName" \\t "TipText" }	插入基于样式的文字
Hyperlink	{ HYPERLINK "FileName" [Switches] }	打开并跳至指定文件
IncludePicture	{ INCLUDEPICTURE "FileName" [Switches] }	通过文件插入图片
IncludeText	{ INCLUDETEXT "FileName" [Bookmark] [Switches] }	通过文件插入文字
Link	{ LINK ClassName "FileName" [PlaceReference] [Switches] }	使用 OLE 插入文件的一部分
NoteRef	{ NOTEREF Bookmark [Switches] }	插入脚注或尾注编号
PageRef	{ PAGEREF Bookmark [* Format Switch] }	插入包含指定书签的页码
Quote	{ QUOTE "LiteralText" }	插入文字类型的文本
Ref	{ REF Bookmark [Switches] }	插入用书签标记的文本
StyleRef	{ STYLEREF StyleIdentifier [Switches] }	插入具有类似样式的段落中的文本

4．日期和时间域

日期和时间域用来显示当前日期和时间，或进行日期和时间计算，共有 6 个域，如表 1-5 所示。

表 1-5　日期和时间域

域　名　称	域　代　码	域　功　能
CreateDate	{ CREATEDATE [\\@ "Date-Time Picture"] [Switches] }	文档的创建日期
Date	{ DATE [\\@ "Date-Time Picture"] [Switches] }	插入当前日期
EditTime	{ EDITTIME }	插入文档创建后的总编辑时间
PrintDate	{ PRINTDATE [\\@ "Date-Time Picture"] [Switches] }	插入上次打印文档的日期
SaveDate	{ SAVEDATE [\\@ "Date-Time Picture"] [Switches] }	插入文档最后保存的日期
Time	{ TIME [\\@ "Date-Time Picture"] }	插入当前时间

5．索引和目录域

索引和目录域用于创建和维护索引和目录，共 7 个域，如表 1-6 所示。

表 1-6　索引和目录域

域　名　称	域　代　码	域　功　能
Index	{ INDEX [Switches] }	创建索引
RD	{ RD "FileName" }	通过使用多篇文档来创建索引、目录、图表目录或引文目录
TA	{ TA [Switches]}	标记引文目录项
TC	{ TC "Text" [Switches] }	标记目录项
TOA	{ TOA [Switches] }	创建引文目录
TOC	{ TOC [Switches] }	创建目录
XE	{ XE "Text" [Switches] }	标记索引项

6．文档信息域

文档信息域用来创建或显示文件属性的"摘要"选项卡中的内容，共有 14 个域，如表 1-7 所示。

表 1-7　文档信息域

域　名　称	域　代　码	域　功　能
Author	{ AUTHOR ["NewName"] }	文档属性中的文档作者姓名
Comments	{ COMMENTS ["NewComments"] }	文档属性中的备注
DocProperty	{ DOCPROPERTY "Name" }	插入在"选项"中选择的属性值
FileName	{ FILENAME [Switches] }	文档的名称和位置
FileSize	{ FILESIZE [Switches] }	当前文档的磁盘占用量
Info	{ [INFO] InfoType ["NewValue"] }	文档属性中的数据
Keywords	{ KEYWORDS ["NewKeywords"] }	文档属性中的关键词
LastSavedBy	{ LASTSAVEDBY }	文档的上次保存者
NumChars	{ NUMCHARS }	文档包含的字符数
NumPages	{ NUMPAGES }	文档的总页数
NumWords	{ NUMWORDS }	文档的总字数
Subject	{ SUBJECT ["NewSubject"] }	文档属性中的文档主题
Template	{ TEMPLATE [Switches] }	文档选用的模板名
Title	{ TITLE ["NewTitle"] }	文档属性中的文档标题

7．文档自动化域

文档自动化域用来建立自动化的格式，可以进行运行宏及向打印机发送参数等操作，共有 6 个域，如表 1-8 所示。

表 1-8　文档自动化域

域　名　称	域　代　码	域　功　能
Compare	{ COMPARE Expression1 Operator Expression2 }	比较两个值并返回数字值 1（真）或 0（假）
DocVariable	{ DOCVARIABLE "Name" }	插入名为 Name 文档变量的值
GotoButton	{ GOTOBUTTON Destination DisplayText }	将插入点移至新位置

续表

域 名 称	域 代 码	域 功 能
If	{ IF Expression1 Operator Expression2 TrueText FalseText }	按条件估算参数
MacroButton	{ MACROBUTTON MacroName DisplayText }	插入宏命令
Print	{ PRINT "PrinterInstructions" }	将命令下载到打印机

8．用户信息域

用户信息域用来设置 Office 个性化设置选项中的信息，共有 3 个域，如表 1-9 所示。

表 1-9 用户信息域

域 名 称	域 代 码	域 功 能
UserAddress	{ USERADDRESS ["NewAddress"] }	Office 个性化设置选项中的地址
UserInitials	{ USERINITIALS ["NewInitials"] }	Office 个性化设置选项中的缩写
UserName	{ USERNAME ["NewName"] }	Office 个性化设置选项中的用户名

9．邮件合并域

邮件合并域用来构建邮件，以及设置邮件合并时的信息，共有 14 个域，如表 1-10 所示。

表 1-10 邮件合并域

域 名 称	域 代 码	域 功 能
AddressBlock	{ ADDRESSBLOCK [Switches] }	插入邮件合并地址块
Ask	{ ASK Bookmark "Prompt" [Switches] }	提示用户指定书签文字
Compare	同表 1-8	同表 1-8
Database	{ DATABASE [Switches] }	插入外部数据库中的数据
Fillin	{ FILLIN ["Prompt"] [Switches] }	提示用户输入要插入到文档中的文字
GreetingLine	{ GREETINGLINE [Switches] }	插入邮件合并问候语
If	同表 1-8	同表 1-8
MergeField	{ MERGEFIELD FieldName [Switches] }	插入邮件合并域
MergeRec	{ MERGEREC }	当前合并记录号
MergeSeq	{ MERGESEQ }	合并记录序列号
Next	{ NEXT }	转到邮件合并的下一条记录
NextIf	{ NEXTIF Expression1 Operator Expression2 }	按条件转到邮件合并的下一条记录
Set	{ SET Bookmark "Text" }	为书签指定新文字
SkipIf	{ SKIPIF Expression1 Operator Expression2 }	在邮件合并时按条件跳过一条记录

1.4.3 域操作

域操作包括域的插入、编辑、删除、更新和锁定等。

1. 插入域

在 Word 2010 中，域的插入操作可以通过以下三种方法实现。

（1）直接选择法。具体操作步骤如下：

① 将光标移到要插入域的位置，单击"插入"选项卡"文本"组中的"文档部件"下拉按钮，在弹出的下拉列表中选择"域"命令，弹出"域"对话框，如图 1-83（a）所示。

② 在"类别"下拉列表框中选择域类型，如"日期和时间"选项；在"域名"列表框中选择域名，如"Date"选项；在"域属性"列表框中选择一种日期格式。

③ 单击"确定"按钮完成域的插入。

在"域"对话框中单击"域代码"按钮，会在对话框的右上角显示域代码和域代码格式，如图 1-83（b）所示。单击左下角的"选项"按钮，弹出"域选项"对话框，在对话框中可设置域的通用开关和域专用开关，并加到域代码中。用户可借助该对话框学习并掌握常用的域命令的操作方法。

（a）　　　　　　　　　　　　　（b）

图 1-83 "域"对话框

（2）键盘输入法。如果熟悉域代码或者需要引用他人设计的域代码，可以用键盘直接输入，操作步骤如下：

① 把光标移到需要插入域的位置，按【Ctrl+F9】组合键，将自动插入域特征字符"｛ ｝"。

② 在大括号内从左向右依次输入域名、域参数、域开关等参数。按【F9】键更新域，或者按【Shift+F9】组合键显示域结果。

（3）功能按钮操作法。在 Word 2010 中，高级的、复杂的域功能难以手工控制，例如自动编号、邮件合并、题注、交叉引用、索引和目录等。这些域的域参数和域开关参数非常多，采用上述两种方法难以控制和使用。因此，Word 2010 把经常用到的一些域操作以功能按钮的形式集成在系统中，它们可以被当作普通操作命令一样使用，非常方便。

2. 切换域结果和域代码

域结果和域代码是文档中域的两种显示方式。域结果是域的实际内容，即在文档中插入的内容或图形；域代码代表域的符号，是一种指令格式。对于插入到文档中的域，系统默认的显示方式为域结果，用户可以根据自己的需要在域结果和域代码之间进行切换。主要有以下三种切换方法。

（1）单击"文件"选项卡中的"选项"按钮，打开"Word 选项"对话框。或者在 Word 功能区的任意空白处右击，在弹出的快捷菜单中选择"自定义功能区"命令，也能打开"Word 选项"对话框。在打开的"Word 选项"对话框中切换到"高级"选项卡，在右侧的"显示文档内容"栏中选择"显示域代码而非域值"复选框。在"域底纹"下拉列表框中有"不显示""始终显示""选取时显示" 3 个选项，用于控制是否显示域的底纹背景，如图 1-84 所示，用户可以根据实际需要进行选择。单击"确定"按钮完成域代码的设置，文档中的域会以域代码的形式进行显示。

（2）可以使用快捷键来实现域结果和域代码之间的切换。选择文档中的某个域，按【Shift+F9】组合键实现切换。按【Alt+F9】组合键可对文档中所有的域进行域结果和域代码之间的切换。

（3）击右插入的域，在弹出的快捷菜单中选择"切换域代码"命令实现域结果和域代码之间的切换。

图 1-84 "Word 选项"对话框

虽然在文档中可以将域切换成域代码的形式进行查看或编辑，但是在打印时都是打印域结果。在某些特殊情况下需要打印域代码，则需选择"Word 选项"对话框"高级"选项卡中的"打印"栏中的"打印域代码而非域值"复选框。

3．编辑域

编辑域也就是修改域，用于修改域的设置或修改域代码，可以在"域"对话框中操作，也可以直接在文档的域代码中进行修改。

（1）右击文档中的某个域，在弹出的快捷菜单中选择"编辑域"命令，将弹出"域"对话框，根据需要重新修改域代码或域格式。

（2）将域切换到域代码显示方式下，直接对域代码进行修改，完成后按【Shift+F9】组合键查看域结果。

4．更新域

更新域就是使域结果根据实际情况的变化而自动更新，更新域的方法有以下两种：

（1）手动更新。右击要更新的域，在弹出的快捷菜单中选择"更新域"命令即可。也可以按【F9】键实现。

（2）打印时更新。单击"文件"选项卡中的"选项"按钮，打开"Word 选项"对话框。或者在 Word 功能区的任意空白处右击，在弹出的快捷菜单中选择"自定义功能区"选项，也能打开"Word 选项"对话框。在打开的"Word 选项"对话框中切换到"显示"选项卡，在右侧的"打印选项"栏中选择"打印前更新域"复选框，此后，在打印文档前将会自动更新文档中所有的域结果。

5．域的锁定和断开链接

虽然域的自动更新功能给文档编辑带来了方便，但是如果用户不希望实现域的自动更新，可以暂时锁定域，在需要时再解除锁定。若要锁定域，选择要锁定的域，按【Ctrl+F11】组合键即可；若要解除域的锁定，按【Ctrl+Shift+F11】组合键实现。如果要将选择的域永久性地转换为普通的文字或图形，可选择该域，按【Ctrl+Shift+F9】组合键实现，即断开域的链接。此过程是不可逆的，断开域连接后，不能再更新，除非重新插入域。

6．删除域

删除域的操作与删除文档中其他对象的操作方法是一样的。首先选择要删除的域，按【Delete】键或【Backspace】键进行删除。可以实现一次性删除文档中的所有域，其操作步骤如下：

① 按【Alt+F9】组合键显示文档中所有的域代码。如果域原本就是以域代码方式显示，此步骤可省略。

② 单击"开始"选项卡"编辑"组中的"替换"按钮，弹出"查找和替换"对话框。

③ 单击对话框中的"更多"按钮，将光标定位于"查找内容"文本框中，单击"特殊格式"下拉按钮，并从下拉列表框中选择"域"，"查找内容"下拉列表框中将自动出现"^d"。"替换为"下拉列表框中不输入内容。

④ 单击"全部替换"按钮，然后在弹出的对话框中单击"确定"按钮，文档中的全部域将被删除。

7．域的快捷键

运用域的快捷键，可以使域的操作更简便、快捷。域的快捷键及其作用如表 1-11 所示。

表 1-11　域的快捷键及其作用

快　捷　键	作　　用
【F9】	更新域，更新当前选择的所有域
【Ctrl+F9】	插入域特征符，用于手动插入域代码
【Shift+F9】	切换域显示方式，打开或关闭当前选择的域的域代码
【Alt+F9】	切换域显示方式，打开或关闭文档中所有域的域代码
【Ctrl+Shift+F9】	解除域链接，将所有选择的域转换为文本或图形，该域无法再更新
【Alt+Shift+F9】	单击域，等同于双击 MacroButton 和 GoToButton 域

快　捷　键	作　用
【F11】	下一个域，用于选择文档中的下一个域
【Shift+F11】	前一个域，用于选择文档中的前一个域
【Ctrl +F11】	锁定域，临时禁止该域被更新
【Ctrl+Shift+F11】	解除域，允许域被更新

1.5　批注与修订

当需要对文档内容进行特殊的注释说明时就要用到批注，Word 2010 允许多个审阅者对文档添加批注，并以不同的颜色进行标识。Word 2010 提供的修订功能用于审阅者标记对文档中所做的编辑操作，让作者根据这些修订来接受或拒绝所做的修订内容。

1.5.1　基本知识

批注是文档的审阅者为文档附加的注释、说明、建议、意见等信息，并不对文档本身的内容进行修改。批注通常用于表达审阅者的意见或对文档内容提出质疑。

修订是显示对文档所做的诸如插入、删除或其他编辑操作的标记。启用修订功能，审阅者的每一次编辑操作（如插入、删除或更改格式等）都会被标记出来，用户可根据需要接受或拒绝每处的修订。只有接受修订，对文档的编辑修改才生效，否则文档内容保持不变。

批注与修订的区别在于批注并不在原文的基础上进行修改，而是在文档页面的空白处添加相关的注释信息，并用带颜色的方框括起来，而修订会记录对文档所做的各种修改操作。

1.5.2　批注与修订的设置

用户在对文档内容进行有关批注与修订操作之前，可以根据实际需要事先设置批注与修订的用户名、位置、外观等内容。

1．用户名设置

在文档中添加批注或进行修订后，用户可以查看到批注者或修订者名称。批注者或修订者名称默认为安装 Office 软件时注册的用户名，可以根据需要对用户名进行修改。

单击"审阅"选项卡"修订"组中的"修订"下拉按钮，在弹出的下拉列表中选择"更改用户名"命令，将打开"Word 选项"对话框。或者在功能区任意空白处右击，在弹出的快捷菜单中选择"自定义功能区"命令。或者单击"文件"选项卡中的"选项"按钮，也可打开"Word 选项"对话框。在打开的"Word 选项"对话框的"常规"选项卡中，在"用户名"文本框中输入新用户名，在"缩写"文本框中修改用户名的缩写，单击"确定"按钮使设置生效。

2．位置设置

在 Word 文档中，添加的批注位置默认为文档右侧。对于修订，直接在文档中显示修订位置。批注及修订还可以被设置成以"垂直审阅窗格"或"水平审阅窗格"形式显示。

单击"审阅"选项卡"修订"组中的"显示标记"下拉按钮，在弹出的下拉列表中选择"批注框"中的一种显示方式。可选择"在批注框中显示修订""以嵌入式显示所有修订""仅在批注框中显示批注和格式"之一进行设置。

单击"审阅"选项卡"修订"组中的"审阅窗格"下拉按钮，在弹出的下拉列表中选择"垂直审阅窗格"命令，将在文档的左侧显示批注和修订的内容。若选择"水平审阅窗格"命令，将在文档的下方显示批注和修订的内容。

3．外观设置

外观设置主要是对批注和修订标记的颜色、边框、大小等进行设置。单击"审阅"选项卡"修订"组中的"修订"下拉按钮，在弹出的下拉列表中选择"修订选项"命令，将弹出"修订选项"对话框，如图 1-85 所示。根据用户的实际需要，可以对相应选项进行设置，单击"确定"按钮完成设置。

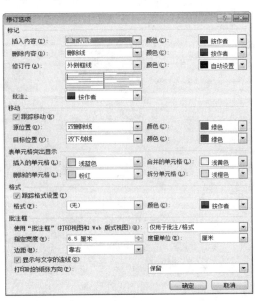

图 1-85 "修订选项"对话框

1.5.3 批注与修订的操作

对于批注，主要包括批注的添加、查看、编辑、隐藏、删除等操作；对于修订，主要包括修订功能的打开与关闭，修订的查看、审阅，比较文档等操作。

1．批注

（1）添加批注。用于在文档中对选中的文本添加批注，具体操作步骤如下：

① 在文档中选中要添加批注的文本（或将光标定位在要添加批注的位置，将自动选中近邻的短语），单击"审阅"选项卡"批注"组中的"新建批注"按钮 。

② 选中的文本将被填充颜色，并且用一对括号括起来，旁边为批注框，直接在批注框中输入批注内容，再单击批注框外的任何区域，即可完成添加批注操作，如图 1-86 所示。

（2）查看批注。添加批注后，将鼠标指针移至文档中添加批注的对象上，鼠标指针附近将出现浮动窗口，窗口内显示批注者名称、批注日期和时间以及批注的内容，其中，批注者名称默认为安装 Office 软件时注册的用户名。在查看批注时，用户可以查看所有审阅者的批注，也可以根据需要分别查看不同审阅者的批注。

单击"审阅"选项卡"批注"组中的"上一条"或"下一条"按钮，可使光标在批注之间移动，以查看文档中的所有批注。

文档默认显示所有审阅者添加的批注，也可以根据实际需要仅显示指定审阅者添加的批注。单击"审阅"选项卡"修订"组中的"显示标记"下拉按钮，在弹出的下拉列表中选择"审阅者"，级联菜单中会显示文档的所有审阅者，取消或选择审阅者前面的复选框，可实现隐藏或显示选中的审阅者的批注，其操作界面如图 1-87 所示。

图 1-86　添加批注

图 1-87　查看批注

（3）编辑批注。如果对批注的内容不满意，可以进行编辑和修改，其操作方法为：单击要修改的某个批注框，直接进行修改，修改后单击批注框外的任何区域，完成批注的编辑和修改。

（4）隐藏批注。可以将文档中的批注隐藏起来，其操作方法为：单击"审阅"选项卡"修订"组中的"显示标记"下拉按钮，在弹出的下拉列表中选择"批注"命令前面的选择标记即可实现隐藏功能。若要显示批注，再次选择"批注"命令前面的选择标记可实现此项功能。

（5）删除批注。可以选择性地删除单个或多个批注，也可以一次性地删除所有批注。

● 删除单个批注。右击该批注，在弹出的快捷菜单中选择"删除批注"命令，或单击"审阅"选项卡"批注"组中的"删除"按钮即可，或单击"审阅"选项卡"批注"组中的"删除"下拉按钮，在弹出的下拉列表中选择"删除"命令。

● 删除所有批注。单击"审阅"选项卡"批注"组中的"删除"下拉按钮，在弹出的下拉列表中选择"删除文档中的所有批注"命令即可。

● 删除指定审阅者的批注。首先要指定审阅者，然后进行删除操作。单击"审阅"选项卡"批注"组中的"删除"下拉按钮，在弹出的下拉列表中选择"删除所有显示的批注"命令即可删除指定审阅者的批注。

2．修订

（1）打开或关闭文档的修订功能。在 Word 文档中，系统默认方式是将文档的修订功能关闭。打开或关闭文档的修订功能的操作如下：单击"审阅"选项卡"修订"组中的"修订"按钮 即可，或者单击"修订"下拉按钮，在弹出的下拉列表中选择"修订"命令。如果"修订"按钮以加亮突出显示，形如，则打开了文档的修订功能，否则文档的修订功能为关闭状态。

在修订状态下，审阅者或作者对文档内容的所有操作，例如插入、修改、删除或格式更改等，都将被记录下来，这样可以查看文档中的修订操作，并根据需要进行确认或取消修订操作。

（2）查看修订。对 Word 文档进行修订后，文档中包括批注、插入、删除、格式设置等修订标记，可以根据修订的类别查看修订，默认状态下可以查看文档中所有的修订。单击"审阅"选项卡"修订"组中的"显示标记"下拉按钮，会弹出下拉列表。在下拉列表中，可以看到"批注""墨迹""插入和删除""设置格式""标记区域突出显示""突出显示更新"等命令，可以根据需要取消或选择这些命令，相应标注或修订效果将会自动隐藏或显示，以实现查看某一项的修订。

单击"审阅"选项卡"更改"组中的"上一条"或"下一条"按钮，可以逐条显示修订标记。

单击"审阅"选项卡"修订"组中的"审阅窗格"下拉按钮，在弹出的下拉列表中选择"垂直审阅窗格"或"水平审阅窗格"命令，将分别在文档的左侧或下方显示批注和修订的内容，以及标记修订和插入批注的用户名和时间。

（3）审阅修订。对文档进行修订后，可以根据需要，对这些修订进行接受或拒绝处理。如果接受修订，单击"审阅"选项卡"更改"组中的"接受"下拉按钮，将弹出下拉列表，可根据需要选择相应的接受修订命令。

- 接受并移到下一条：表示接受当前这条修订操作并自动移到下一条修订上。
- 接受修订：表示接受当前这条修订操作。
- 接受所有显示的修订：表示接受指定审阅者所作出的修订操作。
- 接受对文档的所有修订：表示接受文档中所有的修订操作。

如果要拒绝修订，单击"审阅"选项卡"更改"组中的"拒绝"下拉按钮，将弹出下拉列表，可根据需要选择相应的拒绝修订命令。

- 拒绝并移到下一条：表示拒绝当前这条修订操作并自动移到下一条修订上。
- 拒绝修订：表示拒绝当前这条修订操作。
- 拒绝所有显示的修订：表示拒绝指定审阅者所作出的修订操作。
- 拒绝对文档的所有修订：表示拒绝文档中所有的修订操作。

接受或拒绝修订还可以通过快捷菜单方式来实现。右击某个修订，在弹出的快捷菜单中选择"接受修订"或"拒绝修订"命令即可实现当前修订的接受或拒绝操作。

（4）比较文档。由于 Word 2010 对修订功能默认为关闭状态，如果审阅者直接修订了文档，而没有添加修订标记，就无法准确获得修改信息。可以通过 Word 2010 提供的比较审阅后的文档功能实现修订前后操作的文档间的区别对照，具体操作步骤如下：

① 单击"审阅"选项卡"比较"组中的"比较"下拉按钮，在弹出的下拉列表中选择"比较"命令，弹出"比较文档"对话框。

② 在"比较文档"对话框中的"原文档"下拉列表框中选择要比较的原文档，在"修订的文档"下拉列表框中选择修订后的文档。也可以单击这两个下拉列表框右侧的"打开"按钮，在"打开"对话框中选择原文档和修订后的文档。

③ 单击"更多"按钮，会展开更多选项供用户选择。用户可以对比较内容进行设置，也可以对修订的显示级别和显示位置进行设置，如图 1-88 所示。

④ 单击"确定"按钮，Word 将自动对原文档和修订后的文档进行精确比较，并以修订方式显示两个文档的不同之处。默认情况下，比较结果将显示在新建的文档中，被比较的两个文档内容不变。

⑤ 如图 1-89 所示，比较文档窗口分4 个区域，分别显示两个文档的内容、比

图 1-88 "比较文档"对话框

较的结果以及修订摘要。单击"审阅"选项卡"更改"组中的"接受"或"拒绝"下拉按钮，在下拉列表中选择所需命令，可以对比较生成的文档进行审阅操作，最后单击"保存"按钮，将审阅后的文档进行保存。

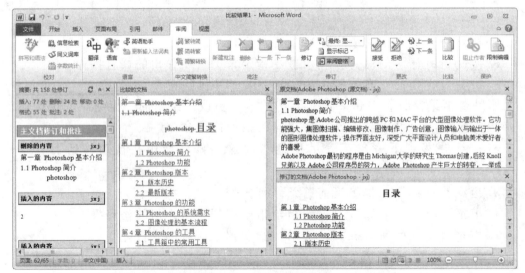

图 1-89 比较后的结果

Word 2010 还可以将多位审阅者的修订组合到一个文档中，这可以通过合并

功能实现。单击"审阅"选项卡"比较"组中的"比较"下拉按钮,在弹出的下拉列表中选择"合并"命令,然后在打开的"合并文档"对话框中实现合并功能,其操作步骤类似于比较文档。

1.6　主控文档与邮件合并

在 Word 中编辑文档内容时,经常会碰到所需要的文本或数据来自于多个文档的情况,一般会利用复制、移动的方法来复制这些数据。实际上,Word 2010还提供了主控文档和邮件合并功能,实现多种文档之间的数据获取。

1.6.1　主控文档

在 Word 2010 中,系统提供了一种可以包含和管理多个子文档的文档,即主控文档。主控文档可以组织多个子文档,并把它们当作一个文档来处理,可以对它们进行查看、重新组织、格式设置、校对、打印和创建目录等操作。主控文档与子文档是一种链接关系,每个子文档单独存在,子文档的编辑操作会自动反应在主控文档中的子文档中,也可以通过主控文档来编辑子文档。

1. 建立主控文档与子文档

利用主控文档组织管理子文档,应先建立或打开作为主控文档的文档,然后在该文档中再建立子文档(子文档必须在标题行才能建立),具体操作步骤如下:

① 打开作为主控文档的文档,切换到大纲视图模式下,将光标移到要创建子文档的标题位置(若在文档中某正文段落末尾处建立子文档,可先按【Enter】键生成一空段,然后将此空段通过大纲的提升功能提升为"1级"标题级别),单击"大纲"选项卡"主控文档"组中的"显示文档"按钮,将展开"主控文档"组,单击"创建"按钮。

② 光标所在标题周围出现一个灰色细线边框,其左上角显示一个标记,表示该标题及其下级标题和正文内容为该主控文档的子文档,如图 1-90(a)所示。

③ 在该标题下面空白处输入子文档的正文内容。输入正文内容后,单击"大纲"选项卡"主控文档"组中的"折叠子文档"按钮,将弹出是否保存主控文档对话框,单击"确定"按钮进行保存,插入的子文档将以超链接的形式显示在主控文档的大纲视图中,如图 1-90(b)所示。同时,系统将自动以默认文件名及默认路径(主控文档所在的文件夹)保存创建的子文档。

④ 单击状态栏右侧的"页面视图"按钮,切换到页面视图模式下,完成子文档的创建操作。或单击"大纲"选项卡"关闭"组中的"关闭大纲视图"按钮进行切换,或单击"视图"选项卡"文档视图"组中的"页面视图"按钮进行切换。

⑤ 还可以在文档中建立多个子文档,操作方法类似。

可以将一个已存在的文档作为子文档插入已打开的主控文档中，该种操作可以将已存在的若干文档合理组织起来，构成一个长文档。操作步骤如下：

① 打开主控文档，并切换到大纲视图模式下，将光标移到要插入子文档的位置。

② 单击"大纲"选项卡"主控文档"组中的"展开子文档"按钮，然后单击"插入"按钮 插入，弹出"插入子文档"对话框。

③ 确定子文档的位置及文件名。

④ 单击"打开"按钮，选择的文档将作为子文档插入到主控文档中。

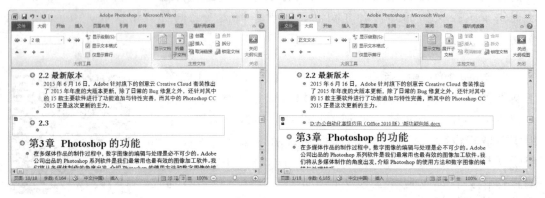

（a） （b）

图 1-90 建立子文档窗口

2．打开、编辑及锁定子文档

可以在 Word 中直接打开子文档进行编辑，也可以在编辑主控文档的过程中对子文档进行编辑，操作步骤如下：

① 打开主控文档，其中的子文档以超链接的形式显示。若要打开某个子文档，按住【Ctrl】键的同时单击子文档名称，子文档的内容将自动在 Word 新窗口中显示，可直接对子文档的内容进行编辑和修改。

② 若要在主控文档中显示子文档内容，可将主控文档切换到大纲视图模式下，子文档默认为折叠形式，并以超链接的形式显示，按住【Ctrl】键的同时单击子文档名可打开子文档，并对子文档进行编辑。若单击"大纲"选项卡"主控文档"组中的"展开子文档"按钮，子文档内容将在主控文档中显示，可直接对其内容进行修改。修改后单击"折叠子文档"按钮，子文档将以超链接形式显示。

③ 单击"大纲"选项卡"主控文档"组中的"展开子文档"按钮，子文档内容将在主控文档中显示并可修改。若不允许修改，可单击"主控文档"组中的"锁定文档"按钮 锁定文档，子文档标记 的下方将显示锁形标记 ，此时不能在主控文档中对子文档进行编辑，再次单击"锁定文档"按钮可解除锁定。对于主控文档，也可以按此进行锁定和解除锁定。

3．合并与删除子文档

子文档与主控文档之间是一种超链接关系，可以将子文档内容合并到主控文档中，而且，对于主控文档中的子文档，也可以进行删除操作。相关操作步骤如下：

①　打开主控文档，并切换到大纲视图模式下，单击"大纲"选项卡"主控文档"组中的"显示文档"及"展开子文档"按钮，子文档内容将在主控文档中显示出来。

②　将光标移到要合并到主控文档的子文档中，单击"主控文档"组中的"取消链接"按钮 ，子文档标记消失，该子文档内容自动成为主控文档的一部分。

③　单击"保存"按钮进行保存。

若要删除主控文档中的子文档，操作步骤如下：在主控文档大纲视图模式下且子文档为展开状态时，单击要删除的子文档左上角的标记按钮 ，将自动选择该子文档，按【Delete】键，该子文档将被删除。

在主控文档中删除子文档，只删除了与该子文档的超链接关系，该子文档仍然保留在原来位置。

1.6.2　邮件合并

在利用 Word 编辑文档时，通常会遇到这样一种情况，多个文档文本内容、格式基本相同，只是具体数据有所变化，例如学生的获奖证书、荣誉证书、通知单、成绩报告单、信封等。对于这类文档的处理，可以使用 Word 2010 提供的邮件合并功能，直接从源数据处提取数据，将其合并到 Word 文档中，最终自动生成一系列输出文档。

1．操作方法

要实现邮件合并功能，通常需要如下 3 个关键环节。

（1）创建数据源。邮件合并中的数据源可以是 Excel 文件、Word 文档、Access 数据库、SQL Server 数据库、Outlook 联系人列表等。可以选择其中一种文件类型并建立这类文档作为邮件合并的数据源。

（2）创建主文档。主文档是一个 Word 文档，包含了文档所需的基本内容并设置了符合要求的文档格式。主文档中的文本和图形格式在合并后都固定不变。

（3）关联主文档与数据源。利用 Word 2010 提供的邮件合并功能，实现将数据源合并到主文档中的操作，得到最终的合并文档。

2．应用实例

现在以学生获取奖学金为例，说明如何使用 Word 2010 提供的邮件合并功能实现数据源与主文档的关联，最终自动批量生成一系列文档。

（1）创建数据源。采用 Excel 文件格式作为数据源。启动 Excel 2010，在表格中输入数据源文件内容。其中，第 1 行为标题行，其他行为数据行，共有 10 条数据，如图 1-91 所示，并以"获奖名单.xlsx"为文件名进行保存。其中，照片列数据为保存在文件夹"D:\\邮件合并案例\\Picture"中的照片文件名，文件夹之间用双反斜杠间隔。

（2）创建主文档。启动 Word 2010，设计获奖证书的内容及版面格式，并预留文档中相关信息的占位符。其中格式如下：全文段落格式为左右缩进各 5 个字符，单倍行距；“荣誉证书”所在行为华文行楷、一号、加粗并居中对齐，各字符间隔一个空格，段前 2 行，段后 1 行；“单位及日期”行为宋体、小四并右对齐；其余内容为宋体、小三并首行缩进 2 个字符；插入一个文本框，并设置文本框格式：宽度为 3 厘米，高度为 3.5 厘米，无边框线，文本框内部边距（上、下、左、右）均为 0 厘米，文本框中输入文本“【照片】”，并将文本框调整到合适的位置，如图 1-92 所示，带“【　】”的文本为占位符。主文档设置完成后，以“荣誉证书.docx”为文件名进行保存。主文档的内容及格式设置，读者可自行操作，在此不再给出操作步骤。

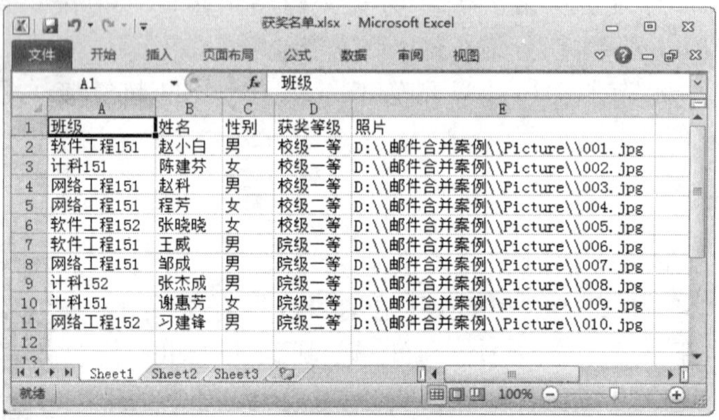

	A	B	C	D	E
1	班级	姓名	性别	获奖等级	照片
2	软件工程151	赵小白	男	校级一等	D:\\邮件合并案例\\Picture\\001.jpg
3	计科151	陈建芬	女	校级一等	D:\\邮件合并案例\\Picture\\002.jpg
4	网络工程151	赵科	男	校级一等	D:\\邮件合并案例\\Picture\\003.jpg
5	网络工程151	程芳	女	校级二等	D:\\邮件合并案例\\Picture\\004.jpg
6	软件工程152	张晓晓	女	校级二等	D:\\邮件合并案例\\Picture\\005.jpg
7	软件工程151	王威	男	院级一等	D:\\邮件合并案例\\Picture\\006.jpg
8	网络工程151	邹成	男	院级一等	D:\\邮件合并案例\\Picture\\007.jpg
9	计科152	张杰成	男	院级一等	D:\\邮件合并案例\\Picture\\008.jpg
10	计科151	谢惠芳	女	院级二等	D:\\邮件合并案例\\Picture\\009.jpg
11	网络工程152	习建锋	男	院级二等	D:\\邮件合并案例\\Picture\\010.jpg
12					

图 1-91　Excel 数据源

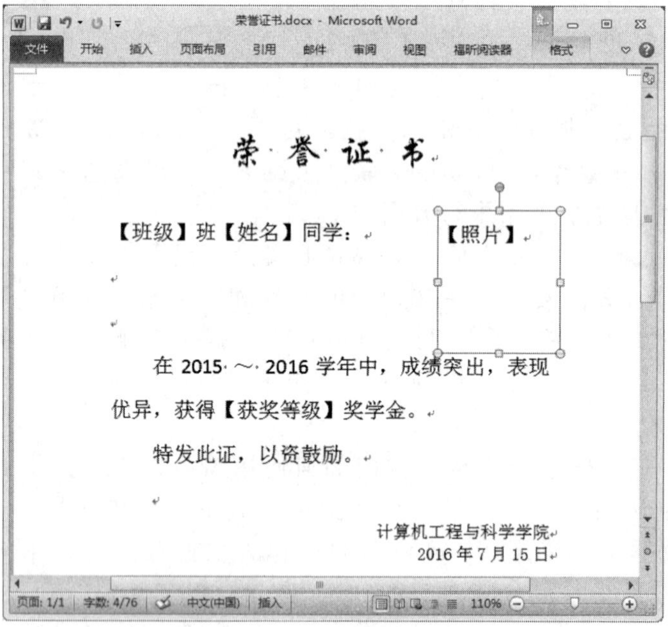

图 1-92　主文档

（3）关联主文档与数据源。利用邮件合并功能，实现主文档与数据源的关联。基本要求为：【班级】、【姓名】、【照片】及【获奖等级】用 Excel 数据源中的数据代替，如果是男生，在姓名后面同时显示“（男）”，否则显示“（女）”，各个同学的照片显示在文本框中。详细操作步骤如下：

① 打开已创建的主文档，单击"邮件"选项卡"开始邮件合并"组中的"选择收件人"下拉按钮，在弹出的下拉列表中选择"使用现有列表"命令，弹出"选择数据源"对话框。

② 在对话框中选择已创建好的数据源文件"获奖名单.xlsx"，单击"打开"按钮。

③ 弹出"选择表格"对话框，选择数据所在的工作表，默认为表 Sheet1，如图 1-93 所示，单击"确定"按钮将自动返回。

④ 在主文档中选中第 1 个占位符"【班级】"，单击"邮件"选项卡"编写和插入域"组中的"插入合并域"下拉按钮，在弹出的下拉列表中选择要插入的域"班级"。

⑤ 在主文档中选中第 2 个占位符"【姓名】"，按第④步操作，插入域"姓名"。

⑥ 将光标定位在"《姓名》"的后面，单击"邮件"选项卡"编写和插入域"组中的"规则"下拉按钮，弹出下拉列表。下拉列表中主要有以下可供选择的命令项：

- 询问：建立一个提示信息。
- 填充：按指定的文字进行填充。
- 如果…那么…否则…：建立一个条件，根据条件成立与否选择不同的结果。
- 合并记录：将当前记录进行合并。
- 合并序列：合并记录序列号。
- 下一记录：转到邮件合并的下一条记录。
- 下一记录条件：按条件转到邮件合并的下一条记录。
- 设置书签：为书签指定新文本。
- 跳过记录条件：在邮件合并时按条件跳过一条记录。

本题选择下拉列表中的"如果…那么…否则…"命令，弹出"插入 Word 域：IF"对话框。在域名下拉列表框中选择"性别"，比较条件下拉列表框中选择"等于"，比较对象文本框中输入"男"，则在插入此文字文本框中输入"（男）"，否则在插入此文字文本框中输入"（女）"，如图 1-94 所示。单击"确定"按钮返回。

图 1-93 "选择表格"对话框　　　图 1-94 "插入 Word 域：IF"对话框

⑦ 按照插入域"【班级】"的方法插入域"获奖等级"。

⑧ 文本框中域"【照片】"的插入，可按下面方法进行操作。

a. 选择文本框中的文本"【照片】"，单击"邮件"选项卡"编写和插入域"组中的"插入合并域"下拉按钮，在弹出的下拉列表中选择要插入的域"照片"。【照片】自动更改为"《照片》"，如图 1-95 所示。

b. 右击文本框中的域"《照片》"，在弹出的快捷菜单中选择"切换域代码"命令，域"《照片》"变为"{ MERGEFIELD 照片 }"，拖动鼠标，选择文本"MERGEFIELD 照片"，按【Ctrl+F9】组合键添加域，则在文本"MERGEFIELD 照片"外面又增加了一对大括号。

c. 手动输入域代码：INCLUDEPICTURE，并为里面的域"{ MERGEFIELD 照片 }"添加一对英文状态下的双引号""""，如图 1-96 所示。

d. 按【Alt+F9】组合键切换域代码，显示结果与图 1-95 所示相同。

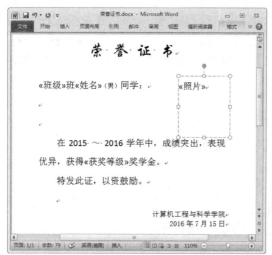

图 1-95　插入"《照片》"域

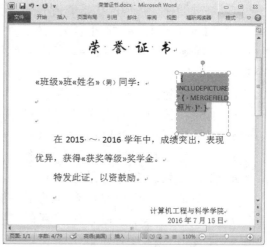

图 1-96　域【照片】设置

⑨ 文档中的所有占位符被插入域后，其效果如图 1-95 所示。单击"邮件"选项卡"预览效果"组中的"预览结果"按钮，将显示主文档和数据源关联后的第一条数据结果，单击查看记录按钮，可逐条显示各记录对应数据源的数据。

⑩ 单击"邮件"选项卡"完成"组中的"完成并合并"下拉按钮，在弹出的下拉列表中选择"编辑单个文档"命令，将弹出"合并到新文档"对话框，如图 1-97 所示。

图 1-97　"合并到新文档"对话框

⑪ 在对话框中选择"全部"单选按钮，然后单击"确定"按钮，Word 将自动合并文档并将全部记录放到一个新文档"信函 1.docx"中，如图 1-98 所示，生成一个包含 10 条数据信息的长文档。

⑫ 其中，文本框中并没有显示学生的照片，还是以域名的方式显示，需要进行域的更新操作。单击文档"信函 1.docx"中第一位学生的文本框中的"《照片》"，

按【F9】键，文本框中将自动显示该学生的照片。

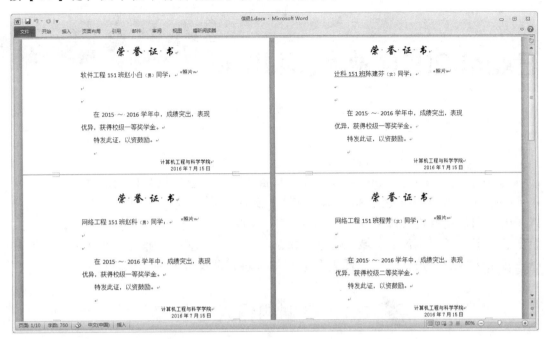

图 1-98　邮件合并文档

⑬ 文档中的其余域"《照片》"按步骤⑫进行更新，将自动显示对应学生的照片，操作结果如图 1-99 所示。

⑭ 对文档"信函 1.docx"重新以"荣誉证书文档.docx"为文件名进行保存。

图 1-99　邮件合并结果

Excel 2010 高级应用 <<<

第 2 章

Excel 作为 Microsoft Office 的组件，是目前日常办公应用最广泛的软件之一。利用 Excel，不但能方便地创建和编辑工作表，而且 Excel 为用户提供了丰富的函数、公式、图表和数据分析管理的功能。因此，Excel 被广泛用于文秘、财务、统计、审计、金融、人事、管理等各个领域。通过本章的学习，可以掌握快速有效地输入和获取数据、复杂公式和函数的应用、图表和数据的分析管理等方面的知识。

2.1　数据的输入与获取

在 Excel 中可以输入文本、数字、日期等各种类型的数据。通常的输入数据的方法是：在需要输入数据的单元格中单击，然后输入数据，按回车键或方向键确认。但某些特殊的数据，如职工号（唯一）、职称（有限选项）、学历（有限选项）、成绩（限定范围）、身份证号（限定长度）等，为了实现这类数据快速、正确的输入，可以通过设置数据的有效性来实现。又如，某些常用的序列（月份、星期、等差和等比序列等），为了实现这类数据的快速输入，可以通过自定义序列和填充柄实现。Excel 数据表的建立除了使用输入的方法外，还可以通过"数据"选项卡"获取外部数据"组中的功能来获取本地计算机或网络上的外部数据。

2.1.1　数据的有效性设置

设置数据的有效性，通常是建立一定的规则来限制单元格中输入数据的类型和范围，以提高单元格数据输入的速度和准确性。此外，还可以使用数据有效性定义帮助信息，或圈释无效数据。

1．禁止输入重复数据

在制作数据表时，经常遇到输入数据必须是唯一的情况，例如各类编号、身份证号等，为了防止输入重复的数据，可通过设置数据有效性来实现。禁止输入重复数据的操作步骤如下：

① 选择禁止输入重复数据的区域，例如 B2:B60，在"数据"选项卡"数据工具"组中，单击"数据有效性"下拉按钮，选择"数据有效性"命令，弹出"数据有效性"对话框，在"允许"下拉列表框中选择"自定义"选项，在"公式"文本框中输入公式"=COUNTIF($B$2:$B$60,B2)=1"，如图 2-1 所示。

② 选择"出错警告"选项卡，在"标题"文本框中输入"错误提示"，在"错误信息"文本区中输入"数据重复"，如图 2-2 所示。

③ 单击"确定"按钮，当在 B2:B60 单元格区域输入数据重复时，即可弹出"错误提示"对话框，禁止用户在其中输入重复数据，如图 2-3 所示。

图 2-1　设置有效性条件（自定义）　图 2-2　设置出错警告信息　　图 2-3　错误提示

2. 将数据输入限制为下拉列表中的值

在 Excel 中输入有固定选项的数据时，如职称、学历、性别、婚否、部门等，如果能直接从下拉列表中选择输入，则可以提高输入的准确性和速度。下拉列表的生成，可以通过数据有效性的设置来实现，具体操作步骤如下。

① 选择输入有限选项数据的区域，例如 C2:C17，在"数据"选项卡"数据工具"组中，单击"数据有效性"下拉按钮，选择"数据有效性"命令，弹出"数据有效性"对话框，在"允许"下拉列表框中选择"序列"选项，在"来源"文本框中输入"教授,副教授,讲师,助教"（其中的间隔符逗号需要英文状态下输入），如图 2-4 所示。

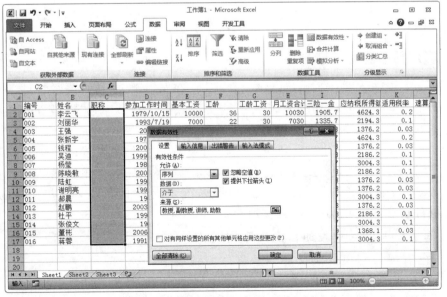

图 2-4　设置有效性条件（序列）

② 单击"确定"按钮，关闭"数据有效性"对话框。返回工作表中，当在 C2:C17 单元格区域内任一单元格输入数据时，单元格右边显示一个下拉按钮，单击此下拉按钮，则弹出下拉选项，如图 2-5 所示，在其中选择一个值填入即可。

图 2-5　下拉列表

此外，利用数据有效性还可以指定单元格输入文本的长度、数的范围、时间的范围等，如图 2-6 所示。

（a）

（b）

（c）

图 2-6　数据有效性设置

2.1.2　填充柄与自定义序列

在 Excel 中输入数据时，如果数据本身存在某些顺序上的关联特性，那么使用 Excel 所提供的填充柄功能就能快速地实现数据的输入。通常，Excel 中已内置了一些序列，例如"星期日、星期一、星期二……""甲、乙、丙……""JAN、FEB、MAR……""子、丑、寅……"等，如果要输入上述内置的序列，只要在某个单元格输入序列中的任意元素，把光标放在该单元格右下角，光标变成实心加号后拖动鼠标，就能实现序列的填充。对于系统未内置而个人又经常使用的序列，可以采用自定义序列的方式来实现填充。

1. 基于已有项目列表的自定义序列

基于已有项目列表自定义序列的操作步骤如下：

① 在工作表的单元格依次输入一个序列的每个项目，如一季度、二季度、三季度、四季度，然后选定该序列所在的单元格区域。

② 单击"文件"选项卡的"选项"命令,在弹出的对话框中单击"高级"选项卡,拖动对话框右侧的滚动条,直到出现"常规"区,如图 2-7 所示。

③ 单击"编辑自定义列表"按钮,弹出"自定义序列"对话框,如图 2-8 所示。此时自定义序列的区域已显示在"导入"按钮左边的文本框中,单击"导入"按钮,再单击"确定"按钮,即完成序列的自定义。

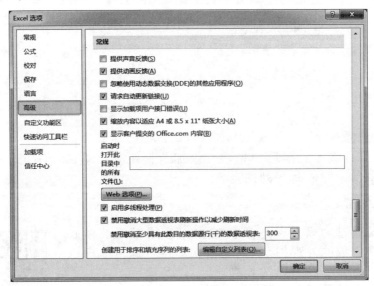

图 2-7 "Excel 选项"对话框

图 2-8 导入自定义序列

④ 序列自定义成功后,它的使用方式和内置的序列一样,在某一单元格内输入序列的任意值,拖动填充柄就可以进行填充。

2.直接定义新项目列表序列

直接定义新项目列表序列的操作步骤如下:

① 单击"文件"选项卡的"选项"命令,在弹出的"Excel 选项"对话框中单击"高级"选项卡,拖动对话框右侧的滚动条,直到出现"常规"区,单击"编辑自定义列表"按钮,弹出"自定义序列"对话框,如图 2-8 所示。

② 在对话框右侧的"输入序列"文本框中，依次输入自定义序列的各个条目，每输完一个条目后按【Enter】键确认，如图 2-9 所示。

图 2-9　输入自定义序列

③ 全部条目输入完毕后，单击"添加"按钮，再单击"确定"按钮，退出自定义序列窗口，完成新序列的定义。

2.1.3　条件格式

条件格式通过为满足某些条件的数据应用特定的格式来改变单元格区域的外观，以达到只需快速浏览即可立即识别一系列数值中存在的差异的效果。

条件格式的设置可以通过 Excel 预置的规则（突出显示单元格规则、项目选取规则、数据条、图标集）来快速实现格式化，也可以通过自定义规则实现格式化。前者操作非常容易，这里不再叙述。下面重点介绍自定义规则格式化，以如图 2-10 所示的学生成绩表为例，要求：

（1）将各科成绩小于 60 分的单元格红色加粗显示。

（2）将成绩表中总分最高的同学用黄色填充标示。

学生姓名	语文	数学	英语	物理	总分
熊天	55	67	88	76	286
齐秦	77	76	78	66	297
许如	60	56	84	66	266
郑基	78	73	60	65	276
张有	44	77	62	77	260
辛琪	80	62	76	59	277
张宇	67	74	59	63	263
林莲	80	76	86	70	312
李盛	78	88	83	79	328
许静	67	44	67	66	244
任齐	56	78	67	75	276

图 2-10　学生成绩表

第（1）题操作步骤如下：

① 选择工作表中要设置格式的单元格区域 B3:E13。

② 在"开始"选项卡的"样式"组中，单击"条件格式"下方的下拉按钮，弹出如图 2-11（a）所示的下拉列表。

③ 在弹出的下拉列表中，单击"新建规则"命令，弹出"新建格式规则"对话框，如图 2-11（b）所示。

④ 在"新建格式规则"对话框中选择"只为包含以下内容的单元格设置格式"，在编辑规则说明处选择"小于"和输入"60"，接着单击"格式"按钮，弹出图 2-11（c）所示的"设置单元格格式"对话框。

⑤ 在"设置单元格格式"对话框中设置字形为"加粗"，颜色为红色，单击"确定"按钮，设置效果如图 2-11（d）所示。

（a）

（b）

（c）   （d）

图 2-11　条件格式（只为包含以下内容的单元格设置格式）

第（2）题操作步骤如下：

① 选择工作表中要设置格式的单元格区域 A3:F13。

② 在"开始"选项卡上的"样式"组中，单击"条件格式"下方的下拉按钮，弹出如图 2-11（a）所示的下拉列表。

③ 在弹出的下拉列表中，单击"新建规则"命令，弹出"新建格式规则"

对话框。

④ 在"新建格式规则"对话框中选择"使用公式确定要设置格式的单元格"，在编辑规则说明处输入条件公式：=$F3=MAX($F$3:$F$13)，如图 2-12（a）所示。接着单击"格式"按钮，弹出图 2-12（b）所示的"设置单元格格式"对话框，在"设置单元格格式"对话框中选择"填充"选项卡，选择颜色为黄色，单击"确定"，设置效果如图 2-12（c）所示。

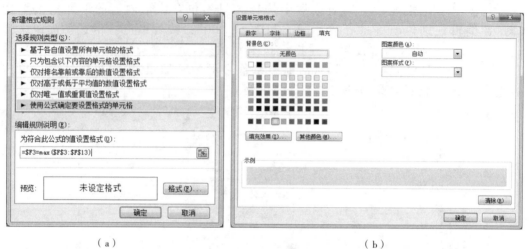

图 2-12　条件格式（使用公式确定要设置格式的单元格）

2.1.4　获取外部数据

用户在使用 Excel 进行工作的时候，不但可以使用在 Excel 里输入的工作表数据，还可以使用本地计算机或网络上的外部数据。Excel 2010 获取外部数据是通过"数据"选项卡"获取外部数据"组中的功能来达到的。"获取外部数据"组包含了"自 Access"、"自网站"、"自文本"、"自其他来源"和"现有连接"四个命令按钮,也就是说 Excel 2010 获取外部数据有这四种方式,本节重点介绍"自网站"和"自文本"这两种获取外部数据的方式。

1. 利用文本文件获取数据

要导入文本文件到 Excel 中,通常有两种方法:

(1)利用"文件"选项卡的"打开"命令,可以直接导入文本文件。

(2)利用"数据"选项卡"获取外部数据"组中的"自文本"命令导入文本数据。

使用方法(1)导入文本数据时,如果文本文件的数据发生变化,并不会在 Excel 中体现,除非重新导入。使用方法(2)时,Excel 会在当前工作表的指定位置导入数据,同时,Excel 会将文本文件作为外部数据源,一旦文本文件发生变化,用户只需在导入的数据区域的任意位置右击,在弹出的快捷菜单中选择"刷新"即可得到最新的数据。下面举例说明方法(2)导入文本数据的操作步骤。

例如,要将"房产销售.txt"文本文件导入 Excel 2010 中,其操作步骤如下:

① 选定文本数据要导入的起始位置,单击 Excel 工作表中某一单元格(如 A1)。

② 单击"数据"选项卡"获取外部数据"组中的"自文本"命令,弹出如图 2-13 所示的对话框。在此对话框中,用户可以设置合适的分隔数据列的方式,还可以设置数据导入的起始行。如果文本文件的数据列间包含分隔字符(如逗号、空格或制表符等),在"请选择最合适的文件类型"处选择"分隔符号"单选按钮;如果文本文件的数据列间没有明显的分隔符号,则选择"固定宽度"单选按钮,在其"下一步"操作中可以手工分隔数据列(建立分隔线、拖动分隔线等)。因本例中的房产销售文本文件中的数据列间是以制表符隔开的,故单击"分隔符号"单选按钮。"导入起始行"为 1,说明文本文件从表第 1 行标题处导入,如果选择 2,则表示从表第 2 行导入,导入的数据将不包含表标题。本例选择"1",连同标题导入 Excel 中。

③ 单击"下一步"按钮,弹出如图 2-14 所示的对话框。在此对话框中选择分隔符号为"Tab 键"。

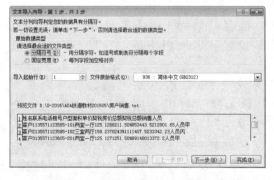

图 2-13 文本导入向导(第 1 步)　　　　图 2-14 文本导入向导(第 2 步)

④ 单击"下一步"按钮,弹出如图 2-15 所示的对话框。在此对话框中,用户可以取消对某列的导入,同时可以设置每列的数据格式。默认的列数据格式为"常规",如果想要改变列的数据格式,可以单击选中"数据预览"处的列,然后

设置列数据格式，本例选择默认值"常规"。

⑤ 单击"完成"按钮，弹出如图 2-16 所示的"导入数据"对话框。在此对话框中可设置数据导入工作表中的位置，默认值是当前单元格位置。

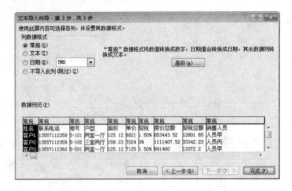

图 2-15　文本导入向导（第 3 步）　　　　　图 2-16　设置数据导入的位置

⑥ 单击"确定"按钮完成导入，效果如图 2-17 所示。

图 2-17　在 Excel 中导入文本文件

2．获取网站数据

要获取网站网页上的数据，通常有两种方法：

（1）在网页上选中要复制的表格数据，接着粘贴到 Excel 工作簿。

（2）利用"数据"选项卡下"获取外部数据"选项组中的"自网站"命令按钮来实现。

当网页上的数据更新时，若用户利用方法（1）获取网站上的数据，则必须对工作表重新进行修改；若利用方法（2）导入网站数据，用户只需在导入的数据区域的任意位置右击，在弹出的快捷菜单中执行"刷新"命令即可得到最新的数据，或者在打开的快捷菜单中执行"数据区域属性"命令，在打开的"外部数据区域属性"对话框中，选中"刷新控件"选项区域中的"打开文件时刷新数据"复选框即可。下面介绍利用方法（2）实现网站数据导入的具体操作步骤。

例如，要将中国工商银行网站上（网址为 http://www.icbc.com.cn/ICBC/金融信息/行情数据/人民币即期外汇牌价/）的人民币即期外汇牌价数据表导入 Excel 2010 中，其操作步骤如下：

① 单击 Excel 工作表中某一单元格（如 A1），选定网站数据要导入的起始位置。

② 单击"数据"选项卡"获取外部数据"组中的"自网站"按钮，打开"新建 Web 查询"对话框。

③ 在对话框的"地址"栏中输入数据源所在的网址"http://www.icbc.com.cn/ICBC/金融信息/行情数据/人民币即期外汇牌价/"，并单击"转到"按钮，如图 2–18 所示。

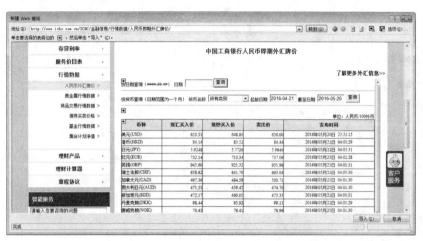

图 2–18 输入网址后的"新建 Web 查询"对话框

④ 在打开的网页中将鼠标移动到希望导入的数据区域的左上角，选中"▣"标记，将其变成对钩状态"✓"，选中要导入的表格，如图 2–19 所示。

图 2–19 选取需要导入的数据区域

⑤ 单击"导入"按钮，弹出"导入数据"对话框，如图 2–20 所示。设置导入的数据在 Excel 工作簿中的位置，默认值是当前单元格位置。

⑥ 单击"确定"按钮，将数据导入 Excel 工作表中，如图 2-21 所示。

图 2-20　"导入数据"对话框

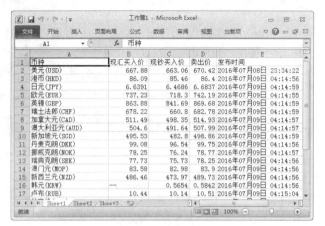

图 2-21　导入工作表中的数据

2.2　公式与函数

2.2.1　基本知识

Excel 提供了类型丰富的函数，可以通过各种运算符、单元格引用构造出各种公式以满足各类计算的需要。为了熟练地掌握公式和函数的应用，必须对公式和函数的基本概念有清晰的了解。

1. 公式

公式是 Excel 中对数据进行运算的式子。输入公式时，必须以等号（"="）开头，由操作数和运算符组成，操作数主要包括常量、名称、单元格引用和函数等。运算符主要有算术运算符、逻辑运算符和字符运算符等。

1）算术运算符

算术运算符是用来完成基本的数学运算，如加法、减法、乘法、乘方、百分比等。

算术运算符有：负号（"−"）、百分数（"%"）、乘幂（"^"）、乘（"*"）和除（"/"）、加（"+"）和减（"−"）。其运算顺序与数学中的运算顺序相同。例如公式："=3^2"，其值为 9；又如公式："=E2*F2"，表示 E2、F2 两个单元格的值相乘。

2）关系运算符

关系运算符是用来判断条件是否成立，若条件成立，则结果为 TRUE（真）；若条件不成立，则结果为 FALSE（假）。

关系运算符有：等于（"="）、小于（"<"）、大于（">"）、小于等于（"<="）、大于等于（">="）、不等于（"<>"）。例如，公式"=A2>=500"，表示判断 A2 单元格的值是否大于等于 500，如果大于等于则结果为 TRUE，否则为 FALSE。

3）字符运算符

字符运算符是用来连接两个或多个字符，其运算符为"&"。例如，公式：="Microsoft"&"Office"，其值为"Microsoft Office"；又如，单元格 A1 存储着"中国"，单元格 A2 存储着"浙江"（均不包括引号），则公式：=A1&A2，其值为"中国浙江"。

2．单元格引用

单元格引用是 Excel 公式的重要组成部分，它用以指明公式中所使用的数据和所在的位置。对单元格的引用分为相对引用、绝对引用、混合引用和三维引用四种。

1）相对引用

相对引用是指在公式中需要引用单元格的值时直接用单元格名称表示，例如，公式："=E2+F2+G2+H2"，就是一个相对引用，表示在公式中引用了单元格 E2、F2、G2 和 H2；又如，公式："=SUM(B3:E3)"也是相对引用，表示引用 B3:E3 单元格区域的数据。

相对引用的主要特点是，当包含相对引用的公式被复制到其他单元格时，Excel 会自动调整公式中的单元格名称。例如，在图 2-22（a）中，F3 单元格中的公式是"=B3+C3+D3+E3"，向下拖动填充柄至 F13 单元格。这时，如果单击 F4 单元格，发现 F4 单元格的公式不再与 F3 单元格中的公式相同，而是变为"=B4+C4+D4+E4"，地址发生了相对位移。如果单击 F3 单元格并复制，粘贴在 H4 单元格，则 H4 单元格公式变为"=D4+E4+F4+G4"，如图 2-22（b）所示。这主要是由于 H4 单元格相对 F3 单元格，列向右移了两列，行向下移了一行，故公式里的单元格相对引用就发生了相应的位移变化。

（a）   （b）

图 2-22　相对引用

2）绝对引用

绝对引用是指在公式中引用单元格时在单元格名称的行列坐标前加"$"符号，这个公式复制到任何地方，该单元格引用不会发生变化。行列前加$，可按功能键【F4】实现。例如，在图 2-22（a）中，F3 单元格中的公式是"=B3+C3+D3+E3"，如果用绝对引用把 F3 单元格的公式变为"=$B$3+$C$3+$D$3+$E$3"，然后鼠标指针移到填充柄上，向下拖动时，会发现每个单元格的值都为 286，公式都为

"=\$B\$3+\$C\$3+\$D\$3+\$E\$3"保持不变，如图 2-23（a）所示。如果单击 F3 单元格并复制，粘贴在 H4 单元格，发现在 H4 单元格的公式还是为"=\$B\$3+\$C\$3+\$D\$3+ \$E\$3"，如图 2-23（b）所示。

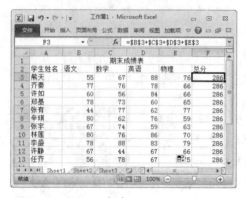

（a）

（b）

图 2-23　绝对引用

3）混合引用

混合引用是指在一个单元格地址引用中，既有绝对地址引用又有相对地址引用。例如，在图 2-22（a）中，F3 单元格中的公式是"=B3+C3+D3+E3"，如果用混合引用把 F3 单元格的公式变为"=\$B3+\$C3+D\$3+E\$3"，然后鼠标指针移到填充柄上，向下拖动时，会发现 F4 单元格公式变为"=\$B4+\$C4+D\$3+E\$3"，如图 2-24（a）所示。如果单击 F3 单元格并复制，在 H4 单元格粘贴，会发现在 H4 单元格的公式变为"=\$B4+\$C4+F\$3+G\$3"，如图 2-24（b）所示。

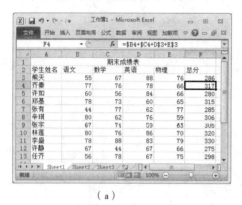

（a）

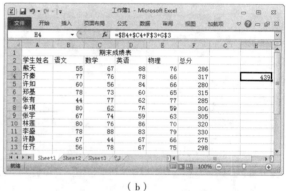

（b）

图 2-24　混合引用

3. 引用运算符

使用引用运算符可以将单元格的数据区域合并进行计算，引用运算符有冒号（"："）、逗号（"，"）、空格和感叹号（"！"）。

冒号（"："）是区域运算符，对左右两个引用之间，包括两个引用单元格在内的矩形区域内所有单元格进行引用。例如，"B2:D5"表示共包含 B2、B3、B4、B5，C2、C3、C4、C5，D2、D3、D4、D5 共 12 个单元格，如果使用公式："=AVERAGE(B2:D5)"，则表示对这 12 个单元格的数值求平均。

逗号（"，"）是联合引用运算符，联合引用是将多个引用区域合并为一个区域进行引用，如公式："=SUM(A1:C3,B5:D7)"，表示对 A1:C3 区域的 9 个单元格和 B5:C7 区域的 6 个单元格共 15 个单元格的数值进行求和。

空格是交叉引用运算符，它取几个引用区域相交的公共部分（又称"交"）。如公式："=SUM(A1:D5 B2:E7)"等价于"=SUM(B2:D5)"，即数据区域 A1:D5 和区域 B2:E7 的公共部分。

感叹号（"!"）是三维引用运算符，利用它可以引用另一张工作表中的数据，其表示形式为："工作表名!单元格引用区域"。

例如：将当前工作表 Sheet1 中 B3:E8 区域的数据与工作表 Sheet2 中 C3:F8 区域的数据求和，结果放在工作表 Sheet1 的单元格 G8 中。

其操作过程如下。

① 选择工作表 Sheet1，单击单元格 G8。

② 在单元格中输入公式："=SUM(B3:E8,Sheet2!C3:F8)"。

提示：在引用时，若要表示某一行或几行，可以表示为"行号:行号"的形式，同样若要表示某一列或几列，可以表示为"列标:列标"的形式。例如，6:6、2:6、D:D、F:J 分别表示第 6 行、第 2~6 共 5 行、第 D 列、第 F~J 列共 5 列。

4．函数

函数是 Excel 中为解决那些复杂运算需求而提供的预置算法，如 SUM()、AVERAGE()、IF()、COUNTIF()等。通常，函数通过引用参数接收数据并返回计算结果。函数由函数名和参数构成。

函数的格式为：函数名([参数 1],[参数 2],…)

其中，函数名用英文字母表示，函数名后的小括号是不可少的，参数在函数名后的括号内，其中"[]"内的参数是可选参数，而没有"[]"的参数是必选参数，有的函数可以没有参数。函数中的参数可以是常量、单元格引用、数组、公式或函数等，参数的个数和类别由该函数的性质决定。

输入函数的方法有多种，最简便的是单击"编辑栏"上的"插入函数" f_x 按钮，弹出"插入函数"对话框，如图 2-25 所示，从中选择所需要的函数，此时，会弹出如图 2-26 所示的对话框，利用它可以确定函数的参数。

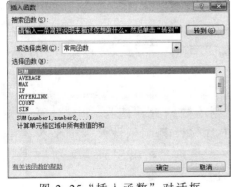

图 2-25 "插入函数"对话框

图 2-26 "SUM"函数参数对话框

也可以单击单元格，输入"="后直接在编辑栏里输入函数：=函数名(参数)。

另外，还可以通过单击"公式"选项卡中"插入函数"命令，或者从"函数库"组中单击某一类别的函数命令，从打开的函数列表中单击所需要的函数，"函数库"组如图 2-27 所示。

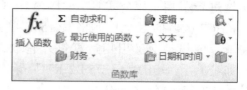

图 2-27 "函数库"组

5. 名称的创建

名称是一种较为特殊的公式，多数由用户定义，也有部分名称可以随创建列表、设置打印区域等操作自动产生，它可以代表工作表、单元格区域、常量数组等元素。如果在 Excel 工作表中定义了一个名称，就可以在公式中直接使用它。

在 Excel 2010 中创建名称可以通过下面 3 种方法来实现。

（1）在工作表中选择要命名的区域，然后单击公式栏左侧的名称框并输入一个名称，按【Enter】键创建该名称。

（2）选择要命名的区域，然后选择"公式"选项卡的"定义名称"命令，打开"新建名称"对话框，设置名称、可用范围及说明信息，最后单击"确定"按钮。

（3）选择要命名的区域，必须包含要作为名称的单元格，然后选择"公式"选项卡"定义的名称"组中的"根据所选内容创建"命令，在弹出的对话框中，选择确定区域的值创建名称，并单击"确定"按钮。

通过公式选项卡"定义的名称"组中的"名称管理器"命令可以看到已创建的名称，以及可以对名称进行新建、编辑和删除等操作。

2.2.2 文本函数

文本函数主要是帮助用户快速设置文本方面的操作，包括文本的比较、查找、截取、合并、替换和删除等操作，在文本处理中有着极其重要的作用。

1. 文本连接函数 CONCATENATE

格式：CONCATENATE(text1,[text2],…)

功能：可将最多 255 个文本字符串连接成一个文本字符串。连接项可以是文本、数字、单元格引用或这些项的组合。

参数说明：

（1）text1 为必选项，要连接的第一个文本项。

（2）text2,…为可选项，其他文本项，最多为 255 项。项与项之间必须用逗号隔开。

例如，若在 A1 单元格中输入字符串"中国"，在 B1 单元格中输入"浙江"，在 C1 单元格输入"=CONCATENATE(A1,B1)"，则函数的返回值为"中国浙江"；如果在 C1 单元格输入"=CONCATENATE(A1,B1,"杭州")"则函数的返回值为"中国浙江杭州"。这里需要注意的是当其中的参数不是单元格引用而是文本格式时，在使用时一定要给文本参数加英文状态下的双引号。

另外，也可以用"&"运算符代替 CONCATENATE 函数来连接文本项。例如，=A1&B1 与 =CONCATENATE(A1,B1)返回的值相同。

2．文本比较函数 EXACT

格式：EXACT(text1,text2)

功能：比较字符串 text1 是否与字符串 text2 相同。如果两个字符串相同，则返回测试结果"TRUE"，反之则返回"FALSE"，字符比较时区分大小写。

例如，若在 A1 单元格中输入字符串"Microsoft"，B1 单元格中输入"microsoft"，在 C1 单元格中输入公式：=EXACT(A1,B1),则该函数的执行结果为："FALSE"，因为两个字符串的首字母大小写不一样。

3．文本查找函数 SEARCH

格式：SEARCH(find_text,within_text,[start_num])

功能：判断字符串 find_text 是否包含在字符串 within_text 中，若包含，则返回该字符串在原字符串中的起始位置，反之，则返回错误信息"#VALUE!"。

参数说明：

（1）within_text 为原始字符串。

（2）find_text 为要查找的字符串。

（3)start_num 表示从第几个字符开始查找，缺省时则从第 1 个字符开始查找。

注意：

（1）该函数不区分大小写

（2）查找时可使用通配符"?"和"*"。其中"?"表示任意单个字符，"*"表示任意字符。如果要表示字符"?"和"*"，则必须在"?"和"*"前加上符号"～"；

（3)查找时若要区分大小写,可用函数：FIND(find_text,within_text,[start_num])实现，其用法与 SEARCH 函数相同。

例如，若在 A1 单元格中输入字符串"Microsoft"，当在 A2 单元格中输入函数"=SEARCH("S",A1)"，则函数的返回值为 6；如输入函数"=SEARCH("N",A1)"，则函数的返回值则为"#VALUE!"。

4．截取子字符串函数

1）左截函数 LEFT

格式：LEFT(text,num_chars)

功能：将字符串 text 从左边第 1 个字符开始，向右截取 num_chars 个字符。

例如，若在 A1 单元格中输入字符串"Microsoft",则函数=LEFT(A1,3)的返回值为"Mic"。

2）右截函数 RIGHT(text,num_chars)

格式：RIGHT(text,num_chars)

功能：将字符串 text 从右边第 1 个字符开始，向左截取

num_chars 个字符。

3）截取任意位置子字符串函数 MID

格式：MID(text,start_num,num_chars)

功能：将字符串 text 从第 start_num 个字符开始，向右截取 num_chars 个字符。

参数说明：text 是原始字符串；start_num 为截取的位置；num_chars 为要截取的字符个数。

例如，若在 A1 单元格中输入某个学生的计算机等级考试的准考证号"20165532101"，其中第 9 位代表考试等级，则函数=MID(A1,9,1)的返回值为"1"，表示该考生参加的是一级考试。

5．删除空格函数 TRIM

格式：TRIM(Text)

功能：删除指定文本或区域中的空格。除了单词之间的单个空格外，该函数可以删除文本中所有的空格，包括前后空格及文本中间的空格。

例如，在 A1 单元格输入函数"=TRIM(" 中国   浙江 ")"，运行结果为"中国 浙江"，除了中国浙江两个词之间的单个空格外，其余空格全部被删除。

6．字符长度测试函数 LEN

格式：LEN(Text)

功能：统计指定字符串中字符的个数，空格也作为字符计数。

例如：在 A1 单元格输入函数 "=LEN("中国 浙江 China")"，运行结果为 10，汉字同字母一样，一个汉字一个长度，空格也计数。

7．字符替换函数 REPLACE

格式：REPLACE(old_text,start_num,num_chars,new_text)

功能：对指定字符串，从指定位置开始，用新字符串来替换原有字符串中的若干个字符。

参数说明：

（1）old_text 是原有字符串。

（2）start_num 是从原字符串中第几个字符位置开始替换。

（3）num_chars 是原字符串中从起始位置开始需要替换的字符个数。

（4）new_text 是要替换成的新字符串。

注意：

（1）当 num_chars 为 0 时则表示从 start_num 之后插入新字符串 new_text。

（2）当 new_text 为空时，则表示从第 start_num 个字符开始,删除 num_chars 个字符。

例如，在 A1 单元格输入 "'057387654321"，在 B1 单元格输入函数"=REPLACE(A1,4,1,1)" 则函数的返回结果为"057187654321"，即把原字符串的第四个字符替换为 1；如果在 B1 单元格输入函数 "=REPLACE(A1,4,0,1)"，则函数的返回结果为"0571387654321"，即在原字符串第四个字符的位置添加一个字

符 1；如果在 B1 单元格输入函数"=REPLACE(A1,4,1,)"，则函数的返回结果为"05787654321"，把原字符串的第四个字符删除。

8．数据格式转换函数 TEXT

格式：TEXT(value,format_text)

功能：将数值(value)转换为按指定数字格式(format_text)表示的文本。如"TEXT(123.456,"$0.00")"的值为"$123.46"，"TEXT(1234,"[dbnum2]")"的值为"壹仟贰佰叁拾肆"。

参数说明：value 为数值、计算结果为数字值的公式，或对包含数字值的单元格的引用。format_text 为"单元格格式"对话框中"数字"选项卡"分类"列表框中的文本形式的数字格式。使用函数 TEXT 可以将数值转换为带格式的文本，而其结果将不再作为数字参与计算。

2.2.3 数值计算函数

数值计算函数主要用于数值的计算和处理，在 Excel 中应用范围最广，下面介绍几种常用的数值计算函数。

1．条件求和函数 SUMIF

格式：SUMIF(range, criteria, [sum_range])

功能：根据指定条件对指定数值单元格求和。

参数说明：

（1）range 代表用于条件计算的单元格区域或者求和的数据区域。

（2）criteria 为指定的条件表达式。

（3）sum_range 为可选项，为需要求和的实际单元格区域，如果选择该项，则 range 为条件所在的区域，sum_range 为实际求和的数据区域；如果忽略，则 range 既为条件区域又为求和的数据区域。

例如，公式：=SUMIF(F2:F13,">60")，表示对 F2:F13 单元格区域中大于 60 的数值相加。再如，公式：=SUMIF(C2:C13,"男",G2:G13)，假定 C2:C13 单元格区域表示性别，G2:G13 单元格区域表示奖学金，则该公式的意义就是表示求表中男同学的奖学金总和。

2．多条件求和函数 SUMIFS

格式：SUMIFS(sum_range,criteria_range1,criteria1,[criteria_range2, criteria2],…)

功能：对指定求和区域中满足多个条件的单元格求和。

参数说明：

（1）sum_range 为必选项，为求和的实际单元格区域，包括数字或包含数字的名称、区域或单元格引用。

（2）criteria_range1 为必选项，为关联条件的第一个条件区域。

（3）criteria1 为必选项，为求和的第一个条件。形式为数字、表达式、单元格引用或文本，可用来定义将对哪些单元格进行计数。例如，条件可以表示为 86、">86"、A6、"姓名" 或 "32"等。

（4）criteria_range2, criteria2，…为可选项，为附加条件区域及其关联的条件。最多允许 127 个区域/条件对。

注意：

（1）只有在 sum_range（求和区域）参数中的单元格满足所有相应的指定条件时，才对该单元格求和。

（2）函数中每个 criteria_range（条件区域）参数包含的行数和列数必须与sum_range（求和区域）参数和的行数和列数相同。

（3）求和区域 sum_range 与第 1 个条件区域 criteria_range1 位置不能颠倒。

例如，公式：=SUMIFS(G2:G13,C2:C13,"男",D2:D13,"计算机")，假定 G2:G13表示奖学金，C2:C13 表示性别，D2:D13 表示专业，则该公式的意义就是表示求表中计算机专业男同学的奖学金总和。其中：G2:G13 为求和区域（即奖学金）；C2:C13 为第 1 个条件区域（即性别）；"男"为第 1 个条件（即性别为"男"）；D2:D13为第 2 个条件区域（即专业）；"计算机"为第 2 个条件（即专业为计算机）。

3．求数组乘积的和函数 SUMPRODUCT

格式：SUMPRODUCT(array1,[array2],[array3],…)

功能：在给定的几组数组中，将数组间对应的元素相乘，并返回乘积之和。该函数一般用以解决利用乘积求和的问题，也常用于多条件求和问题。

参数说明：

（1）array1 为必选项。其相应元素需要进行相乘并求和的第一个数组参数。

（2）array2，array3，…为可选项。2 到 255 个数组参数，其相应元素需要进行相乘并求和。

注意：

（1）数组参数必须具有相同的维数，否则，函数 SUMPRODUCT 将返回错误值#VALUE!。

（2）函数 SUMPRODUCT 将非数值型的数组元素作为 0 处理。

例如，公式：=SUMPRODUCT(A2:B4,C2:D4)，表示将两个数组的所有元素对应相乘，然后把乘积相加，即 A2*C2+A3*C3+A4*C4+B2*D2+B3*D3+B4*D4。

再如，公式：=SUMPRODUCT((C2:C13="男")*(D2:D13="计算机"),G2:G13)，假定 C2:C13 表示性别，D2:D13 表示专业，G2:G13 表示奖学金，则该公式的意义为求表中计算机专业男同学的奖学金总和。这是该函数多条件求和的应用示例，C2:C13="男"和 D2:D13="计算机"表示条件，两者相乘得一个 0 和 1 构成的数组，这个数组和奖学金数组对应元素相乘之和，即为符合条件学生的奖学金总和。

4．条件求平均函数 AVERAGEIF

格式：AVERAGEIF(range, criteria, [average_range])

功能：根据条件对指定数值单元格求平均。

参数说明：

（1）range 代表条件区域或者计算平均值的数据区域。

（2）criteria 为指定的条件表达式。

（3）average_range 为实际求平均值的数据区域；如果忽略，则 range 既为条件区域又为计算平均值的数据区域。

例如，公式：=AVERAGEIF(F2:F13,">60")，表示对 F2:F13 单元格区域中大于 60 的数值求平均值。再如，公式：=AVERAGEIF(C2:C13,"男",G2:G13)，假定 C2:C13 表示性别，G2:G13 表示奖学金，则该公式的意义就是表示求表中男同学的奖学金平均值。

5．多条件求平均函数 AVERAGEIFS

格式：AVERAGEIFS(average_range,criteria_range1,criteria1,[criteria_range2, criteria2],…)

功能：对指定区域中满足多个条件的单元格求平均。

参数说明：

（1）average_range 为必选项，为求平均的实际单元格区域，包括数字或包含数字的名称、区域或单元格引用。

（2）criteria_range1 为必选项，为关联条件的第一个条件区域。

（3）criteria1 为必选项，为求和的第一个条件。形式为数字、表达式、单元格引用或文本，可用来定义将对哪些单元格进行计数。例如，条件可以表示为 86、">86"、A6、"姓名" 或 "32"等。

（4）criteria_range2, criteria2, … 为可选项，为附加条件区域及其关联的条件。最多允许 127 个区域/条件对。

注意：

（1）只有在 average_range（求平均值区域）参数中的单元格满足所有相应的指定条件时，才对该单元格平均。

（2）函数中每个 criteria_range（条件区域）参数包含的行数和列数必须与 average_range（求和区域）参数和的行数和列数相同。

（3）求平均区域 average_range 与第 1 个条件区域 criteria_range1 位置不能颠倒。

例如，公式：=AVERAGEIFS(G2:G13,C2:C13,"男",D2:D13,"计算机")，假定 G2:G13 表示奖学金，C2:C13 表示性别，D2:D13 表示专业，则该公式的意义就是表示求表中计算机专业男同学的奖学金平均值。其中：G2:G13 为求平均值区域（即奖学金）；C2:C13 为第 1 个条件区域（即性别）；"男"为第 1 个条件（即性别为"男"）；D2:D13 为第 2 个条件区域（即专业）；"计算机"为第 2 个条件（即专业为计算机）。

6．取整函数 INT

格式：INT(number)

功能：将数字向下舍入到最接近的整数。

例如，A1 单元中存放着一个正实数，用公式 "=INT(A1)"，可以求出 A1 单元格数值的整数部分；用公式 "=A1-INT(A1)"，可以求出 A1 单元格数值的小数部分。

又如，"=INT(4.63)"其值为 4，"=INT(-4.3)"，其值为"-5"。

另外，TRUNC 函数和 INT 函数功能类似，都能返回整数。TRUNC 函数是直接去除数字的小数部分，而 INT 函数则是依照给定数的小数部分的值，将数字向下舍入到最接近的整数。

例如，TRUNC(-4.3) 返回 -4，而 INT(-4.3) 返回 -5，因为 -5 是较小的数。

7．四舍五入函数 ROUND

格式：ROUND(number, num_digits)

功能：对指定数据 number，四舍五入保留 num_digits 位小数。

参数说明：如果 num_digits 为正，则四舍五入到指定的小数位；如果 num_digits=0，则四舍五入到整数。如果 num_digits 为负，则在小数点左侧（整数部分）进行四舍五入。

例如，公式：=ROUND(4.65,1)，其值为 4.7，又如公式：=ROUND(37.43,-1)，其值为 40。

8．求余数函数 MOD

格式：MOD(number, divisor)

功能：返回两数相除的余数，结果的正负号与除数相同。

参数说明：number 为被除数；divisor 为除数。

例如，MOD(3,2)的值为 1,MOD(-3,2)的值为 1，MOD(5,-3)的值为-1（符号与除数相同）。

2.2.4 统计函数

统计函数主要用于各种统计计算，在统计领域中有着极其广泛的应用，这里仅介绍几个常用统计函数。

1．统计计数函数 COUNT

格式：COUNT(number1,number2,…)

功能：统计给定数据区域中所包含的数值型数据的单元格个数。

与 COUNT 函数相类似的还有以下函数：

COUNTA(value1,value2, ...)函数计算参数列表(value1,value2, ...)中所包含的非空值的单元格个数。

COUNTBLANK(range)函数用于计算指定单元格区域(range)中空白单元格的个数。

2．条件统计函数 COUNTIF

格式：COUNTIF(range,criteria)

功能：统计指定数据区域内满足单个条件的单元格的个数。

参数说明：range 为需要统计的单元格数据区域，criteria 为条件，其形式可以为常数值、表达式或文本。条件可以表示为："<60"、">=90"、"计算机"等。

例如，公式："=COUNTIF(E2:E13,">=90")"，表示统计

E2:E13 区间内"＞=90"的单元格个数。

3. 多条件统计函数 COUNTIFS

格式：COUNTIFS(criteria_range1, criteria1, [criteria_range2, criteria2],…)

功能：统计指定数据区域内满足多个条件的单元格的个数。

参数据说明：

（1）criteria_range1 为必选项，为满足第 1 个关联条件要统计的单元格数据区域。

（2）criteria1 为必选项，为第 1 个统计条件，形式为数字、表达式、单元格引用或文本，可用来定义将对哪些单元格进行计数。例如，条件可以表示为 90、"＞=90"、A2、"英语"等。

（3）criteria_range2, criteria2，…为可选项。为第 2 个要统计的数据区域及其关联条件。最多允许 127 个区域/条件对。

注意：每个附加区域都必须与参数 criteria_range1 具有相同的行数和列数，但这些区域无须彼此相邻。

例如，统计"学生成绩表"中"英语"成绩（在 G2:G13）大于等于 80 分并且小于 90 分的人数，可在指定单元格中输入公式："=COUNTIFS(G2:G13,"＞=80",G2:G13,"<90")"。如果要统计每门课程都大于等于 90 分的人数，可在指定单元格中输入公式："=COUNTIFS(E2:E13,"＞=90",F2:F13,"＞=90",G2:G13,"＞=90",H2:H13,"＞=90")"。

4. 排位函数 RANK.EQ

格式：RANK.EQ(number,ref,[order])

功能：返回一个数值在指定数据区域中的排位。

参数说明：

（1）number 为需要排位的数字。

（2）ref 为数字列表数组或对数字列表的单元格引用。

（3）order 为可选项，指明排位的方式（0 或省略表示降序排位；非 0 表示升序排位）。

例如，求总分的降序排位情况，总分在 I2:I13 单元格区域，则可在指定单元格中输入公式：=RANK.EQ(I2,I$2:I$13)。其中：I2 是需要排位的数值，I$2:I$13 是排位的数据区域，即求 I2 在 I$2:I$13 这些数据中排名第几。

另外，RANK.AVG 函数也是返回一个数字在数字列表中的排位的函数，数字的排位是其大小与列表中其他值的比值，如果多个值具有相同的排位，则将返回平均排位。

RANK 函数是 Excel 以前版本的排位函数，现在被归类在兼容性函数中，其功能与 RANK.EQ 函数相同。

2.2.5 日期时间函数

日期和时间函数主要用于对日期和时间进行运算和处理，常用的有 TODAY()、NOW()、YEAR()、TIME()和 HOUR()等。

1．求当前系统日期函数 TODAY

格式：TODAY()

功能：返回当前的系统日期。

如在 A1 单元格中输入公式："=TODAY()"，则按 YYYY-MM-DD 的格式显示当前的系统日期。

2．求当前系统日期和时间函数 NOW

格式：NOW()

功能：返回当前的系统日期和时间。

例如，在 B1 单元格中输入公式："=NOW()"，则按 YYYY-MM-DD HH:MM 的格式显示当前的系统日期和时间。

3．年函数 YEAR

格式：YEAR(serial_number)

功能：返回指定日期所对应的四位年份。返回值为 1900 到 9999 之间的整数。

参数说明：serial_number 为一个日期值，其中包含要查找的年份。

例如，A1 单元格内的值是日期"2015-12-25"，则在 B1 单元格内输入公式：=YEAR(A1)，函数的运行结果为"2015"。如果得到的结果是一个日期，只需将其单元格的数据格式设置为"常规"即可。

与 YEAR 函数用法类似的还有月函数 MONTH 和日函数 DAY，它们分别返回指定日期中的两位月和两位日。

4．小时函数 HOUR

格式：HOUR(serial_number)

功能：返回指定时间值中的小时数。即一个介于 0(12:00 AM)到 23(11:00 PM) 之间的整数。

参数说明：serial_number 表示一个时间值，其中包含要查找的小时。

与 HOUR 函数用法相类似的函数还有分钟函数 MINUTE 函数，它返回时间值中的分钟数。

5．求星期几函数 WEEKDAY

格式：WEEKDAY(serial_number,[return_type])

功能：返回某日期为星期几。默认情况下，其值为 1（星期天）到 7（星期六）之间的整数。

参数说明：

（1）serial_number 为必选项，代表一个日期。应使用 DATE 函数输入日期，或者将日期作为其他公式或函数的结果输入。

（2）return_type 为可选项，用于确定返回值类型的数字。具体说明如表 2-1 所示。

表 2-1 return_type 选项不同值的含义

Return_type	返回的数字
1 或省略	数字 1（星期日）到数字 7（星期六），同 Microsoft Excel 早期版本
2	数字 1（星期一）到数字 7（星期日）
3	数字 0（星期一）到数字 6（星期日）
11	数字 1（星期一）到数字 7（星期日）
12	数字 1（星期二）到数字 7（星期一）
13	数字 1（星期三）到数字 7（星期二）
14	数字 1（星期四）到数字 7（星期三）
15	数字 1（星期五）到数字 7（星期四）
16	数字 1（星期六）到数字 7（星期五）
17	数字 1（星期日）到数字 7（星期六）

例如，在 A1 单元格内输入"=WEEKDAY(DATE(2015,12,23))"，则返回的结果为 4，表示星期三；如果输入"=WEEKDAY(DATE(2015,12,23),2)"，则返回的结果为 3；如果输入"=WEEKDAY(2015–12–23)"，则会返回错误的值 6。

2.2.6 查找函数与引用函数

在 Excel 工作表中，可以利用查找与引用函数的功能实现按指定的条件对数据进行查询、选择与引用等操作，下面介绍常用的查找与引用函数。

1．列匹配查找函数 VLOOKUP

格式：VLOOKUP(lookup_value,table_array,col_index_num,range_lookup)

功能：在数据表的首列查找与指定的数值相匹配的值，并将指定列的匹配值填入当前数据表的当前列中。

参数说明：

（1）lookup_value 是要在数据表 table_array 第一列查找的内容，它可以是数值、单元引用或文本字符串。

（2）table_array 是要查找的单元格区域、数据表或数组。

（3）col_index_num 为一个数值，代表要返回的值位于 table_array 的第几列。

（4）range_lookup 取 TRUE 或默认时，则返回近似匹配值，即如果找不到精确匹配值，则返回小于 lookup_value 的最大数值；若取 FALSE，则返回精确匹配值，如果找不到，则返回错误信息"#N/A"。

注意：如果 range_lookup 为 TRUE 或被省略，则必须按升序排列 table_array 第一列中的值；否则，VLOOKUP 可能无法返回正确的结果。

例如，在图 2-28 所示的商品销售统计表中，根据"商品价目表"，使用 VLOOKUP 函数，将"单价"填入商品销售统计表的"单价"列中。

其操作方法为：单击 B2 单元格，并在其中输入公式：=VLOOKUP(A3,$F$4:$G$7,2,FALSE)。其中，A3：表示用当前数据表中要查找的值；$F$4:$G$7：为查找的数据区域；2：表示找到匹配值时，需要在当前单元格中填入$F$4:$G$7 中第 2 列对应的内容；FALSE：表示进行精确查找。

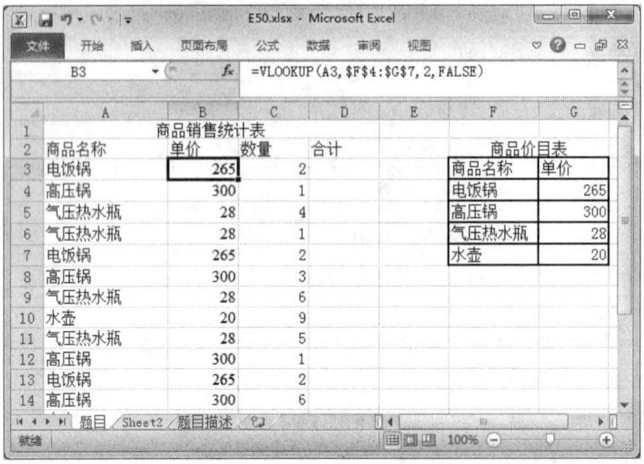

	A	B	C	D	E	F	G
1		商品销售统计表					
2	商品名称	单价	数量	合计		商品价目表	
3	电饭锅	265	2			商品名称	单价
4	高压锅	300	1			电饭锅	265
5	气压热水瓶	28	4			高压锅	300
6	气压热水瓶	28	1			气压热水瓶	28
7	电饭锅	265	2			水壶	20
8	高压锅	300	3				
9	气压热水瓶	28	6				
10	水壶	20	9				
11	气压热水瓶	28	5				
12	高压锅	300	1				
13	电饭锅	265	2				
14	高压锅	300	6				

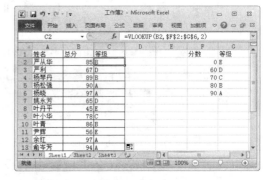

图 2-28　VLOOKUP 函数精确查找示例

再如，根据图 2-29 所示的“学生成绩表”中提供的信息，将总评成绩换算成其所对应的等级。

其操作方法为在单元格 C2 中输入公式:=VLOOKUP(B2,F$2:G$6,2)，拖动填充柄后便能得到结果。此例属于模糊查找，所以查找区域的第一列分数必须升序排列，同时函数的第四个参数省略或者填入 TRUE 值。

	A	B	C	D	E	F	G
1	姓名	总分	等级			分数	等级
2	严从华	85	B			0	E
3	严利	67	D			60	D
4	杨琴丹	89	B			70	C
5	杨松强	90	A			80	B
6	杨晓	97	A			90	A
7	姚永芳	65	D				
8	叶丹平	45	E				
9	叶小华	78	C				
10	叶青	86	B				
11	尹辉	56	E				
12	余红	97	A				
13	俞岑芳	94	A				

图 2-29　VLOOKUP 函数模糊查找示例

2. 行匹配查找函数 HLOOKUP

格式：HLOOKUP(lookup_value, table_array,row_index_num,range_lookup)

功能：在数据表的首行查找与指定的数值相匹配的值，并将指定行的匹配值填入当前数据表的当前行中。

参数及使用方法与 VLOOKUP 函数相类似。

例如，在图 2-30 所示的商品销售统计表中，根据“商品价目表”，使用 HLOOKUP 函数，将“单价”填入商品销售统计表的“单价”列中。

其操作方法为：在 B3 单元格中输入公式：=HLOOKUP(A3,$G$2:$J$3,2,FALSE)，拖动填充柄完成单价的填充。

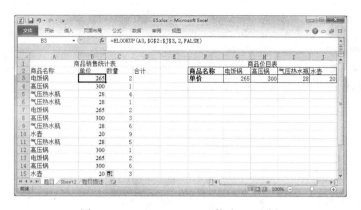

图 2-30　HLOOKUP 函数应用示例

3．单行或单列匹配查找函数 LOOKUP

函数 LOOKUP 有两种语法形式：向量和数组。

1）向量

向量为只包含一行或一列的区域。函数 LOOKUP 的向量形式是在单行区域或单列区域（向量）中查找数值，然后返回第二个单行区域或单列区域中相同位置的数值。如果需要指定包含待查找数值的区域，一般使用函数 LOOKUP 的向量形式。

格式：LOOKUP(lookup_value,lookup_vector,result_vector)

功能：在 lookup_vector 指定的区域中查找 lookup_value 所在的区间，并返回该区间所对应的值。

参数说明：

（1）Lookup_value 为函数 LOOKUP 所要查找的数值，可以是数字、文本、逻辑值和单元格引用。

（2）lookup_vector 为只包含一行或一列的区域，可以是文本、数字或逻辑值，但要以升序方式排列，否则不会返回正确的结果。

（3）result_vector 只包含一行或一列的区域，其大小必须与 lookup_vector 相同。

注意：如果函数 LOOKUP 找不到 lookup_value，则查找 lookup_vector 中小于或等于 lookup_value 的最大数值。如果 lookup_value 小于 lookup_vector 中的最小值，函数 LOOKUP 返回错误值#N/A。

例如，在如图 2-31 所示的商品销售表中，若要根据商品名称确定其单价，可先建立如图 2-31（a）所示的条件查找区域 F2:G6，条件查找区域已按商品名称升序排列，然后在 B2 单元格中输入公式：=LOOKUP(A2,$F$3:$F$6,$G$3:$G$6)，确认后拖动填充柄便能得到结果。

如果建立图 2-31（b）所示的条件查找区域 F1:J2，条件查找区域已按商品名称升序（按行排序）排列，则在 B2 单元格中应输入公式：=LOOKUP(A2,

$G$1:$J$1, $G$2:$J$2)，确认后拖动填充柄便能得到结果。

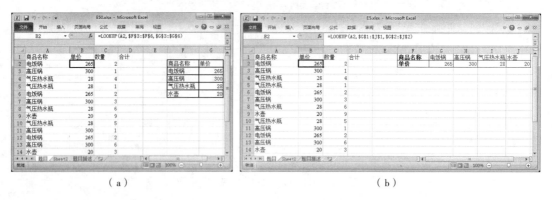

（a）　　　　　　　　　　　　　　（b）

图 2-31　LOOKUP 函数应用举例

2）数组

函数 LOOKUP 的数组形式为自动在第一列或第一行中查找数值,然后返回数组的最后一行或最后一列中相同位置的值。

格式：LOOKUP(lookup_value, array)

参数说明：

（1）lookup_value 为函数 LOOKUP 所要在数组中查找的值，可以是数字、文本、逻辑值或单元格引用。

注意：

① 如果 LOOKUP 找不到 lookup_value 的值，它会使用数组中小于或等于 lookup_ value 的最大值。

② 如果 lookup_value 的值小于第一行或第一列中的最小值（取决于数组维度），LOOKUP 会返回#N/A 错误值。

（2）array 为包含要与 lookup_value 进行比较的文本、数字或逻辑值的单元格区域。

LOOKUP 的数组形式与 HLOOKUP 和 VLOOKUP 函数非常相似。区别在于：HLOOKUP 在第一行中搜索 lookup_value 的值，VLOOKUP 在第一列中搜索，而LOOKUP 根据数组维度进行搜索。

注意：

① 如果数组包含宽度比高度大的区域（列数多于行数），LOOKUP 会在第一行中搜索 lookup_value 的值。

② 如果数组是正方的或者高度大于宽度（行数多于列数），LOOKUP 会在第一列中进行搜索。

③ 数组中第一行或第一列的值必须以升序排列。

例如，公式："=LOOKUP("c", {"a", "b", "c", "d";1, 2, 3, 4})"，函数的运行结

果为 3。

再如，如图 2-31 所示的商品销售表，要填充单价，用户也可以用数组形式的查找来实现，若条件查找区域如图 2-31（a）这样设置，则在 B2 单元格中输入公式："=LOOKUP(A2,$F$3:$G$6)"；若条件查找区如图 2-31（b）这样设置，则在 B2 单元格中输入公式 "=LOOKUP(A2,$G$1:$J$2)"，确认后拖动填充柄便能得到结果。

4．引用函数 OFFSET

OFFSET 函数是 Excel 引用类函数中非常实用的函数之一，无论在数据动态引用，还是在数据位置变换中，该函数的使用频率都非常高。

格式：OFFSET(reference,rows,cols,[height],[width])

功能：以指定的引用为参照系，通过给定偏移量得到新的引用。返回的引用可以为一个单元格或单元格区域，并可以指定返回的行数或列数。

参数说明：

（1）reference 表示偏移量参照系的引用区域。reference 必须为对单元格或相连单元格区域的引用；否则，OFFSET 返回错误值#VALUE!。

（2）rows 表示相对于偏移量参照系的左上角单元格上（下）偏移的行数。如果使用 2 作为参数 rows，则说明目标引用区域的左上角单元格比 reference 低 2 行。行数可为正数（代表在起始引用的下方）或负数（代表在起始引用的上方）。

（3）cols 表示相对于偏移量参照系的左上角单元格左（右）偏移的列数。如果使用 2 作为参数 cols，则说明目标引用区域的左上角的单元格比 reference 靠右 2 列。列数可为正数（代表在起始引用的右边）或负数（代表在起始引用的左边）。

（4）heigh 为可选项。高度，即所要返回的引用区域的行数。height 必须为正数。

（5）width 为可选项。宽度，即所要返回的引用区域的列数。width 必须为正数。

通过上述参数的说明，OFFSET 函数的格式可以理解成以下形式：

OFFSET(基点单元格，移动的行数，移动的列数，所要引用的高度，所要引用的宽度）

例如，在图 2-32 所示的工作表中，在 D8 单元格输入公式：=OFFSET(A1, 2,1,1,1)。其中，A1 是基点单元格；2 是正数；为向下移动 2 行；1 是正数，为向右移动 1 列；1 是引用 1 个单元格的高度；1 是引用 1 个单元格的宽度，故它的结果是引用了 B3 单元格中数值，其结果为 c。

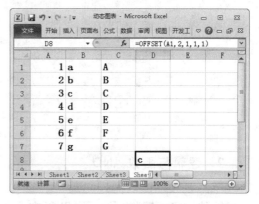

图 2-32　OFFSET 函数应用示例

2.2.7 逻辑函数

Excel 2010 共有 7 个逻辑函数，分别为 IF()、IFERROR()、AND()、NOT()、OR()、TRUE()、FALSE()，其中 TRUE 和 FALSE 函数没有参数，表示真和假，下面重点介绍一下其余 5 个逻辑函数。

1. 条件判断函数 IF

格式：IF(logical,value_if_true,value_if_false)

功能：根据条件的判断来决定相应的返回结果。

参数说明：

（1）logical 为要判断的逻辑表达式。

（2）value_if_true 表示当条件判断为逻辑"真（TRUE）"时要输出的内容，如果省略则返回"TRUE"。

（3）value_if_false 表示当条件判断为逻辑"假（FALSE）"时要输出的内容，如果省略则返回"FALSE"。

具体使用 IF 函数时，如果条件复杂可以用 IF 的嵌套实现，Excel 2010 中 IF 函数最多可以嵌套 64 层。

例如：在图 2-33 所示的工作表中，需要根据年龄和性别来填充 G 列，当年龄大于等于 40 且性别为男的记录，则在 G 列对应单元格填入"是"，否则填入"否"，计算时只需在单元格 G2 中输入公式："=IF(D2>=40,IF(B2="男","是","否"),"否")"便能得到结果，如图 2-33 所示。

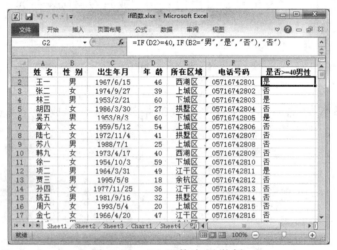

图 2-33　IF 函数应用举例

2. 逻辑与函数 AND

格式：AND(logical1,logical2, …)

功能：返回逻辑值。如果所有参数值均为逻辑"真"（TRUE），则返回逻辑值"TRUE"，否则返回逻辑值"FALSE"。

参数说明：logical1,logical2，…表示待测试的条件或表达式，最多为 30 个。

例如，在如图 2-33 所示的工作表中，若在 G2 单元格中输入公式："=IF(AND(D2>=40, B2="男 "),"是 ","否 ")"，也可以实现 G 列值的填入，避免了 IF 函数的嵌套。

与 AND 函数相类似的还有以下函数：

OR(logical1,logical2，…) 函数返回逻辑值。仅当所有参数值均为逻辑 "假"（FALSE）时，返回逻辑值 "FALSE"，否则返回逻辑值 "TRUE"。

NOT(logical) 函数对参数值求反。

3. 错误处理函数 IFERROR

格式：IFERROR(value,value_if_error)

功能：用来捕获和处理公式（公式：单元格中的一系列值、单元格引用、名称或运算符的组合，可生成新的值。公式总是以等号（＝）开始。）中的错误。如果公式的计算中无错误,则返回 VALUE 参数的结果;否则将返回 value_if_error 参数的值。

参数说明：

（1）value 表示被检查是否存在错误的公式。

（2）value_if_error 表示公式的计算中有错误时要返回的值。计算得到的错误类型有：#N/A、#VALUE!、#REF!、#DIV/0!、#NUM!、#NAME? 或 #NULL!。

注意：

（1）如果 value 或 value_if_error 是空单元格，则 IFERROR 将其视为空字符串值("")。

（2）如果 value 是数组公式，则 IFERROR 为 value 中指定区域的每个单元格返回一个结果数组。

例如，A1 单元格的值为 5，B1 单元格的值为 0，则在 C1 单元格输入公式：=IFERROR(A1/B1,"计算中有错误")，则公式的运算结果为 "计算中有错误"；如果 B1 单元格的值为 2，则公式的运算结果为 2.5。

2.2.8　数据库函数

数据库是包含一组相关数据的列表，其中包含相关信息的行为记录，而包含数据的列为字段。列表的第一行包含着每一列的标志项。Excel 2010 中具有以上特征的工作表或一个数据清单就是一个数据库。

数据库函数是用于对存储在数据清单或数据库中的数据进行分析、判断，并求出指定数据区域中满足指定条件的值。这一类函数具有以下共同特点：

（1）每个函数都有三个参数：database、field 和 criteria。

（2）函数名以 D 开头。如果将字母 D 去掉，可以发现其实大多数数据库函数已经在 Excel 的其他类型函数中出现过。例如，DMAX 将 D 去掉，就是求最大值函数 MAX。

数据库函数的格式及参数的含义如下：

格式：函数名(database,field,criteria)

参数说明：

（1）database：构成数据清单或数据库的单元格数据区域。

（2）field：指定函数所使用的数据列，field 可以是文本，即两端带引号的标志项，如“出生日期”或“年龄”等，也可以用单元格的引用，如 B1，C1 等，还可以是代表数据清单中数据列位置的数字：1 表示第一列，2 表示第二列，等等。

（3）criteria：为一组包含给定条件的单元格区域。可以为参数 criteria 指定任意区域，只要它至少包含一个列标志和列标志下方用于设定条件的单元格。

Excel 的数据库函数如果能灵活应用，则可以方便地分析数据库中的数据信息。下面介绍一些常用的数据库函数。

1. DSUM

格式：DSUM(database,field,criteria)

功能：返回列表或数据库中满足指定条件的记录字段（列）中的数字之和。

参数：database 是指构成列表或数据库的单元格区域。field 是指定函数所使用的数据列。criteria 为一组包含给定条件的单元格区域。

例如，在图 2-34 所示的工资和个人所得税计算表中，若要求职称为高级的男职工的应发工资总和，可先在 A19:B20 数据区域中建立条件区域，再在 H19 单元格输入公式：=DSUM (A1:H17,H1,A19:B20)或=DSUM (A1:H17, "应发工资", A19:B20) 或=DSUM(A1:H17,8,A19 :B20)。

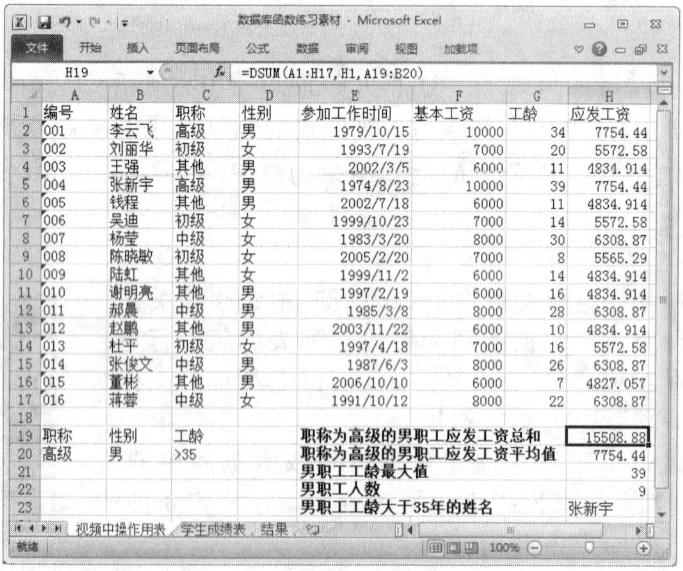

	A	B	C	D	E	F	G	H
1	编号	姓名	职称	性别	参加工作时间	基本工资	工龄	应发工资
2	001	李云飞	高级	男	1979/10/15	10000	34	7754.44
3	002	刘丽华	初级	女	1993/7/19	7000	20	5572.58
4	003	王强	其他	男	2002/3/5	6000	11	4834.914
5	004	张新宇	高级	男	1974/8/23	10000	39	7754.44
6	005	钱程	其他	男	2002/7/18	6000	11	4834.914
7	006	吴迪	初级	女	1999/10/23	7000	14	5572.58
8	007	杨莹	中级	女	1983/3/20	8000	30	6308.87
9	008	陈晓敏	初级	女	2005/2/20	7000	8	5565.29
10	009	陆虹	其他	女	1999/11/2	6000	14	4834.914
11	010	谢明亮	其他	男	1997/2/19	6000	16	4834.914
12	011	郝晨	中级	男	1985/3/8	8000	28	6308.87
13	012	赵鹏	其他	男	2003/11/22	6000	10	4834.914
14	013	杜平	初级	女	1997/4/18	7000	16	5572.58
15	014	张俊文	中级	男	1987/6/3	8000	26	6308.87
16	015	董彬	其他	男	2006/10/10	6000	7	4827.057
17	016	蒋蓉	中级	女	1991/10/12	8000	22	6308.87
18								
19	职称	性别	工龄		职称为高级的男职工应发工资总和			15508.88
20	高级	男	>35		职称为高级的男职工应发工资平均值			7754.44
21					男职工工龄最大值			39
22					男职工人数			9
23					男职工工龄大于35年的姓名			张新宇

图 2-34　数据库函数的使用

2．DAVERAGE

格式：DAVERAGE(database,field,criteria)

功能：返回数据库或数据清单中满足指定条件的列中数值的平均值。

参数：database 构成列表或数据库的单元格区域。field 指定函数所使用的数据列。criteria 为一组包含给定条件的单元格区域。

例如，在图 2-34 所示的工资和个人所得税计算表中，若要计算职称为高级的男职工的应发工资总和的平均值，可先在 A19:B20 数据区域中建立条件区域，再在 H20 单元格输入公式：=DAVERAGE(A1:H17,H1,A19:B20) 或 =DAVERAGE(A1:H17, "应发工资",A19:B20) 或 =DAVERAGE(A1:H17,8,A19:B20)

3．DMAX

格式：DMAX(database,field,criteria)

功能：返回数据清单或数据库的指定列中，满足给定条件单元格中的最大数值。

参数：database 构成列表或数据库的单元格区域。field 指定函数所使用的数据列。criteria 为一组包含给定条件的单元格区域。

例如，在图 2-34 所示的工资和个人所得税计算表中，若求男职工工龄最大值，可先在 B19:B20 数据区域中建立条件区域，再在 H21 单元格输入公式：=DMAX(A1:H17,G1,B19:B20) 或 =DMAX(A1:H17," 工 龄 ",B19:B20) 或 =DMAX(A1:H17,7,B19:B20)

另外，DMIN 函数表示返回数据清单或数据库的指定列中满足给定条件的单元格中的最小数字。与 DMAX 使用方法一样，使用时可以参考 DMAX。

4．DCOUNT

格式：DCOUNT(database,field,criteria)

功能：返回数据库或数据清单指定字段中，满足给定条件并且包含数字的单元格的个数。

参数：database 构成列表或数据库的单元格区域。field 指定函数所使用的数据列。criteria 为一组包含给定条件的单元格区域。

例如，在图 2-34 所示的工资和个人所得税计算表中，若求职称为高级的男职工的人数，可先在 A19:B20 数据区域中建立条件区域，再在 H22 单元格输入公式：=DCOUNT(A1:H17,F1,A19:B20)，或 =DCOUNT(A1:H17,"基本工资",A19:B20) 或 =DCOUNT(A1:H17,6,A19:B20)

注意：应用此公式时，第二个参数 field 必须为数值型列，否则结果为 0。

例如：输入公式 =DCOUNT(A1:H17,"职称",A19:B20) 或：=DCOUNT(A1:H17,"性别",A19:B20)的结果都为 0，因为该函数只能统计指定列中符合条件的数值型数据的个数，但职称和性别列都为文本。其实此题的 field 处只要不输入文本列，任一数据列都可以得到正确的结果。

此外，DCOUNTA 函数表示返回数据库或数据清单指定字段中满足给定条件的非空单元格数目，field 参数没有必须是数值型数据的要求，故上题也可以用公式：=DCOUNTA(A1:H17,"职称",A19:B20)实现。

5．DGET

格式：DGET(database,field,criteria)

功能：从数据清单或数据库中提取符合指定条件的单个值。

参数说明：database 构成列表或数据库的单元格区域。field 指定函数所使用的数据列。criteria 为一组包含给定条件的单元格区域。

注意：

（1）若满足条件的只有一个值，则求出这个值。

（2）若满足条件的有多个值，则结果为：#NUM!。

（3）若没有满足条件的值，则结果为：#VALUE。

例如，在图 2-34 所示的工资和个人所得税计算表中，若求男职工工龄超过 35 年的姓名，可先在 B19:C20 数据区域中建立条件区域，再在 H23 单元格输入公式：=DGET(A1:H17,B1,B19:C20)，或=DGET(A1:H17,"姓名",B19:C20)或=DGET(A1:H17,2,B19:C20)

如果求男职工工龄超过 30 年的姓名，利用 DGET 函数运算结果为：#NUM!，说明表中满足该条件的姓名有多个。

如果求男职工工龄超过 40 年的姓名，利用 DGET 函数运算结果为：#VALUE!，说明表中没有满足该条件的姓名。

2.2.9 财务函数

财务函数是财务计算和财务分析的重要工具，可使财务数据的计算更快捷和准确。下面介绍几个常用的财务函数。

1．求资产折旧值函数 SLN

格式：SLN(cost,salvage,life)

功能：求某项资产在一个期间中的线性折旧值。

参数说明：

（1）cost 为资产原值。

（2）salvage 为资产在折旧期末的价值（也称为资产残值）。

（3）life 为折旧期限（有时也称作资产的使用寿命）。

例如，某公司厂房拥有固定资产 100 万元，使用 10 年后估计资产的残值为 30 万元，求固定资产按日、月、年的折旧值，如图 2-35 所示。计算该资产 10 年后按日、月、年的折旧值只需分别在 B5、B6、B7 单元格中输入下列公式：

=SLN(A3,B3,C3)	每年折旧值
=SLN(A3,B3,C3*12)	每月折旧值（一年按 12 月计算）
=SLN(A3,B3,C3*365)	每日折旧值（一年按 365 日计算）

2. 求贷款按年（或月）还款数函数 PMT

格式：PMT(rate,nper,pv,fv,type)

功能：求指定贷款期限的某笔贷款，按固定利率及等额分期付款方式每期的付款额。

参数说明：

（1）rate 为贷款利率。

（2）nper 为该项贷款的总贷款期限。

（3）pv 为从该项贷款开始计算时已经入账的款项（或一系列未来付款当前值的累积和）。

（4）fv 为未来值（或在最后一次付款后希望得到的现金余额），默认时为 0。

（5）type 为一逻辑值，用于指定付款时间是在期初还是在期末（1 表示期初，0 表示期末，默认时为 0）。

例如，已知某人购车向银行贷款 10 万元，年息为 5.38%，贷款期限为 10 年，分别计算按年偿还和按月偿还的金额（在期末还款），如图 2-36 所示。计算按年偿还和按月偿还的金额只需分别在 B3、B4 单元格中输入下列公式：

=PMT(C2,B2,A2,0,0)　　　　（按年还贷）

=PMT(C2/12,B2*12,A2,0,0)　（按月还贷）

图 2-35　资产折旧值函数应用示例

图 2-36　函数 PMT 应用示例

3. 求贷款按每月应付利息数函数 IPMT

格式：IPMT(rate,per,nper,pv,fv)

功能：求指定贷款期限的某笔贷款，按固定利率及等额分期付款方式在某一给定期限内每月应付的贷款利息。

参数说明：

（1）rate 为贷款利率。

（2）per 为计算利率的期数（如计算第一个月的利息则为 1，计算第二个月的利息则为 2，依此类推）。

（3）nper 为该项贷款的总贷款期数。

（4）pv 为从该项贷款开始计算时已经入账的款项（或一系列未来付款当前值的累积和）。

（5）fv 为未来值（或在最后一次付款后希望得到的现金余额），默认时为 0。

例如，已知某人购车向银行贷款 10 万元，年息为 5.38%，贷款期限为 10 年，求第 1 个月、第 2 个月和第 13 个月应付的贷款利息，如图 2-37 所示。计算第 1 个月、第 2 个月和第 13 个月应付的贷款利息只需分别在 B3、B4、B5 单元格中输入下列公式：

=IPMT(C2/12,1,B2*12,A2,0)　　（第 1 个月利息）

=IPMT(C2/12,2,B2*12,A2,0)　　（第 2 个月利息）

=IPMT(C2/12,13,B2*12,A2,0)　　（第 13 个月利息）

公式说明：按月还贷时，年利率折算为月利率，还款期数由年换算为月。公式中的最后一个参数 0 表示最后一次还款后余额为 0。

4. 求某项投资的现值函数 PV

格式：PV(rate,nper,pmt,fv,type)

功能：返回投资的现值。现值为一系列未来付款的当前值的累积和。

参数说明：

（1）rate 为贷款利率。

（2）nper 为总投资（或贷款）期，即该项投资（或贷款）的付款期总数。

（3）pmt 为各期所应支付的金额，其数值在整个年金期间保持不变。

（4）fv 为未来值，或在最后一次支付后希望得到的现金余额，默认时为 0（一笔贷款的未来值即为零）。

（5）type 为数字 0 或 1，用以指定各期的付款时间是在期初还是期末，0 表示期末，1 表示期初，默认时为 0。

例如，某储户每月能承受的贷款数为 2 000 元（月末），计划按这一固定扣款数连续贷款 25 年，年息为 4.5%，求该储户能获得的贷款数，如图 2-38 所示。

分析：在以上题目中，rate 为 4.5%（年息），投资总期数为 25 年（240 个月），每期支付金额 pmt 为 2 000 元，该贷款的未来值 fv 为 0，由于是期末贷款，故 type 的值为 0。

计算投资的当前值只需在 B4 单元格中输入函数：

=PV(B2/12,C2*12,A2,0,0)

图 2-37　IPMT 函数应用示例

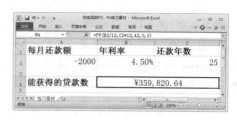

图 2-38　PV 函数应用示例

5. 求某项投资的未来收益值函数 FV

格式：FV(rate,nper,pmt,pv,type)

功能：基于固定利率及等额分期付款方式，返回某项投资的未来值。

参数说明：

（1）rate 为各期利率。

（2）nper 为总投资期，即该项投资的付款期总数。

（3）pmt 为各期所应支付的金额，其数值在整个年金期间保持不变。

（4）pv 为现值，即从该项投资开始计算时已经入账的款项，或一系列未来付款的当前值的累积和，也称为本金。如果省略 pv，则假设其值为零，并且必须包括 pmt 参数。

（5）type 为数字 0 或 1，用以指定各期的付款时间是在期初还是期末，0 表示期末，1 表示期初，默认时为 0。

注意：

（1）rate 和 nper 单位必须一致。例如，同样是 10 年期年利率为 8% 的贷款，如果按月支付，rate 应为 8%/12，nper 应为 10*12；如果按年支付，rate 应为 8%，nper 为 10。

（2）在所有参数中，支出的款项，如银行存款，用负数表示；收入的款项，如股息收入，用正数表示。

例如，投资者对某项工程进行投资，期初投资 200 万元，年利率为 5%，并在接下来的 5 年中每年追加投资 20 万元，求该投资者 5 年后的投资收益，如图 2-39 所示。计算时只需在 B3 单元格中输入函数：=FV(B2,D2,C2,A2,0)

图 2-39　FV 函数应用示例

2.2.10　信息函数

信息类函数总共有 18 个函数，其中比较常用的是 IS 类函数（共 11 个）、TYPE 测试函数和 N 转数值函数，下面重点介绍这 3 种函数。

1. IS 类函数

IS 类函数包括 ISBLANK、ISTEXT、ISERR、ISERROR、ISEVEN、ISODD、ISLOGICAL、ISNA、ISNONTEXT、ISNUMBER 和 ISREF 函数，可以检验数值的数据类型并根据参数取值的不同而返回 TRUE 或 FALSE。IS 类函数具有相同的函数格式和相同的参数，可表示为：=IS 类函数(value)

IS 类函数的格式及功能如表 2-2 所示。

表 2-2　IS 类函数说明

函 数 名	格 式	功 能
ISBLANK	ISBLANK(value)	测试 value 是否为空
ISTEXT	ISTEXT(value)	测试 value 是否为文本
ISERR	ISERR(value)	测试 value 是否为任意错误值（#N/A 除外）
ISERROR	ISERROR(value)	测试 value 是否为任意错误值（包括#N/A、#VALUE!、#REF!、#DIV/0!、#NUM!、#NAME?或#NULL!）

续表

函 数 名	格 式	功 能
ISLOGICAL	ISLOGICAL(value)	测试 value 是否为逻辑值
ISNA	ISNA(value)	测试 value 是否为错误值 #N/A（值不存在）
ISNONTEXT	ISNONTEXT(value)	测试 value 是否不是文本的任意项（注意此函数在值为空白单元格时返回 TRUE）
ISNUMBER	ISNUMBER(value)	测试 value 是否为数值
ISREF	ISREF(value)	测试 value 是否为引用
ISODD	ISODD(value)	测试 value 是否为奇数
ISEVEN	ISEVEN(value)	测试 value 是否为偶数

2．TYPE 测试函数

格式：TYPE(value)

功能：测试数据的类型。

参数说明：Value 可以为任意类型的数据，如数值、文本、逻辑值等。函数的返回值为一数值，具体意义为：

    1——数值

    2——文本

    4——逻辑

  16——误差值

  64——数组

如果 value 是一个公式，则 TYPE 函数将返回此公式运算结果的类型。

3．N 转数值函数

格式：N(value)

功能：将不是数值形式的值转化为数值形式。

参数说明：value 可以为任一类型的值。如果 value 为一日期，则返回日期表示的序列值；如果 value 为逻辑值 TRUE，则返回 1，若为 FALSE，则返回 0；如果 value 为文本数字，则返回对应的数值；如果 value 为其他值，则返回 0。

2.2.11 工程函数

工程函数是属于工程专业领域计算分析用的函数，本节介绍几个常用的工程函数。

1．进制转换函数

Excel 工程函数中提供了二进制（BIN）、八进制（OCT）、十进制（DEC）、十六进制（HEX）之间的数值转换函数。其函数名非常容易记忆，用数字 2 表示转换，故二进制转换为八进制的函数名为 BIN2OCT，BIN2DEC 就表示二进制转换为十进制，等等。

格式：函数名(number，[places])

参数说明：

（1）number 表示待转换的数值，其位数不能多于 10 位，最高为符号位，后 9 位为数字位。

（2）places 为可选项，表示所要使用的字符位数。如果省略，函数用能表示此数的最少字符来表示。当转换结果的位数少于指定的位数时，在返回值的左侧自动追加 0。如果需要在返回的数值前置零时，places 尤其有用。

注意：从其他进制转换为十进制的函数只有 number 一个参数。

图 2-40 展示了不同进制之间的转换关系及结果。

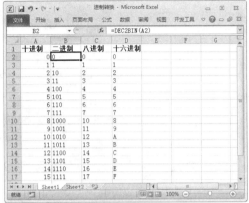

图 2-40　进制转换示例

2. 度量系统转换函数 CONVERT

格式：CONVERT(number, from_unit, to_unit)

功能：将数字从一个度量系统转换到另一个度量系统中。

参数说明：

（1）number 表示以 from_units 为单位的需要进行转换的数值。

（2）from_unit 表示数值 number 的单位。

（3）to_unit 表示结果的单位。

注意：单位名称区分大小写。

CONVERT 函数的参数 from_unit 和 to_unit 所能接受的文本值如图 2-41 所示。

重量和质量	unit	距离	unit	时间	unit	压强	unit	力	unit
克	"g"	米	"m"	年	"yr"	帕斯卡	"Pa"（或 "p"）	牛顿	"N"
斯勒格	"sg"	法定英里	"mi"	日	"day"	大气压	"atm"（或 "at"）	达因	"dyn"（或 "dy"）
磅（常衡制）	"lbm"	海里	"Nmi"	小时	"hr"	毫米汞柱	"mmHg"	磅力	"lbf"
U（原子质量单位）	"u"	英寸	"in"	分钟	"mn"				
盎司（常衡制）	"ozm"	英尺	"ft"	秒	"sec"				
		码	"yd"						
		埃	"ang"						
		宏	"pica"						

能量	unit	液体度量	unit	温度	unit	磁	unit	乘幂	unit
焦耳	"J"	茶匙	"tsp"	摄氏度	"C"（或 "cel"）	特斯拉	"T"	马力	"HP"（或 "h"）
尔格	"e"	汤匙	"tbs"	华氏度	"F"（或 "fah"）	高斯	"ga"	瓦特	"W"（或 "w"）
热力学卡	"c"	液量盎司	"oz"	开氏温标	"K"（或 "kel"）				
IT 卡	"cal"	杯	"cup"						
电子伏	"eV"（或 "ev"）	U.S. 品脱	"pt"（或 "us_pt"）						
马力-小时	"HPh"（或 "hh"）	U.K. 品脱	"uk_pt"						
瓦特-小时	"Wh"（或 "wh"）	夸脱	"qt"						
英尺磅	"flb"	加仑	"gal"						
BTU	"BTU"（或 "btu"）	升	"l"（或 "lt"）						

图 2-41　convert 函数的单位参数

例如，将气温 35 摄氏度转换为华氏度的值，可以用如下公式实现：=CONVERT (35,"C","F")，转换的结果为 95。

3. 检验两个值是否相等函数 DELTA

格式：DELTA(number1, [number2])

功能：测试两个数值是否相等。如果 number1=number2，则返回 1，否则返回 0。

参数说明：

（1）number1 表示第一个数字。

（2）number2 为可选项，表示第二个数字。如果省略，假设 number2 的值为 0。如果 number1 和 number2 为非数值型，则函数 DELTA 将返回错误值#VALUE!。

例如：通过统计多个 DELTA 的返回值，可以知道两组数据相符的个数，如图 2-42 所示。

4. 检验数字是否大于阈值函数 GESTEP

格式：GESTEP(number, [step])

功能：如果 number 大于等于 step，返回 1，否则返回 0。

参数说明：

（1）number 表示要针对 step 进行测试的值。

（2）step 为可选项，表示阈值。如果省略 step 的值，则函数 GESTEP 假设其为 0。如果任一参数为非数值，则函数 GESTEP 返回错误值#VALUE!。

例如，用户知道产品质量的上限为 3 克，用 GESTEP 函数可以统计超出该上限的样品数量，如图 2-43 所示。

图 2-42　DELTA 函数应用实例

图 2-43　GESTEP 函数应用实例

2.3　数　组　公　式

数组公式是 Excel 对公式和数组的一种扩充，是以数组为参数的一种公式。利用这些公式，可以完成复杂的运算功能。本节将介绍数组的概念、数组公式的建立，以及数组公式的运算规则与应用。

2.3.1 数组

数组是一些元素的简单集合，这些元素可以共同参与运算，也可以个别参与运算。在 Excel 中，数组是指一行、一列或多行多列的一组数据元素的集合。数组元素可以是数值、文本、日期、逻辑值或错误值，它们可以是一维的，也可以是二维的，这些维对应着行和列。例如，一维数组可以存储在一行（横向数组）或一列（纵向数组）的范围内。二维数组可以存储在一个矩形的单元格范围内。

Excel 中的数组分为两种，一种是区域数组，一种是常量数组。

如果在公式或函数参数中引用工作表的某个单元格区域，且其中的参数不是单元格引用或区域类型（reference、ref 或 range），也不是向量时，Excel 会自动将该区域引用转换成同维数同尺寸的数组，这个数组就称为区域数组。区域数组通常指矩形的单元格区域，例如，A1:B20，B2:B40 等。

常量数组是指直接在公式中写入数组元素，并以大括号{}括起来的字符串表达式。

例如，{1,2,3,7,1}就是一个常量数组。在同一个数组中，可以使用不同类型的值，例如，{40,1,3,0,TRUE,FALSE,"a"}

常量数组不能包含公式、函数和其他数组。数字值不能包含美元符号、逗号、圆括号以及百分号。例如：{SQRT(7),6%,$5.36 }是一个非法的常量数组。

常量数组可以分为一维数组和二维数组。一维数组包括行数组和列数组。一维行数组中的元素用逗号分隔，如{1,2,3,4}。 一 维 列 数 组 中 的 元 素 用 分 号 分 隔， 如{1;2;3;4;8;4;18}。由于二维数组中包含行和列，所以，二维数组行内的元素用逗号分隔，行与行之间用分号分割，如{1,2,3,4;5,6,7,8}表示两行四列的二维数组。

2.3.2 数组公式的建立

在对 Excel 工作表的数据进行运算时，通常会遇到下列三种情况：

（1）要求运算结果返回的是一个集合。

（2）运算中存在一些需要通过复杂的中间运算过程才能得到最终结果。

（3）要求保证公式集合的完整性，防止用户无意间修改公式。

针对上述情况，通常可以使用数组公式来解决。

数组公式是用于建立可以产生多个结果或对可以存放在行和列中的一组参数进行运算的单个公式。它的特点就是可以执行多重计算，返回一组数据结果，并以按下【Shift+Ctrl+ Enter】组合键产生一对大括号{}来完成编辑的特殊公式。

数组公式最大的特征就是所引用的参数是数组参数，包括区域数组和常量数组。区域数组是一个矩形的单元格区域，如$A$1:$D$5；常量数组是一组给定的常量，如{1,2,3}、{1;2;3}或{1,2,3;1,2,3}。对于参数为常量数组的公式，则在参数外有大括号{}，公式外则没有，输入时也不必按【Shift+Ctrl+Enter】组合键。

1．数组公式的建立

输入数组公式时，首先选择用来存放结果的单元格区域（可以是一个单元格），在编辑栏输入公式，然后按【Shift+Ctrl+Enter】组合键，Excel 将在公式两边自动加上大括号“{}”。

注意：不要自己键入大括号，否则，Excel 认为输入的是一个正文标签。

例如：用数组公式求出版社订书的金额，如图 2-44 所示。具体操作步骤如下：

① 选定需要输入公式的单元格区域 F2:F16。

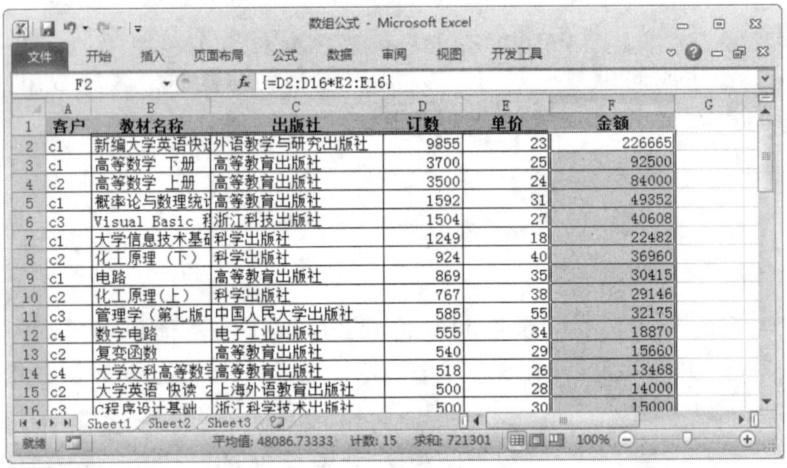

	A	B	C	D	E	F
1	客户	教材名称	出版社	订数	单价	金额
2	c1	新编大学英语快读	外语教学与研究出版社	9855	23	226665
3	c1	高等数学 下册	高等教育出版社	3700	25	92500
4	c2	高等数学 上册	高等教育出版社	3500	24	84000
5	c1	概率论与数理统计	高等教育出版社	1592	31	49352
6	c3	Visual Basic 程	浙江科技出版社	1504	27	40608
7	c1	大学信息技术基础	科学出版社	1249	18	22482
8	c2	化工原理（下）	科学出版社	924	40	36960
9	c1	电路	高等教育出版社	869	35	30415
10	c2	化工原理(上)	科学出版社	767	38	29146
11	c3	管理学（第七版中	中国人民大学出版社	585	55	32175
12	c4	数字电路	电子工业出版社	555	34	18870
13	c2	复变函数	高等教育出版社	540	29	15660
14	c4	大学文科高等数学	高等教育出版社	518	26	13468
15	c2	大学英语 快读 2	上海外语教育出版社	500	28	14000
16	c3	C程序设计基础	浙江科学技术出版社	500	30	15000

图 2-44　数组公式的建立

② 输入公式：= D2:D16*E2:E16 （注意：输完不要按【Enter】键）。

③ 同时按【Shift+Ctrl+Enter】组合键便能得到结果，如图 2-44 所示。

此时，当单击 F2:F16 区域中的任意单元格，可以看到在编辑栏中都有会出现一个用{}括起来的公式，这就是一个数组公式。

2．数组公式的修改

一个数组包含若干个数据或单元格，这些单元格形成一个整体，不能单独进行修改。所以，要对数组公式进行修改，应先选定整个数组，然后再进行修改操作。操作步骤如下：

① 选定数组：选定数组公式所包含的全部单元格。

② 单击编辑栏中的数组公式，或按【F2】键，便可对数组公式进行修改（此时{}会自动消失）。

③ 完成修改后再同时按【Shift+Ctrl+Enter】组合键，此时可看到修改后的计算结果。

2.3.3　数组公式的运算规则与应用

使用数组公式可以把一组数据当成一个整体来处理，传递给函数或公式。可以对一批单元格应用一个公式，返回结果可以是一个数，也可以是一组数（每个数占一个单元格）。

1．数组公式的运算规则

（1）两个同行同列的数组间计算是对应元素间进行运算，并返回同样大小的数组。

例如，图 2-45 所示的两个相同大小的数组 1 和数组 2 相加，运算时，对应元素间求和，运算结果为相同大小的数组。

（2）一个数组与一个单一的数据进行运算，是将数组的每一元素均与那个单一数据进行计算，并返回同样大小的数组。

例如，图 2-46 所示的一个数组和单个数值相乘，运算时，数组的每个元素都与单一数据相乘，运算结果为相同大小的数组。

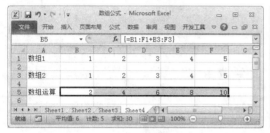 

图 2-45　行列相同数组运算　　　　图 2-46　数组与单一的数据运算

（3）单行数组（M 列）与单列数组（N 行）的计算，计算结果返回的是一个 M*N 的数组。

例如：图 2-47 所示的一个单行数组（M 列）和一个单列数组（N 行）相加，运算时，单列的每一个元素分别与单行的每一个元素相加，得到一个 M*N 的数组。

（4）不匹配行列的数组间运算，会出现#N/A 的错误。

例如，如图 2-48 所示，一个单行数组（5 列）和另一个单行数组（3 列）相加，运算时，两个数组大小不匹配，则出现了#N/A 的错误。

 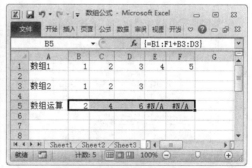

图 2-47　单行数组与单列数组运算　　　图 2-48　不匹配行列的数组间运算

2．数组公式的应用

下面通过一个实例来进一步学习和掌握数组公式的应用。

例如，在图 2-49（a）所示的家电销售工作表中，用数组公式完成以下操作：

- 求出家电销售收入总额。
- 求出北京家电销售收入总额。
- 求出 2015 年 1 季度彩电销售收入总额。

（1）求家电销售收入总额分析：在没有学习数组公式之前，要求销售收入总额，通常会在单价列旁增加一列金额，先用单价乘以销售量求出金额，然后对金额列求和得到销售收入总额。这个过程有点烦琐，如果用数组公式，可以省略中间过程的求解，直接求得销售收入总和。具体操作步骤如下：

① 首先在 D17 单元格中输入公式：=SUM(E2:E15*F2:F15)

② 再按【Shift+Ctrl+Enter】组合键便能得到结果。

公式“=SUM(E2:E15*F2:F15)”的意义为：两个相同大小的数组相乘（E2:E15*F2:F15）得到的是一个同样大小的数组，然后对数组里的元素求和。在公式编辑栏中选中 E2:E15*F2:F15，按【F9】键，可以看到公式的分步运算结果，如图 2-49（b）所示。从分步运算结果可以看到数组中的每一个数就是单价乘销售量的结果。

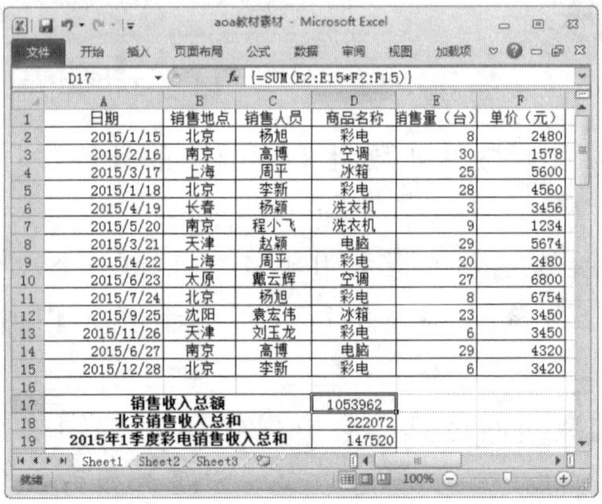

	A	B	C	D	E	F
1	日期	销售地点	销售人员	商品名称	销售量（台）	单价（元）
2	2015/1/15	北京	杨旭	彩电	8	2480
3	2015/2/16	南京	高博	空调	30	1578
4	2015/3/17	上海	周平	冰箱	25	5600
5	2015/1/18	北京	李新	彩电	28	4560
6	2015/4/19	长春	杨颖	洗衣机	3	3456
7	2015/5/20	南京	程小飞	洗衣机	9	1234
8	2015/3/21	天津	赵颖	电脑	29	5674
9	2015/4/22	上海	周平	彩电	20	2480
10	2015/6/23	太原	戴云辉	空调	27	6800
11	2015/7/24	北京	杨旭	彩电	8	6754
12	2015/9/25	沈阳	袁宏伟	冰箱	23	3450
13	2015/11/26	天津	刘玉龙	彩电	6	3450
14	2015/6/27	南京	高博	电脑	29	4320
15	2015/12/28	北京	李新	彩电	6	3420
16						
17	销售收入总额			1053962		
18	北京销售收入总和			222072		
19	2015年1季度彩电销售收入总和			147520		

（a）

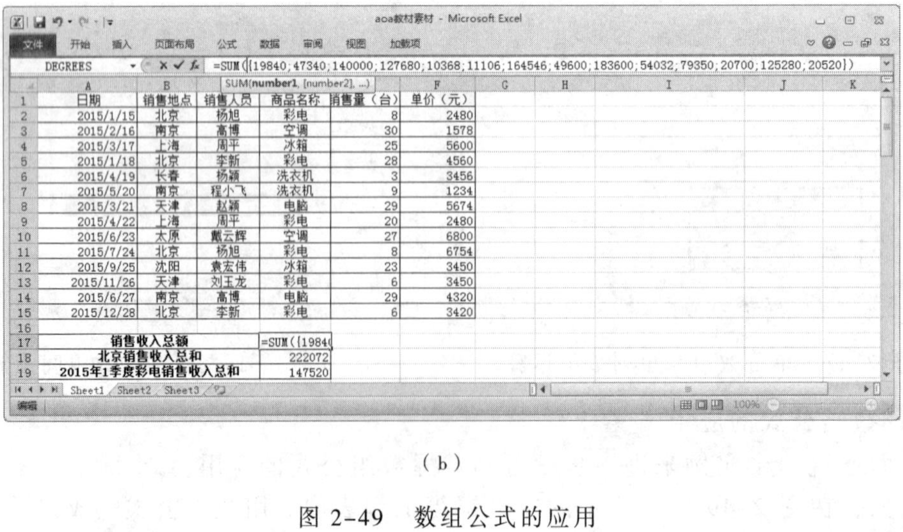

	A	B	C	D	E	F
1	日期	销售地点	销售人员	商品名称	销售量（台）	单价（元）
2	2015/1/15	北京	杨旭	彩电	8	2480
3	2015/2/16	南京	高博	空调	30	1578
4	2015/3/17	上海	周平	冰箱	25	5600
5	2015/1/18	北京	李新	彩电	28	4560
6	2015/4/19	长春	杨颖	洗衣机	3	3456
7	2015/5/20	南京	程小飞	洗衣机	9	1234
8	2015/3/21	天津	赵颖	电脑	29	5674
9	2015/4/22	上海	周平	彩电	20	2480
10	2015/6/23	太原	戴云辉	空调	27	6800
11	2015/7/24	北京	杨旭	彩电	8	6754
12	2015/9/25	沈阳	袁宏伟	冰箱	23	3450
13	2015/11/26	天津	刘玉龙	彩电	6	3450
14	2015/6/27	南京	高博	电脑	29	4320
15	2015/12/28	北京	李新	彩电	6	3420
16						
17	销售收入总额			=SUM({1984		
18	北京销售收入总和			222072		
19	2015年1季度彩电销售收入总和			147520		

（b）

图 2-49　数组公式的应用

注意：利用【F9】键查看公式分步运算结果后，记得按【Esc】键返回公式状态。

（2）求北京家电销售收入总额，是在第一题的基础上增加了一个条件（销售地为北京），故用数组公式求解的步骤为：

① 首先在 D18 单元格中输入公式：=SUM((B2:B15="北京")*E2:E15*F2:F15)

② 再按【Shift+Ctrl+Enter】组合键便能得到结果。

公式"=SUM((B2:B15="北京")*E2:E15*F2:F15)"的意义为：在公式编辑栏选中 (B2:B15="北京")，按【F9】键，可以得到它的运算结果为{TRUE;FALSE;FALSE;TRUE;FALSE;FALSE;FALSE;FALSE;FALSE;TRUE;FALSE;FALSE;FALSE;TRUE}，TRUE 表示 1，FALSE 表示 0，选中 E2:E15*F2:F15，按【F9】键，则得到其运算结果为{19840;47340;140000;127680;10368;11106;164546;49600;183600;54032;79350;20700;125280;20520}，选中 (B2:B15="北京")*E2: E15*F2:F15，按【F9】键得到的是上述两个数组相乘的结果{19840;0;0;127680;0;0;0;0;0;54032;0;0;0;20520}，最后 SUM 函数对其进行求和，得到北京家电的销售收入总和。

（3）求 2015 年 1 季度彩电销售收入总额，即求满足两个条件的销售收入总和，用数组公式求解步骤为：

① 首先在 D19 单元格中输入公式：=SUM((A2:A15>=DATE(2015,1,1))*(A2:A15<=DATE(2015,3,31))*(D2:D15="彩电")*E2:E15*F2:F15)

或：=SUM(IF(A2:A15>=DATE(2015,1,1),IF(A2:A15<=DATE(2015,3,31),(D2:D15="彩电")*E2:E15*F2:F15,0),0))

② 再按【Shift+Ctrl+Enter】组合键便能得到结果。

要分析上述公式的含义，可以同第一、二题一样，按【F9】键查看公式分步运算的结果，这里不再叙述。

数组公式十分有用且效率高，但真正理解和熟练掌握并不是一件容易的事，只有通过多多实践，从中找出规律，不断总结和提高。

2.4 创建图表

为了方便对 Excel 数据进行对比和分析，用户可以创建各种类型的图表，将表格中的相关数据图形化，从而更直观、清楚地表达数据的大小和变化情况。

Excel 提供了 11 种图表的类型：柱形图、折线图、饼图、条形图、面积图、XY 散点图、股价图、曲面图、圆环图、气泡图和雷达图。要创建普通图表，首先选择目标数据区域，接着单击"插入"选项卡"图表"组中的相应图表类型，就可以创建一个简单的图表。本节重点介绍一下创建迷你图和动态图表。

2.4.1 创建迷你图

迷你图是工作表单元格中的一个微型图表，用迷你图可以直观地反映数据系列的变化趋势。与图表不同的是，当打印工作表时，单元格中的迷你图会与数据一起进行打印。在 Excel 2010 中创建迷你图非常简单，下面用一个例子来说明。

例如，某班英语模拟考试的成绩如图 2-50 所示。对于这些数据，很难直接看出数据的变化趋势，而使用迷你图就可以非常直观地反映每一次模拟考试的变化情况。在 Excel 2010 中目前提供了三种形式的迷你图，即“折线迷你图”、“柱形迷你图”和“盈亏迷你图”，本例选择“折线迷你图”来创建迷你图，操作步骤如下：

① 选择 C2:G18 数据区域。

② 单击“插入”选项卡，在“迷你图”组中选择“折线图”类型，弹出如图 2-51 所示的对话框。在弹出的“创建迷你图”对话框中，在“数据范围”右侧的文本框中已自动输入数据所在的单元格区域 C2:G18。如果事先没有选择数据范围，则可以单击右侧的按钮用鼠标对数据区域进行选择。在“位置范围”右侧的文本框中单击右侧的按钮用鼠标选择$H$2:$H$18 区域。单击“确定”按钮，将在 H2:H18 单元格区域中创建一组折线迷你图，如图 2-52 所示。

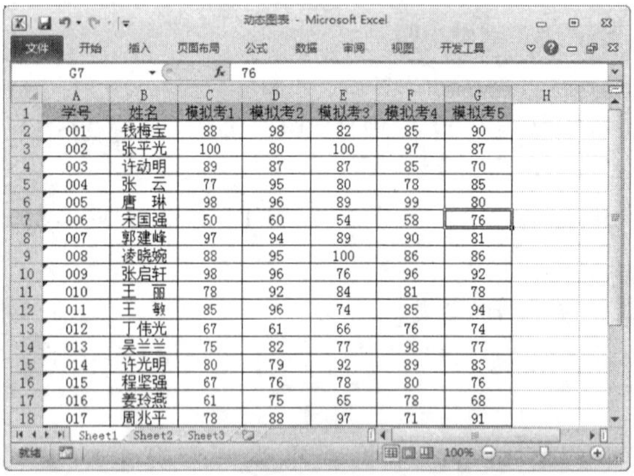

学号	姓名	模拟考1	模拟考2	模拟考3	模拟考4	模拟考5
001	钱梅宝	88	98	82	85	90
002	张平光	100	80	100	97	87
003	许动明	89	87	87	85	70
004	张 云	77	95	80	78	85
005	唐 琳	98	96	89	99	80
006	宋国强	50	60	54	58	76
007	郭建峰	97	94	89	90	81
008	凌晓婉	88	95	100	86	86
009	张启轩	98	96	76	96	92
010	王 丽	78	92	84	81	78
011	王 敏	85	96	74	85	94
012	丁伟光	67	61	66	76	74
013	吴兰兰	75	82	77	98	77
014	许光明	80	79	92	89	83
015	程坚强	67	76	78	80	76
016	姜玲燕	61	75	65	78	68
017	周兆平	78	88	97	71	91

图 2-50　某班英语模拟考试成绩

图 2-51　“创建迷你图”对话框

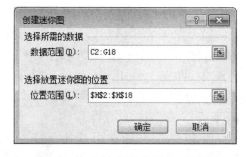

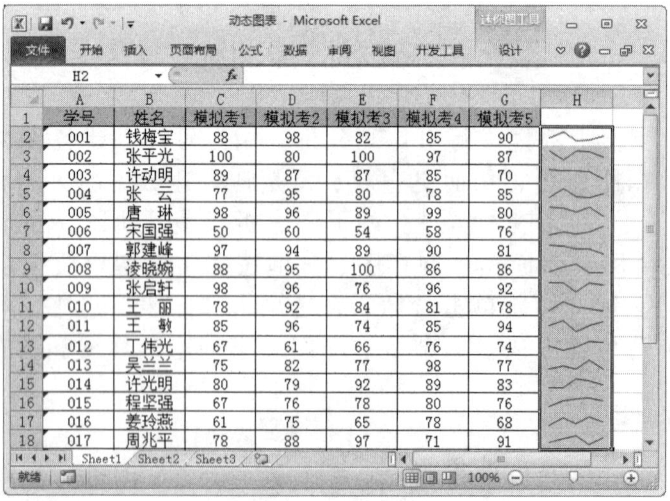

学号	姓名	模拟考1	模拟考2	模拟考3	模拟考4	模拟考5
001	钱梅宝	88	98	82	85	90
002	张平光	100	80	100	97	87
003	许动明	89	87	87	85	70
004	张 云	77	95	80	78	85
005	唐 琳	98	96	89	99	80
006	宋国强	50	60	54	58	76
007	郭建峰	97	94	89	90	81
008	凌晓婉	88	95	100	86	86
009	张启轩	98	96	76	96	92
010	王 丽	78	92	84	81	78
011	王 敏	85	96	74	85	94
012	丁伟光	67	61	66	76	74
013	吴兰兰	75	82	77	98	77
014	许光明	80	79	92	89	83
015	程坚强	67	76	78	80	76
016	姜玲燕	61	75	65	78	68
017	周兆平	78	88	97	71	91

图 2-52　折线迷你图

这是创建一组迷你图的方法，当然也可以在某个单元格（如 H2 单元格）中创建迷你图后，用拖动填充柄的方法将迷你图填充到其他单元格，就像填充公式一样创建迷你图。

③ 修改迷你图。假如想突出显示最大值和最小值，则可以单击 "迷你图工具设计"选项卡，在"样式"组中单击"标记颜色→高点"，选择某种颜色作为最大值标记颜色，本例选择红色。用同样的方法设置"低点"颜色，本例选择黄色，设置好后的效果如图 2-53 所示。

如若要删除创建好的迷你图，则可以选择某个包含迷你图的单元格，在功能区中选择"迷你图工具-设计"选项卡，在"分组"组中单击"清除→清除所选迷你图（或清除所选迷你图组）"。也可以右击，在弹出的快捷菜单中选择"迷你图→清除所选迷你图（或清除所选迷你图组）"。

图 2-53　突出显示最大值和最小值

2.4.2　创建动态图表

动态图表也称交互式图表，是指通过鼠标选择不同的预设项目，在图表中动态显示对应的数据，它既能充分表达数据的说服力，又可以使图表不过于烦琐。

以图 2-50 所示的某班英语模拟考试成绩表为例，创建一个动态的折线图，根据姓名的选择而变化。

1．利用查找函数和数据有效性创建动态图表

操作步骤如下：

① 利用"数据"选项卡"数据有效性"设置下拉列表。

选择单元格 B25，在"数据"选项卡"数据工具"组中，单击"数据有效性"命令，打开"数据有效性"对话框，在"允许"下拉列表框中选择"序列"选项，在"来源"文本框中选择姓名列（B2:B23），如图 2-54 所示。单击"确定"按钮，完成数据有效性的设置。

② 利用查找函数（VLOOKUP）查找下拉列表中选定的值。

选择 B25 单元格，单击单元格右侧的按钮，在下拉列表中选择"钱梅宝"。选择 C25 单元格，在公式编辑栏输入公式：=VLOOKUP($B$25,$B$2:$G$23, COLUMN()-1,FALSE),再将公式向右填充到 G25 单元格。

③ 选择 B25:G25 单元格区域为数据系列，再按住【Ctrl】键选择 B1:G1 单元格区域为水平轴标签制作折线图，在 B25 单元格的下拉列表中选择不同的姓名，即可以得到随姓名变化的成绩折线图，如图 2-55 所示。

图 2-54　数据有效性设置

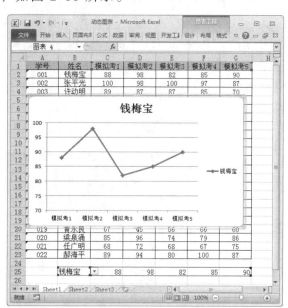

图 2-55　动态折线图

2．利用控件和定义名称创建动态图表

在定义中使用 OFFSET 函数和窗体控件（组合框、列表框、选项按钮、复选框等）建立联系，从而实现由窗体控件控制的动态图表。

具体实现步骤如下：

① 添加"开发工具"选项卡到 Excel 主窗口中。选择"文件"选项卡，单击左侧列表中的"选项"按钮，弹出"Excel 选项"对话框，单击左侧的"自定义功能区"选项，在右侧的"主选项卡"功能区中选择"开发工具"主选项卡，单击"确定"按钮，即可实现将"开发工具"选项卡添加到 Excel 主窗口中，如图 2-56 所示。

② 添加组合框窗体控件。单击"开发工具"选项卡"控件"组中的"插入"按钮，在弹出的列表框中选择"表单控件"组下的"组合框"（窗体控件）按钮，在表中画一个窗体控件。

③ 设置控件格式。右击组合框窗体控件，在弹出的快捷菜单中单击"设置控件格式"命令，弹出如图 2-57 所示的"设置控件格式"对话框。单击"控制"标签，"数据源区域"选择 B2:B23，"单元格链接"选择 I1 单元格。单击"确定"按钮，完成组合框控件与数据的链接。

图 2-56 "Excel 选项"对话框

④ 定义名称。单击公式选项卡"定义名称"组中的"定义名称"按钮，弹出如图 2-58 所示的"新建名称"对话框，在"名称"文本框里输入"姓名"，在"引用位置"处输入公式"=OFFSET(Sheet1!$B$1,Sheet1!$I$1,0,1,1)"，单击"确定"按钮，完成定义名称"姓名"。使用同样的方法，定义另外一个名称"成绩"，"引用位置"输入公式"=OFFSET(Sheet1!$B$1,Sheet1!$I$1,1,1,5)"。

图 2-57 设置控件格式　　　　　　　图 2-58 定义名称

⑤ 制作动态图表。选择 B1:G2 单元格区域，插入一个折线图。选择折线图，单击"设计"选项卡中的"选择数据"命令，弹出如图 2-59 所示的"选择数据源"对话框，单击"图例项"栏中的"编辑"命令，弹出如图 2-60 所示的"编辑数据系列"对话框，在系列名称框里输入刚定义的名称。单击"确定"按钮完成动态图表的设置，在组合框下拉列表中选择不同的姓名，折线图就随之变化，如图 2-61 所示。

图 2-59 "选择数据源"对话框　　　　图 2-60 "编辑数据系列"对话框

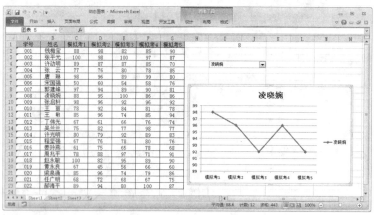

图 2-61　动态图表

2.5　数据分析与管理

当用户面对海量的数据时，如何从中获取最有价值的信息，要求用户不仅要选择数据分析的方法，还必须掌握数据分析的工具。Excel 2010 提供了大量帮助用户进行数据分析的工具。本节主要讲述利用合并计算、排序、筛选、分类汇总和数据透视表等功能进行数据分析。

2.5.1　合并计算

若要合并计算一个或多个区域的数据，用户可利用创建公式的方法来实现，也可通过"数据"选项卡"数据工具"组中的"合并计算"命令按钮来实现。创建公式是一种最灵活的方法，用户可利用本章前面几节的知识创建相应的公式来实现。本小节重点介绍合并计算的方法。

合并计算的源数据区域可以是同一个工作簿中的多个工作表，也可以是多个不同工作簿中的工作表。多个工作表数据的合并计算，包括两种情况，一种是根据位置来合并计算数据；另一种是根据首行和最左列分类来合并计算数据。

1．按位置合并计算

如果待合并的数据是来自同一模板创建的多个工作表，则可以通过位置合并计算。

例如，如图 2-62 所示的某商店家电销售收入表，图 2-62（a）是 2014 年的销售情况和图 2-62（b）是 2015 年的销售情况。

（a）

（b）

图 2-62　某商店家电销售收入表

若要合并计算出该商店近两年的销售收入总和，其操作步骤如下：

① 在工作表标签处单击"插入工作表 "按钮新建一个工作表，把新建的工作表的标签命名为"近两年"。

② 在"近两年"工作表中输入汇总表的标题和第一列文本内容，如图 2-63 所示。

③ 在"近两年"工作表中选中 B2 单元格，单击"数据"选项卡"数据工具"组中的"合并计算"命令，弹出如图 2-64 所示的对话框，在"函数"下拉列表框中选择"求和"。

④ 在"引用位置"框处选择要添加的数据区域。若是同一工作簿的数据区域的选择可直接单击选择按钮"📑"进行选择；若是不同工作簿的数据区域，则需单击"浏览"按钮进行选择。本例属于同一工作簿内的多个数据区域的选择。单击选择按钮"📑"，再单击"2014 年"工作表，选择 B2:C5 数据区域，此时，"合并计算"对话框"引用位置"处会出现所选择的区域'2014 年'!$B$2:$C$5，单击"添加"按钮，将数据区域添加到"所有引用位置"处。用同样的方法将"2015年"工作表的 B2:C5 数据区域添加到"所有引用位置"处。

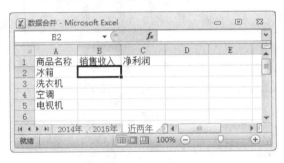

图 2-63 "近两年"工作表输入的文本内容

图 2-64 "合并计算"对话框

⑤ 不选择"标签位置"下的"首行"和"最左列"复选框（因此题是按位置合并计算），"创建指向源数据的链接"复选框可以选择，也可不选择。若选择了"创建指向源数据的链接"复选框，则在更改源数据时，可自动更新合并计算，但不可更改合并计算中所包含的单元格和数据区域。

⑥ 单击"确定"按钮，完成数据的合并计算，结果如图 2-65 所示。

图 2-65 合并计算结果

2．按分类合并计算

"按分类合并计算"与"按位置合并计算"的主要区别是：

（1）多个待合并的数据源前者不一定要求具有相同模板，后者要求有相同模板。

（2）在"合并计算"对话框中，"标签位置"下的"首行"和"最左列"，前者是一定要选择其中一个或两个，按照选择的标签对数据进行分类合并计算。后者则不选择，即按照对应位置进行合并计算。

例如，如图 2-62 所示的某商店家电销售收入表，图 2-62（a）是 2014 年的销售情况和图 2-62（b）是 2015 年的销售情况。若要合并该商店近两年的销售收入的明细记录，其操作步骤如下：

① 在工作表标签处单击"插入工作表 "按钮新建一个工作表，把新建的工作表的标签命名为"近两年"。

② 在"近两年"工作表中选中 A1 单元格，单击"数据"选项卡"数据工具"组中的"合并计算"命令，弹出"合并计算"对话框。在"函数"下拉列表框中选择"求和"；在"引用位置"框处选择要添加的数据区域，本例选择"2014 年"工作表的 A1:C5 和"2015 年"工作表的 A1:C5 单元格区域；选择"标签位置"下的"首行"和"最左列"复选框，如图 2-66 所示。

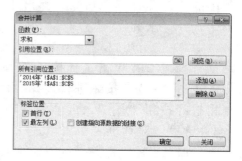

图 2-66 "合并计算"对话框

③ 单击"确定"按钮，完成数据的合并计算，接着在 A1 单元格中输入"商品名称"，结果如图 2-67 所示。

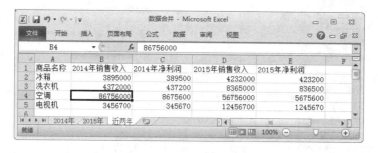

图 2-67 合并计算结果

2.5.2 排序

创建数据记录单时，它的数据排列顺序是依照记录输入的先后排列的，没有什么规律。Excel 提供了多种方法对数据进行排序，用户可以根据需要按行或列、按升序或降序，也可以使用自定义序列排序。

1．单关键字排序

如果要快速根据某一关键字对工作表进行排序，可以利用"数据"选项卡"排序和筛选"组提供的"升序"和"降序"按钮。具体操作步骤如下：

① 在数据记录单中单击某一字段名。例如，在如图 2-68 所示的工作表中对"金额"进行降序排序，则单击"金额"单元格。

② 单击"数据"选项卡"排序和筛选"组中的"降序"按钮。如图 2-68 所示为按"金额""降序"的排序结果。

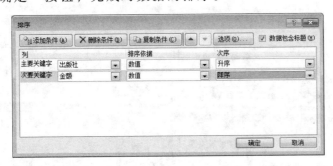

图 2-68 金额降序排序

2．多关键字排序

遇到排序字段的数据出现相同值时，谁应该排在前，谁排在后，单个关键字排序无法确定它们的顺序。为克服这一缺陷，Excel 提供了多关键字排序的功能。

例如，要对图 2-68 所示的工作表的数据排序，先按"出版社"升序排序，如果"出版社"相同，则按金额降序排序。具体操作步骤如下：

① 选定要排序的数据记录单中的任意一个单元格。

② 单击"数据"选项卡"排序和筛选"组中的"排序"按钮，弹出如图 2-69 所示的"排序"对话框。

③ 单击"添加条件"按钮，在主要关键字和次要关键字列表中选择排序的主要关键字和次要关键字。

④ 在排序依据列表中选择"数值"，在排序次序列表中选择"升序"或者"降序"。

⑤ 如果要防止数据记录单的标题被加入排序数据区中，则应在排序对话框中选择"数据包含标题"复选框，本题需要勾选"数据包含标题"。

⑥ 如果要改变排序方式，可单击"排序"对话框中的"选项"按钮，选择需要的排序方式。

⑦ 单击"确定"按钮，完成对数据的排序。

图 2-69 "排序"对话框

3．自定义序列排序

用户在使用 Excel 2010 对相应数据进行排序时，无论是按拼音还是按笔画，可能都达不到所需要求。例如，在如图 2-70 所示的工作表中，要将工作表按照岗位类别来排序，而这个岗位类别的顺序必须是按自己定义的序列来排，即按照这样的顺序：总经理、副经理、销售部、商品生产、技术研发、服务部、业务总监、采购部。这样一种特殊的次序，可以采用自定义序列排序的方法来实现。具体操作步骤如下：

图 2-70　自定义序列排序原始数据

① 创建一个自定义序列。首先选择 H2:H9 单元格区域，单击"文件"选项卡中的"选项"命令，在弹出的"Excel 选项"对话框中单击"高级"标签，拖动窗口右侧的滚动条，直到出现"常规"区，单击"编辑自定义列表"按钮，弹出"自定义序列"对话框，此时自定义序列的区域已显示在"导入"按钮旁的文本框中，只要单击"导入"按钮，并单击"确定"按钮，即完成序列的自定义，如图 2-71 所示。

② 单击数据区域中的任意单元格。

③ 单击"数据"选项卡"排序和筛选"组中的"排序"按钮，弹出如图 2-72 所示的"排序"对话框，主关键字选"岗位类别"，"排序依据"为数值，次序选择"自定义序列"，弹出图 2-71 的"自定义序列"对话框，选择刚添加的序列，单击"确定"按钮。

图 2-71　自定义序列

·图 2-72　排序对话框

④ 单击"排序"对话框中的"确定"按钮，就完成了排序。

2.5.3 数据的分类汇总

分类汇总可以将数据记录单中的数据按某一字段进行分类，并实现按类求和、求平均值、求最大值、最小值、计数等运算，还能将计算的结果分级显示出来。

1. 创建分类汇总

创建分类汇总的前提：先按分类字段排序，使同类数据集中在一起后汇总。分类汇总的创建有三种情况：

（1）创建单级分类汇总。

（2）创建多级分类汇总。

（3）创建嵌套分类汇总。

下面以实例来讲解分类汇总的创建。

在如图 2-73 所示的家电销售表中，创建以下分类汇总：

第 1 题 建立按销售地点对销售收入进行分类求和（单级分类汇总）。

第 2 题 建立按销售地点对销售收入进行分类求和与分类求最大值（多级分类汇总）。

第 3 题 建立分别按销售地点和商品名称对销售量和销售收入进行分类求和（嵌套分类汇总）。

第 1 题的操作步骤为：

① 先按分类字段"销售地点"进行排序，排序结果如图 2-73 所示。

② 先单击数据表中的任意单元格，再单击"数据"选项卡"分级显示"中的"分类汇总"按钮，出现如图 2-74 所示的"分类汇总"对话框。

图 2-73 按"销售地"排序后数据表

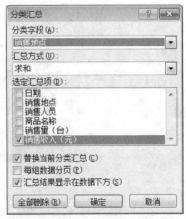

图 2-74 "分类汇总"对话框

③ 在"分类字段"列表框中，选择分类字段"销售地点"。

④ 在"汇总方式"列表框中，选择求和汇总方式。"汇总方式"分别有"求和""计数""平均值""最大值""最小值""乘积""数值计算""标准偏差"等

共 11 项。部分汇总方式的含义分别如下：

"求和"：计算各类别的总和；

"计数"：统计各类别的个数；

"平均值"：计算各类别的平均值；

"最大值"（"最小值"）：求各类别中的最大值（最小值）；

"乘积"：计算各类别所包含的数据相乘的积；

"标准偏差"：计算各类别所包含的数据相对于平均值(mean)的离散程度。

⑤ 在"选定汇总项"列表框中，选择需要计算的列（只能选择数值型字段）。如选择"销售量""销售收入"等字段。本例中选"销售收入"。

对话框下方有三个多选按钮，当选中后，其意义分别如下：

替换当前分类汇总：用新分类汇总的结果替换原有的分类汇总数据；

每组数据分页：表示以每个分类值为一组，组与组之间加上页分隔线；

汇总结果显示在数据下方：每组的汇总结果放在该组数据的下面，不选则汇总结果放在该数据的上方。

⑥ 按要求选择后，单击"确定"按钮，完成分类汇总，汇总结果如图 2-75 所示。

第 2 题的操作步骤为：

因第 2 题与第 1 题的分类字段是一样的，只是汇总方式在求和后增加了求最大值，所以第 2 题的操作步骤的前 6 步同第 1 题是一样的。

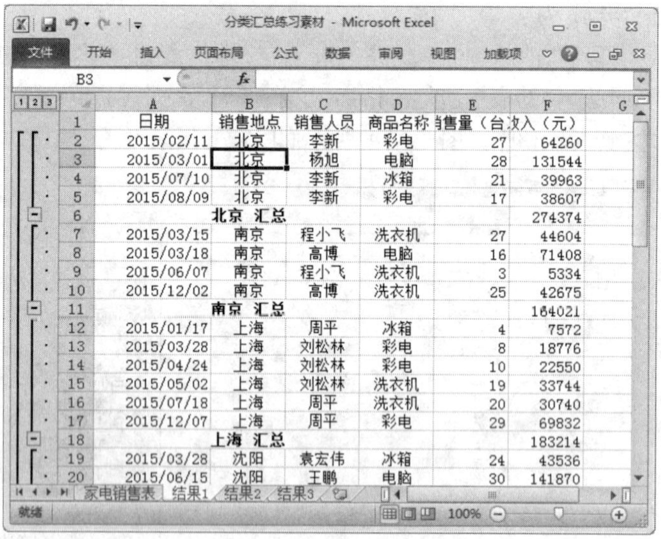

图 2-75 单级分类汇总结果

① 同第 1 题第 1 步

② 同第 1 题第 2 步

③ 同第 1 题第 3 步

④ 同第 1 题第 4 步

⑤ 同第 1 题第 5 步

⑥ 同第 1 题第 6 步

⑦ 单击数据表中的任意单元格，再单击"数据"选项卡"分级显示"中的"分类汇总"按钮。

⑧ 在"分类字段"列表框中，选择分类字段"销售地点"。

⑨ 在"汇总方式"列表框中，选择求最大值汇总方式。

⑩ 在"选定汇总项"列表框中，选择"销售收入"。

⑪ 取消选择"替换当前分类汇总"复选框，并单击"确定"按钮，完成分类汇总，汇总结果如图 2-76 所示。

第 3 题操作步骤：

① 因分类关键字是两个字段，故要建立多关键字排序，主关键字为"销售地点"，次要关键字为"商品名称"。

② 单击数据表中的任意单元格，再单击"数据"选项卡"分级显示"组中的"分类汇总"按钮，弹出"分类汇总"对话框。

③ 在"分类字段"列表框中，选择分类字段"销售地点"。

④ 在"汇总方式"列表框中，选择求和汇总方式。

⑤ 在"选定汇总项"列表框中，选择"销售量"和"销售收入"。单击"确定"按钮，完成按照"销售地点"分类汇总。

⑥ 单击数据表中的任意单元格，再次单击"数据"选项卡"分级显示"中的"分类汇总"按钮，打开"分类汇总"对话框。

图 2-76 多级分类汇总结果

⑦ 在"分类字段"列表框中，选择分类字段"商品名称"。

⑧ 在"汇总方式"列表框中，选择求和汇总方式。

⑨ 在"选定汇总项"列表框中，选择"销售量"和"销售收入"。

⑩ 取消选择"替换当前分类汇总"，并单击"确定"按钮，完成按多个关键

字的分类汇总，汇总结果如图 2-77 所示。

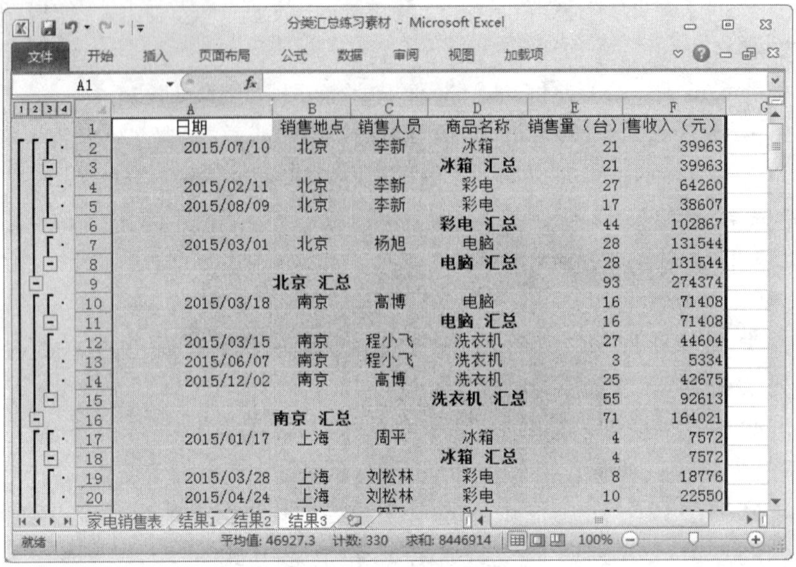

图 2-77　嵌套式分类汇总

2．删除分类汇总

若要撤销分类汇总，可由以下方法实现：

① 单击分类汇总数据记录单中的任意一个单元格。

② 单击"数据"选项卡中的"分类汇总"按钮，在弹出的"分类汇总"对话框中单击"全部删除"命令按钮，便能撤销分类汇总。

3．汇总结果分级显示

如图 2-77 所示的汇总结果中，左边有几个标有"-"和"1"、"2"、"3"、"4"的小按钮，利用这些按钮可以实现数据的分级显示。单击外括号下的"-"，则将数据折叠，仅显示汇总的总计，单击"+"展开还原；单击内括号中的"-"，则将对应数据折叠，同样单击"+"还原；若单击左上方的"1"，表示一级显示，仅显示汇总总计；单击"2"，表示二级显示，显示各类别的汇总数据；单击"3"，表示三级显示，显示汇总的全部明细信息。

2.5.4　数据筛选

数据筛选是在数据表中只显示满足指定条件的行，而隐藏不满足条件的行。Excel 提供了自动筛选和高级筛选两种操作来筛选数据。

1．自动筛选

自动筛选是一种简单方便的筛选记录方法，当用户确定了筛选条件后，它可以只显示符合条件的信息行。具体操作步骤如下：

① 单击数据表中的任意一个单元格。

② 单击"数据"选项卡"排序和筛选"组中的"筛选"按钮，此时，在每个字段的右边出现一个向下的箭头，如图 2-78 所示。

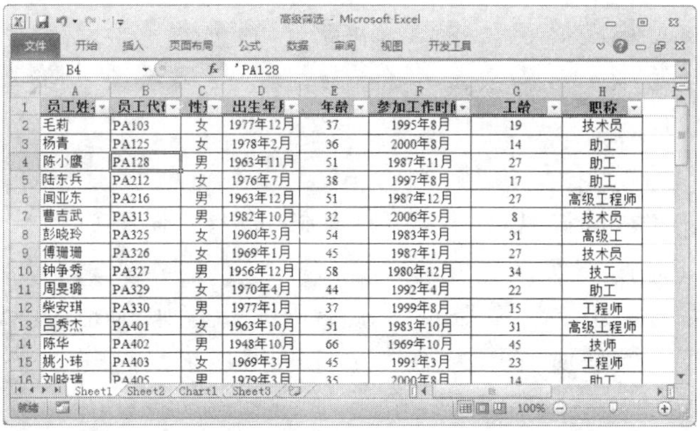

图 2-78 "自动筛选"示意图

③ 单击要查找列的向下箭头，弹出一个下拉菜单，提供了有关"排序"和"筛选"的详细选项，如图 2-79 所示。

④ 从下拉菜单中选择需要显示的项目。如果其列出的筛选条件不能满足用户的要求，则可以单击"数字筛选"下的"自定义筛选"命令，弹出"自定义自动筛选方式"对话框，在对话框中输入条件表达式。例如要筛选员工的工龄小于10 或者是工龄大于 40 年的记录，如图 2-80 所示。然后单击"确定"按钮完成筛选。筛选后，被筛选字段的下拉按钮形状由"向下的箭头"形状变成"向下的箭头+漏斗"形状，筛选的结果如图 2-81 所示。

图 2-79 单击右边的向下箭头　　　图 2-80 "自定义自动筛选方式"对话框

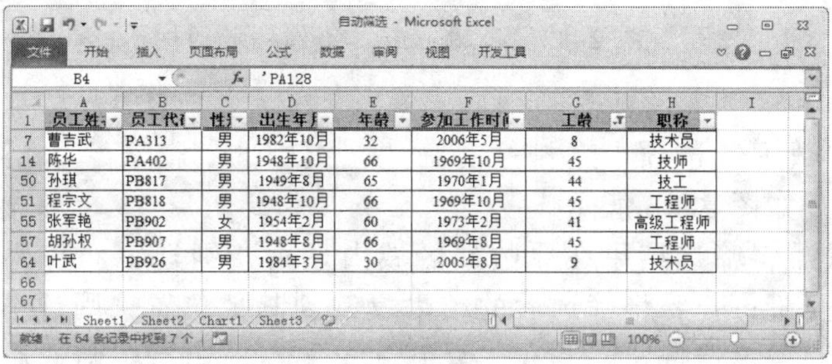

图 2-81 自动筛选结果

注意：自动筛选完成后，数据记录单中只显示满足筛选条件的记录，不满足条件的记录将自动隐藏。若需要显示全部数据时，只要再次单击“数据”选项卡下的“筛选”按钮即可。

2．高级筛选

如果需要使用复杂的筛选条件，而自动筛选达不到用户要的效果，则可以使用高级筛选功能。

高级筛选的关键：建立一个条件区域，用来指定筛选条件。条件区域的第一行是所有作为筛选条件的字段名，这些字段名与数据列表中的字段名必须一致。

条件区域的构造规则：不同行的条件之间是“或”关系，同一行中的条件之间是“且”关系。

下面举例说明高级筛选的使用。

例如：筛选出“职工表”中工龄大于 30 或者职称为高级工程师的记录至 J1 开始的单元格区域中。

在高级筛选时，应先在数据记录的下方空白处创建条件区域，具体操作步骤如下：

① 将条件中涉及的字段名工龄和职称复制到数据记录下方的空白处，然后不同字段隔行输入条件表达式，如图 2-82 所示。

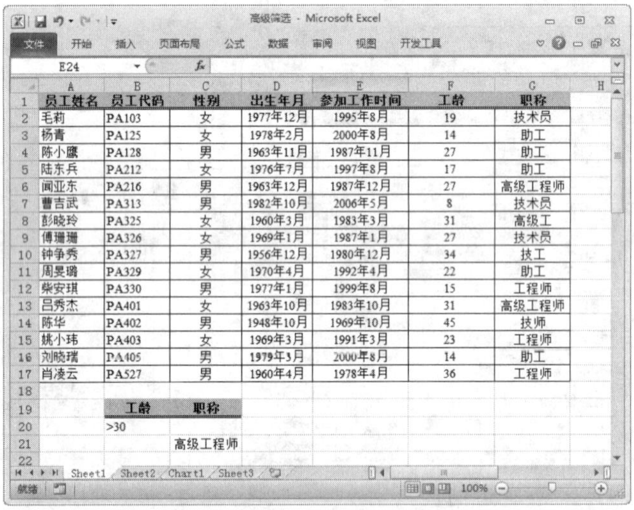

	A	B	C	D	E	F	G	H
1	员工姓名	员工代码	性别	出生年月	参加工作时间	工龄	职称	
2	毛莉	PA103	女	1977年12月	1995年8月	19	技术员	
3	杨青	PA125	女	1978年2月	2000年8月	14	助工	
4	陈小鹰	PA128	男	1963年11月	1987年11月	27	助工	
5	陆东兵	PA212	女	1976年7月	1997年8月	17	助工	
6	闻亚东	PA216	男	1963年12月	1987年12月	27	高级工程师	
7	曹吉武	PA313	男	1982年10月	2006年5月	8	技术员	
8	彭晓玲	PA325	女	1960年3月	1983年3月	31	高级工	
9	傅珊珊	PA326	女	1969年1月	1987年1月	27	技术员	
10	钟争秀	PA327	男	1956年12月	1980年12月	34	技工	
11	周旻璐	PA329	女	1970年4月	1992年4月	22	助工	
12	柴安琪	PA330	男	1977年1月	1999年8月	15	工程师	
13	吕秀杰	PA401	女	1963年10月	1983年10月	31	高级工程师	
14	陈华	PA402	男	1948年10月	1969年10月	45	技师	
15	姚小玮	PA403	女	1969年3月	1991年3月	23	工程师	
16	刘晓瑞	PA405	男	1979年3月	2000年8月	14	助工	
17	肖凌云	PA527	男	1960年4月	1978年4月	36	工程师	
18								
19		工龄	职称					
20		>30						
21			高级工程师					
22								

图 2-82　逻辑“或”条件区域的构造

② 单击数据记录中的任意一个单元格。

③ 单击“数据”选项卡“排序和筛选”组中的“高级”按钮，弹出“高级筛选”对话框，如图 2-83 所示。

④ 如果只需将筛选结果在原数据区域内显示，则选中“在原有区域显示筛选结果”单选按钮；若要将筛选后的结果复制到其他位置，则选中“将筛选结果复制到其他位置”单选按钮，并在“复制到”文本框中指定筛选后复制的起始单元格，本例选择 J1 单元格。

图 2-83 "高级筛选"对话框

⑤ 在"列表区域"文本框中已经指出了数据记录单的范围。单击文本框右边的区域数据选择按钮，可以修改或重新选择数据区域。

⑥ 单击"条件区域"文本框右边的区域选择按钮，选择已经定义好条件的区域（本题为 B19:C21）。

⑦ 单击"确定"按钮，其筛选结果被复制到 J1 单元格开始的数据区域中，如图 2-84 所示。

图 2-84　高级筛选结果

用于筛选数据的条件，有时并不能明确指定某项内容，而是某一类内容，如所有姓"程"的员工、产品编号中第 2 位为 A 的产品，等等。在这种情况下，可以借助 Excel 提供的通配符来筛选。

通配符仅能用于文本型数据，对数值和日期无效。Excel 中允许使用两种通配符：? 和*。*表示任意多个字符；? 表示任意单个字符；如果要表示字符*，则用"～*"表示；如果要表示字符? ，则用"～? "表示。

例如，筛选出"职工表"中职称为高级工程师或者姓陈的男职工的记录至 J1 单元格开始的区域中。

分析：这里的筛选条件既有"或"又有"且"，同时姓"陈"的男职工还需要使用通配符，故建立如图 2-85 所示筛选条件区域。其他操作方法与上一题相同，这里不再赘述。

注意：如果高级筛选"在原有区域显示筛选结果"，数据记录单中只显示满足筛选条件的记录，不满足条件的记录将自动隐藏。若需要显示全部数据时，只要单击"数据"选项卡"排序和筛选"组中的"清除"按钮即可。

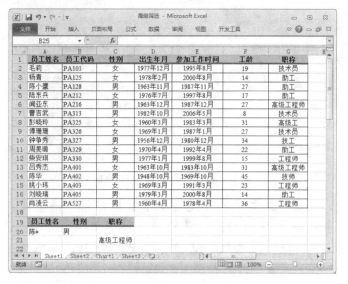

图 2-85　带通配符的条件区域

2.5.5　数据透视表

　　数据透视表是一种对大量数据快速汇总和建立交叉列表的交互式报表。它可以快速分类汇总、比较大量的数据，并可以随时选择页、行和列中的不同元素，以达到快速查看源数据的不同统计结果。使用数据透视表可以深入分析数值数据，以不同的方式来查看数据，使数据代表一定的含义，并且可以回答一些预料不到的数据问题。合理应用数据透视表进行计算与分析，能使许多复杂的问题简单化并且极大地提高工作效率。

1．创建数据透视表

　　创建数据透视表的操作步骤为：

　　① 单击数据表的任意单元格。

　　② 单击"插入"选项卡"表格"组中的"数据透视表"按钮，在快捷菜单中选择"数据透视表"命令，打开如图 2-86 所示的"创建数据透视表"对话框。若要同时创建基于数据透视表的数据透视图，单击"数据透视表"下方的箭头，再单击"数据透视图"命令。

　　③ Excel 会自动确定数据透视表的区域(即光标所在的数据区域)，也可以键入不同的区域或用该区域定义的名称来替换它。

　　④ 若要将数据透视表放置在新工作表中，选择"新建工作表"单选按钮。若要将数据透视表放在现有工作表中的特定位置，选择"现有工作表"单选按钮，然后在"位置"框中指定放置数据透视表的单元格区域的第一个单元格。

图 2-86　"创建数据透视表"对话框

⑤ 单击"确定"按钮。Excel 会将空的数据透视表添加至指定位置并显示数据透视表字段列表，以便添加字段、创建布局以及自定义数据透视表，如图 2-87 所示。

图 2-87 数据透视表布局窗口

⑥ 将"选择要添加到报表的字段"中的字段分别拖动到对应的"报表筛选"、"列标签"、"行标签"和"数值"框中。例如将"销售地点"拖入报表筛选，"商品名称"拖入列标签，"销售人员"和"日期"拖入"行标签"，"销售收入"拖入"数值"框中，便能得到不同销售地的销售员不同日期的家电销售收入总和情况，如图 2-88 所示（即为所创建的数据透视表）。

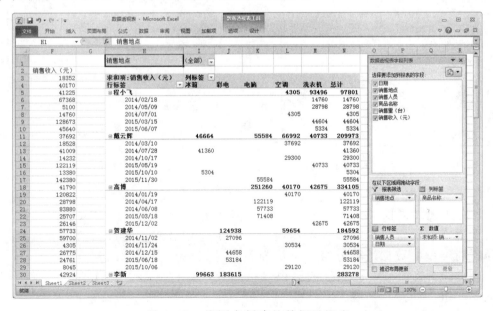

图 2-88 按要求创建的数据透视表

2．修改数据透视表

创建数据透视表以后，根据需要有可能对它的布局、样式、数据的汇总方式、值的显示方式、字段分组、计算字段和计算项、切片器等进行修改。

1）修改数据透视表的布局

数据透视表创建完成后，可以根据需要对其布局进行修改。对已创建的数据透视表，如果要改变行标签、列标签或数值标签中的字段，可单击标签编辑框右端的按钮，在弹出的快捷菜单中选择"删除字段"，再重新到字段列表中去拖动需要的字段到相应的标签框中即可。如果一个标签内添加了多个字段，想改变字段的顺序，只需选中字段向上拖动或向下拖动就可以调整字段的顺序，字段的顺序变了，透视表的外观随之变化。

2）修改数据透视表的样式

数据透视表可以像工作表一样进行样式的设置，用户可以单击"设计"选项卡"数据透视表样式"组中任意一个样式，将 Excel 内置的数据透视表样式应用于选中的数据透视表，同时可以新建数据透视表样式。

3）更改数据透视表数据的汇总方式和显示方式

若要改变字段值的汇总方式，可单击"数值"标签框右端的按钮，在弹出的快捷菜单中选择"值字段的设置"，弹出如图 2-89 的"值字段设置"对话框，在"计算类型"列表中选择需要的计算类型，单击"确定"按钮完成修改。

若要改变数据的显示方式，例如，"百分比、排序"等形式，可以单击图 2-89 所示的"值字段设置"对话框中的"值显示方式"标签，对话框变成如图 2-90 所示，然后从数据显示方式下拉列表框中选择合适的显示方式即可。

图 2-89　设置值字段的汇总方式

图 2-90　设置值显示方式

4）设置数据透视表字段分组

数据透视表提供了强大的分类汇总功能，但由于数据分析需求的多样性，使得数据透视表的常规分类方式不能应付所有的应用场景。通过对数字、日期、文本等不同类型的数据进行分组，可增强数据透视表分类汇总的适应性。

例如，要将图 2-88 创建的透视表按照日期进行分组，对日期字段实现按年和季度分组。其操作步骤为：

① 单击数据透视表中 H 列中任一日期单元格，如 H6 单元格。

② 在"数据透视表工具"选项卡的"选项"子选项卡中单击"将字段分组"按钮，弹出如图 2-91 所示的分组对话框，选择"季度"和"年"，单击"确定"按钮，则完成了对数据透视表进行日期分组的设置，按年和季度分组后的效果如图 2-92 所示。

5）使用计算字段和计算项

数据透视表创建完成后，不允许手工更改或者移动数据透视表中的任何区域，也不能在数据透视表中插入单元格或者添加公式进行计算。如果需要在数据透视表中添加自定义计算，则必须使用"添加计算字段"或"添加计算项"功能。

计算字段是指通过对数据透视表中现有的字段执行计算后得到的新字段。

计算项是指在数据透视表的现有字段中插入新的项，通过对该字段的其他项执行计算后得到该项的值。

例如，在图 2-93 所示的数据透视表中，增加一项计算项销售提成，根据销售收入的 1%来计算销售员的销售提成。

图 2-91 分组对话框   图 2-92 按日期字段分组后的数据透视表

具体操作步骤为：

① 单击数据透视表中任一单元格。

② 在"数据透视表工具/选项"选项卡"计算"组中单击"域、项目和集"按钮，在弹出的下拉列表中选择"计算字段"，弹出如图 2-94 所示的"插入计算字段"对话框，在"名称"框输入"销售员销售提成"，"公式"框输入"="，接着在下方"字段"列表框中选择"销售收入"，单击"插入字段"按钮，在公式框里就出现了"='销售收入（元）'"，接着在"公式"框输入"*0.01"，单击"确定"按钮，完成了计算字段的添加。添加了计算字段的数据透视表如图 2-95 所示。

6）插入切片器

Excel 2010 的数据透视表新增了"切片器"功能，不仅能对数据透视表字段进行筛选操作，而且可以直观地在切片器内查看该字段的所有数据项信息。

例如，使用切片器对图 2-88 所示的数据透视表进行快速筛选，以便直观地了解各销售员不同日期不同家电的销售情况。操作步骤如下：

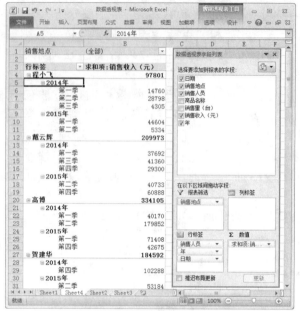

图 2-93　数据透视表

图 2-94　"插入计算字段"对话框

① 单击数据透视表中任一单元格。

② 单击"数据透视表工具"选项卡的"选项"子选项卡"排序和筛选"组中的"插入切片器"按钮，弹出如图 2-96 所示的"插入切片器"对话框。

③ 在对话框中选择"日期"、"商品名称"和"销售人员"3 个字段，单击"确定"按钮，生成 3 个切片器，如图 2-97 所示。在"销售员"切片器中选择"李新"，"商品名称"切片器中选择"冰箱"，结果如图 2-98 所示。

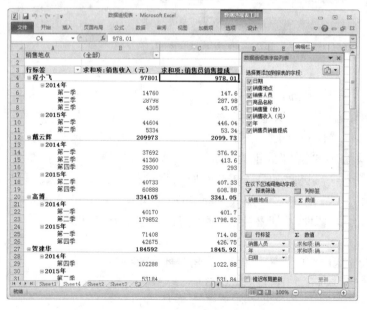

图 2-95　添加计算字段后的数据透视表

图 2-96　"插入切片器"对话框

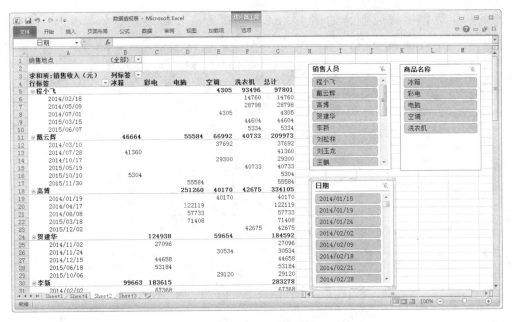

图 2-97 插入的切片器

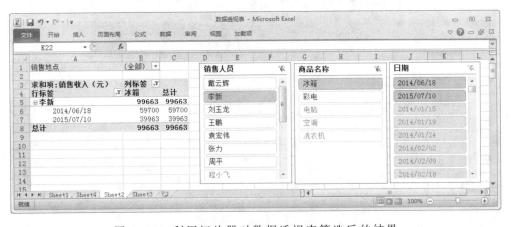

图 2-98 利用切片器对数据透视表筛选后的结果

利用切片器对数据透视表筛选后如果要恢复到筛选前的状态，只要单击切片器右上角的按钮即可清除筛选。如果要删除切片器，只需右击切片器，在快捷菜单中选择"删除***"（***表示切片器的名称）就可以了。

3. 创建数据透视图

Excel 2010 数据透视图是利用数据透视表的结果制作的图表，它将数据以图形的方式表示出来，能更形象、生动地表现数据的变化规律。

建立"数据透视图"只需在"插入"选项卡单击"数据透视表"按钮，在弹出的选项中选择"数据透视图"即可，其他操作步骤与建立"数据透视表"相近。例如，创建一个反映各销售员销售收入的数据透视图，如图 2-99 所示。

数据透视图创建好后，可以利用"设计"选项卡"类型"组中的"更改图表类型"命令更改图表的类型，例如，可以将默认的柱形图改为折线图等。数据透视图是利用数据透视表制作的图表，是与数据透视表相关联的。若更改了数据透视表中的数据，则数据透视图也随之更改。

图 2-99　反映各销售员销售收入的数据透视图

第 3 章

PowerPoint 2010
高级应用 ⫸

PowerPoint 简称 PPT，是一种用于制作和演示幻灯片的工具软件，也是 Microsoft Office 系列软件的重要成员。利用 PowerPoint 做出来的作品称为演示文稿，演示文稿中的每一页称为幻灯片，每张幻灯片都是演示文稿中既相互独立又相互联系的内容。

PowerPoint 作为目前最流行的演示文稿制作与播放软件，支持的媒体格式非常丰富，编辑、修改、演示都很方便，在教育领域和商业领域都有着广泛的应用，例如，在公司会议、商业合作、产品介绍、投标竞标、业务培训、课件制作、视频演示等场合经常可以用到。

本章将介绍 PowerPoint 设计原则和制作流程、图片与多媒体的应用、演示文稿的美化和修饰、动画的应用、演示文稿的放映与输出等内容。

3.1 设计原则与制作流程

要制作出一个专业并且引人注目的演示文稿，在 PowerPoint 的设计和制作过程中，需要遵循一些基本的设计原则。

3.1.1 设计原则

PowerPoint 的设计非常重要，如何让设计的幻灯片引起受众的兴趣，PowerPoint 的设计可以起到关键作用。必须要注意的是，PowerPoint 演示的目的在于传达信息，用来帮助受众了解设计者讲述的问题，PowerPoint 是一种辅助工具，而不是主题，所以千万不能以自我为中心。在设计演示文稿时，要站在受众的角度来思考，看一个设计是否能够帮助受众更好地接受设计者要表达的信息，如果对于受众接受信息有帮助，那就保留，否则就应该放弃。

一个成功的演示文稿在设计方面需要把握以下几个原则。

1．主题要明确，内容要精练

在设计一个演示文稿之前，首先应该弄清楚两个问题：讲什么和讲给谁听。

讲什么就是 PowerPoint 的主题。再就是讲给谁听，即使同样的主题面对不同的受众，要讲的内容也是不一样的，需要考虑受众的知识水平和喜欢的演讲风格，以及对该问题的了解程度等，因此，要根据受众来确定演示的内容。

演示的内容是一个演示文稿成功的基础，如果内容不恰当，无论演示文稿制作得多么精美，也只是枉费工夫。内容是否恰当、精练，需要在设计之初对内容本身及对受众的需求和兴奋点有准确的理解和把握。

例如：图 3-1 所示的幻灯片，在这张幻灯片中，文字充满了整张幻灯片，设想一下作为受众，愿意看到这样的幻灯片吗？像这种堆积了大量文字信息的"文档式演示文稿"显然是不成功的，也是不受人欢迎的，这样的 PowerPoint 演示也完全达不到辅助讲授的目的。

一个内容精练、观点鲜明、言之有物的演示文稿才会受人关注。因此，需要对文字进行提炼——只留关键词，去掉修饰性的形容词、副词等，或是用关键词组合成短句子，直接表达页面主题。对图 3-1 所示的幻灯片进行提炼修改后可以得到如图 3-2 所示的幻灯片。

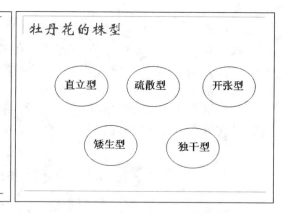

图 3-1　充满了文字的幻灯片　　　　图 3-2　精简了内容的幻灯片

关于 PowerPoint 的主题和内容，需要注意以下几点。

（1）一张幻灯片只表达一个核心主题，不要试图在一张幻灯片中面面俱到。

（2）不要把整段文字搬上幻灯片，演示是提纲挈领式的，显示的内容越精练越好。

（3）一张幻灯片上的文字，行数最好不要超过 7 行，每行不多于 20 个字。

（4）除了必须放在一起比较的图表外，一张幻灯片一般只放一个图片或者一个表格。

2．逻辑要清晰，组织要合理

演示文稿有了合适的内容，要怎么安排才能使受众易于接受呢？这就是所要强调的结构问题。一个成功的演示文稿必须有清晰的逻辑和完整的结构。清晰的逻辑能清楚地表达演示文稿的主题。逻辑混乱、结构不清晰的 PowerPoint 演示，会让人摸不着头脑，达不到有效传达信息的目的。

通常一个完整的 PowerPoint 文件应该包含封面页、目录页、过渡页、内容页、结束语页和封底页。目录页用来展示整个演示文稿的内容结构；过渡页（各部分的引导页）把不同的内容部分划分开，呼应目录页保障整个演示文稿的连贯；结束语页用来做总结，引导受众回顾要点、巩固感知；封底页用来感谢受众。

关于演示文稿的结构，需要注意以下几点。

（1）演示文稿的结构逻辑要清晰、简明。

（2）要有一张标题幻灯片，告诉受众你是谁，准备谈什么内容。

（3）要有目录页标示内容大纲，帮助受众掌握进度。

（4）通过不同层次的标题，标明演示文稿结构的逻辑关系。

（5）每个章节之间插入一个标题幻灯片用作过渡页。

（6）演示时按照顺序播放，尽量避免回翻、跳跃，混淆受众的思路。

3．风格要一致，页面要简洁

一个专业的演示文稿风格应该保持一致，包括页面的排版布局、颜色、字体、字号等，统一的风格可以使幻灯片有整体感。实践表明，任何与内容无关的变化，都会分散受众对演示内容的注意力，因此，演示文稿的风格应该尽量保持一致。

除了保持风格一致外，幻灯片页面应该尽量简洁。简洁的页面会给人以清新的感觉，观看起来自然、舒服，不容易视觉疲劳，而文字信息太多的页面会失去重点，造成受众接收信息被动,直接影响演示文稿的演示效果。

与文字相比，图片更加真实、直观，因此，在进行 PowerPoint 演示时，以恰当的图片强化内容，更容易在较短时间内让受众理解并留下深刻印象。例如：图 3-3 所示的幻灯片用于介绍美国的一家制作篮子的公司，该公司的大楼是篮子形状的。在这里，放一张照片比放一堆文字效果要好很多，也必然会给受众留下非常深刻的印象。

图 3-3　介绍一家制作篮子的公司的幻灯片

关于风格和页面，需要注意以下几点。

（1）不同场合的幻灯片应该有不同的风格。例如，老师讲课用的幻灯片可以选择生动有趣的风格，而商业用的幻灯片则需要保守一些的风格。

（2）所有幻灯片的格式应该一致，包括颜色、字体、背景等。

（3）应该避免全文字的页面，尽量采用文字、图表和图形的混合使用。合理的图文搭配更能吸引受众。

（4）字体不能太多，一般不超过 3 种，多了会给人乱的感觉。

（5）字号要大于 18 磅，否则坐在后面的受众有可能看不清楚。

（6）注意字体色和背景色的搭配，蓝底白字、黑底黄字、白底黑字等都是比较引人注目的搭配。

在 PowerPoint 演示中，使页面信息能够准确、有效地传递是 PowerPoint 设计的主要职责,因此,PowerPoint 设计不仅仅是色彩和图形等美工设计,还包括结构、内容及布局等规划设计。只有遵循以上 PowerPoint 设计原则,才能设计出主题明确、内容精练,逻辑结构清晰、页面简洁美观的演示文稿,这样的演示文稿才能真正成为讲授的得力助手。

3.1.2 制作流程

PowerPoint 制作流程一般可以分为以下几个步骤。

1．提炼大纲

演示文稿的大纲是整个演示文稿的框架,只有框架搭好了,一个演示文稿才有可能成功。在设计之初应该根据目标和要求,对原始文字材料进行合理取舍、理清主次、提炼归纳出大纲。提炼大纲需要考虑以下几个方面。

（1）讲什么？这个问题包括幻灯片的主题、重点、叙述顺序和各个部分的比重等,是最重要的一部分,应该首先解决。

（2）讲给谁听？同样一个主题给不同的受众讲的内容是不一样的。需要考虑受众的知识水平、对该主题的了解程度、受众的需求和兴奋点等。

（3）讲多久？讲授的时间决定了演示文稿的长度,一般一张幻灯片的讲授时间在 1～3min 之间比较合适。

2．充实内容

有了演示文稿的基本框架(此时每页只有一个标题),就可以充实每一张幻灯片的内容了。将适合标题表达的文字内容精简一下,做成带项目编号的要点。在这个过程中,可能会发现新的资料,非常有用,却不在大纲范围中,则可以进行大纲的调整,在合适的位置增加新的页面。

接下来把演示文稿中适合用图片表现的内容用图片来表现,如带有数字、流程、因果关系、趋势、时间、并列、顺序等的内容,都可以考虑用图的方式来表现。如果有的内容无法用图表现的时候,可以考虑用表格来表现,其次才考虑用文字说明。

在充实内容的过程中,需要注意以下几个方面。

（1）一张幻灯片中,避免文字过多,内容应尽量精简。

（2）能用图片,不用表格；能用表格,不用文字。

（3）图片一定要合适,无关的、可有可无的图片不要。

3．选择主题和模板

利用主题和模板可以统一幻灯片的颜色、字体和效果,使幻灯片具有统一的风格。如果觉得 Office 自带的主题不合适,可以在母版视图中进行调整,添加背景图、Logo、装饰图等,也可以调整标题、文字的大小和字体,以及合适的位置。

4．美化页面

简洁大方的页面给人清新、舒适的感觉。适当地放置一些装饰图可以美化页面,不过使用装饰图一定要注意必须符合当前页面的主题,图片的大小、颜色不能喧宾夺主,否则容易分散受众的注意力,影响信息传递的效果。

另外，可以根据母版的色调对图片进行美化，调整颜色、阴影、立体、线条，美化表格、突出文字等。在这个过程中要注意整个演示文稿的颜色不要超过 3 个色系，否则会显得很乱。

5．预演播放

查看播放效果，检查有没有不合适的地方，遇到不合适或者不满意的就进行调整，特别要注意不能有错别字。

在这个环节，需要注意以下几点。

（1）文字内容不要一下就全部显示，需要为文字内容设定动画，一步一步显示，有利于讲授。

（2）动画效果、幻灯片切换效果不宜太花哨，朴素一点的比花哨的效果更受欢迎。

3.2 图片处理与应用

在一个演示文稿中，图片比文字能够产生更大的视觉冲击力，也能够使页面更加简洁、美观，因此，在用 PowerPoint 制作演示文稿时，经常会使用图片，但有时图片又不符合设计者的要求，此时就需要对图片进行适当的处理，以达到更好的视觉效果。在本节中将介绍 PowerPoint 2010 中图片处理的一些应用技巧。

3.2.1　图片美化

在幻灯片的制作过程中，图片的处理不一定要依靠像 Photoshop 这类专门的图像处理软件，PowerPoint 2010 为设计者提供了强大的图像处理功能。在幻灯片中双击需要处理的图片，会出现如图 3-4 所示的"图片工具/格式"选项卡，可以对图片进行删除背景、剪裁、柔化、锐化，修改亮度、饱和度、色调，重新着色等操作。

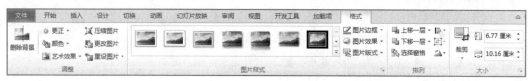

图 3-4　"图片工具/格式"选项卡

1．图片的裁剪

在 PowerPoint 中的很多地方都需要用到图片，但对图片的尺寸大小和形状却经常根据需要有不同的要求，因此裁剪图片是一个很常见的操作。在"图片工具/格式"选项卡中，单击"大小"组中的"裁剪"下拉按钮，会出现如图 3-5 所示的下拉菜单。

选择"裁剪"命令，通过拖动裁剪柄裁剪出想要的内容和尺寸，裁剪效果如图 3-6 所示。

（a）裁剪前　　　　　　　　（b）裁剪后

图 3-5　"裁剪"下拉列表　　　　　　　图 3-6　裁剪效果

选择"裁剪为形状"命令，然后根据需要选择相应的形状，即可把图片裁剪成指定的形状。裁剪为"圆角矩形"、"椭圆"和"波形"的效果分别如图 3-7（a）、（b）、（c）所示。

（a）　　　　　　　　　　（b）　　　　　　　　　　（c）

图 3-7　裁剪为形状效果图

2．删除图片背景

删除图片背景功能是 PowerPoint 2010 中新增的功能之一，利用删除背景工具可以快速而精确地删除图片背景，无须在对象上进行精确描绘就可以智能地识别出需要删除的背景，使用起来非常方便。

例如，有一张图片的背景色与当前幻灯片的背景颜色不同，如图 3-9（a）所示，显得图片很突兀，此时需要删除该图片的背景，具体操作步骤如下：

① 选择需要删除背景的图片，单击"图片工具/格式"选项卡"调整"组中的"删除背景"按钮，出现如图 3-8 所示的"背景消除"选项卡。

② 这时删除背景工具已自动进行了选择，如图 3-9（b）所示。洋红色部分为要删除的部分，原色部分为要保留的部分。如果要保留的部分没

图 3-8　"背景消除"选项卡

有被全部选中，可拖动句柄让所有要保留的部分都包括在选择范围内，如图 3-9（c）所示。

③ 可以看到图中有少量需要保留的部分（地球的白色部分）与背景色颜色相同，被错误地设置为洋红色。这时可以单击"背景消除"选项卡"优化"组中的"标记要保留的区域"按钮，然后在地球的白色部分单击，添加保留标记（带圆圈的加号）以保留该区域。添加保留标记后的区域会变为原色，如图 3-9（d）所示。

④ 最后单击"背景消除"选项卡"关闭"组中的"保留更改"按钮完成背景删除。删除了背景的图片效果如图 3-9（e）所示。

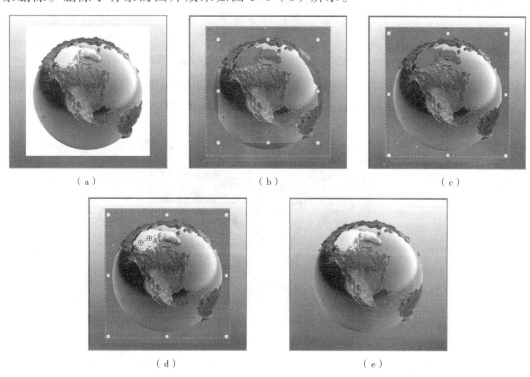

（a）　　　　　　　　　　（b）　　　　　　　　　　（c）

（d）　　　　　　　　　　（e）

图 3-9　删除图片背景的过程

3. 图片给文字做背景

许多情况下，在 PowerPoint 中插入图片后，还需要在图片上加上一些文字说明。由于文字与图片之间色彩的关系，可能会出现文字模糊或者不突出的情况，如图 3-10（a）所示。此时，可以右击文字的文本框，从弹出的快捷菜单中选择"设置形状格式"命令，再选择合适的填充颜色和透明度。通过文本框的背景色突出文字，效果如图 3-10（b）所示。

（a）文字不突出　　　　　　　　　　（b）利用文本框背景色突出文字

图 3-10　图片给文字做背景

4．给图片添加统一的边框

有时候为了统一风格，可以给演示文稿中的图片添加统一的边框，如图 3-11 所示。在 PowerPoint 2010 中，要给图片加上边框，可以选中图片，在"图片工具/格式"选项卡"图片样式"组中选择合适的样式，或者单击"图片样式"组中的"图片边框"下拉按钮对边框的粗细、颜色等进行设置。

另外，如果要调整图片的旋转角度，可以选定图片，在图片上方会出现一个绿色的小圆圈，这是用来控制旋转的控制点，拖动这个控制点就可以旋转选定的图片。

图 3-11　给图片添加统一的边框

5．剪贴画的重新着色

利用 PowerPoint 制作演示文稿时，插入漂亮的剪贴画会为演示文稿增色不少，可并不是所有的剪贴画都符合设计者的要求，剪贴画的颜色搭配经常与幻灯片的颜色不协调，而且不加改变地使用系统自带的剪贴画会让人觉得不新鲜，产生视觉疲劳。如果对剪贴画进行重新着色，可以使剪贴画和幻灯片的色调一致，会让人有耳目一新的感觉。具体操作步骤如下：

① 选中剪贴画，单击"图片工具/格式"选项卡"调整"组中的"颜色"下拉按钮，弹出如图 3-12 所示的重新着色下拉列表。

② 在此选择合适的颜色对剪贴画进行重新着色。图 3-13 所示是对剪贴画选择了"灰度"进行重新着色以后的效果。

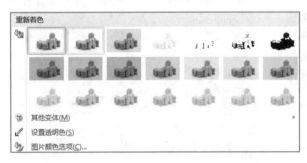

图 3-12　"重新着色"列表

（a）着色前　　　（b）着色后

图 3-13　剪贴画重新着色效果

3.2.2 SmartArt 图形

在 PowerPoint 中使用图形比使用文本更加有利于受众去记忆或理解相关的内容，但对于非专业人员来说，要创建具有设计师水准的图形可能很困难。利用 PowerPoint 2010 提供的 SmartArt 功能，可以很容易地创建出具有设计师水准的图形，使文本变得生动。

例如，把图 3-14 所示的幻灯片中的文本创建成如图 3-15 所示的幻灯片中的 SmartArt 图形。

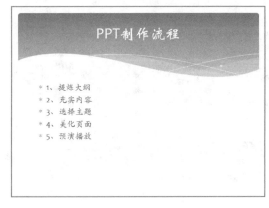

图 3-14 使用文本的幻灯片   图 3-15 使用 SmartArt 图形的幻灯片

具体操作步骤如下：

① 在幻灯片中选择需要转换成 SmartArt 图形的文本并右击，从弹出的快捷菜单中选择"转换为 SmartArt"命令，或者单击"开始"选项卡"段落"组中的"转换为 SmartArt 图形"下拉按钮，在如图 3-16 所示的 SmartArt 图形列表中选择"连续块状流程"，效果如图 3-17 所示。

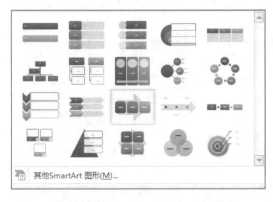

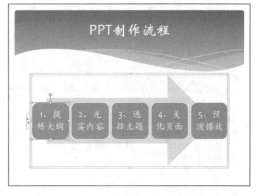

图 3-16 SmartArt 图形下拉列表   图 3-17 连续块状流程效果图

② 在图 3-18 所示的"SmartArt 工具/设计"选项卡中，单击"SmartArt 样式"组中的"更改颜色"下拉按钮，出现如图 3-19 所示的更改颜色下拉列表，选择"彩色"组中的"彩色-强调文字颜色"，效果如图 3-20 所示。

③ 单击"SmartArt 工具/设计"选项卡"SmartArt 样式"组中的"其他"按钮，选择"文档的最佳匹配对象"中的"强烈效果"，使 SmartArt 图形具备三维的效果，如图 3-18 所示。当然，也可以根据需要在"布局"组中更改布局的样式。

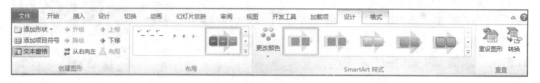

图 3-18　"SmartArt 工具/设计"选项卡

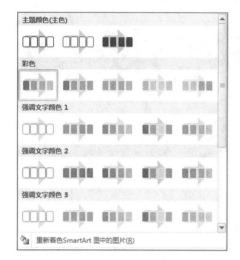

图 3-19　更改颜色下拉列表

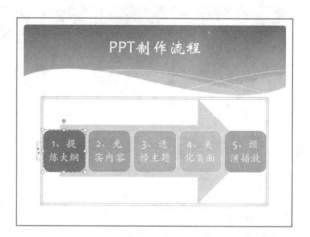

图 3-20　彩色-强调文字颜色效果

又如，要创建如图 3-21 所示的幻灯片中的 SmartArt 图形，具体操作步骤如下：

① 单击"插入"选项卡"插图"组中的"SmartArt"按钮，弹出"选择 SmartArt 图形"对话框，在"循环"类别中选择"基本循环"图形，如图 3-22 所示，单击"确定"按钮。

图 3-21　基本循环效果图

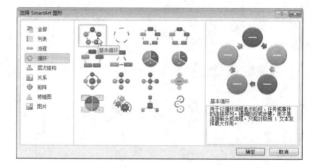

图 3-22　"选择 SmartArt 图形"对话框

② 单击"SmartArt 工具/设计"选项卡"创建图形"组中的"文本窗格"按钮，打开文本窗格，输入"产品"、"废品"和"资源"3 项，删除多余的项目，如图 3-23 所示。再次单击"SmartArt 工具/设计"选项卡"创建图形"组中的"文

本窗格"按钮，关闭文本窗格。

图 3-23 在文本窗格中编辑项目

③ 单击"SmartArt 工具/设计"选项卡"SmartArt 样式"组中的"更改颜色"下拉按钮，在出现的更改颜色下拉列表中选择"彩色"组中的"彩色范围–强调文字颜色 2 至 3"。

④ 单击"SmartArt 工具/设计"选项卡"SmartArt 样式"组中的"其他"按钮，选择"三维"中的"优雅"，使 SmartArt 图形具备三维的效果。

⑤ 同时选中圆形形状，单击"SmartArt 工具/格式"选项卡"形状"组中的"减小"按钮，同时选中箭头形状，单击"SmartArt 工具/格式"选项卡"形状"组中的"增大"按钮，将 SmartArt 图形中各个形状对象调整至合适的大小。

⑥ 右击从产品到废品的箭头形状，在弹出的快捷菜单中选择"编辑文字"命令，输入文字"使用"。右击从废品到资源的箭头形状，在弹出的快捷菜单中选择"编辑文字"命令，输入文字"再生"。右击从资源到产品的箭头形状，在弹出的快捷菜单中选择"编辑文字"命令，输入文字"制造"。

至此，如图 3-21 所示的 SmartArt 图形创建完毕。

3.2.3 图片切换

在用 PowerPoint 进行幻灯片设计时，常常需要这样的效果：单击小图片就可看到该图片的放大图，如图 3-24 所示。在 PowerPoint 中实现这种效果的方法有两种。

（a）切换前

（b）切换后

图 3-24 点小图，看大图

（1）通过设置超链接实现。首先在主幻灯片中插入许多小图片，然后将每张小图片都与一张空白幻灯片相链接，最后在空白幻灯片中插入相应的放大图片。这样只需单击小图片就可看到相应的放大图片了，如果单击放大图片还需返回到主幻灯片，还应在放大图片上设置超链接，链接回主幻灯片。

这种思路虽然比较简单，但操作起来很烦琐，而且完成后会发现，设计出来的幻灯片结构混乱，很容易出错，尤其是不易修改，如果要更换图片，就得重新设置超链接。

（2）通过在幻灯片中插入 PowerPoint 演示文稿对象实现。具体操作步骤如下：

① 建立一张新的幻灯片，单击"插入"选项卡"文本"组中的"对象"按钮，在弹出的"插入对象"对话框中的"对象类型"列表框选择"Microsoft PowerPoint 演示文稿"，如图 3-25 所示，单击"确定"按钮。此时就会在当前幻灯片中插入一个"PowerPoint 演示文稿"的编辑区域，如图 3-26 所示。

图 3-25 "插入对象"对话框　　　　图 3-26 插入的"PowerPoint 演示文稿"
　　　　　　　　　　　　　　　　　　　　　　　编辑区域

② 在此编辑区域中可以对插入的演示文稿对象进行编辑。在该演示文稿对象中插入所需的图片，把图片的大小设置为与幻灯片大小相同，退出编辑后，图片以缩小的方式显示。

③ 对其他图片进行同样的操作。为了提高效率，也可以将这个插入的演示文稿对象进行复制，然后更改其中的图片，并排列它们之间的位置即可。

这样就实现了单击小图片观看大图片的效果。其实，这里的小图片实际上是插入的演示文稿对象。单击小图片相当于对插入的演示文稿对象进行演示观看，而演示文稿对象在播放时就会自动全屏幕显示，所以看到的图片就好像被放大了一样，当单击放大图片时，插入的演示文稿对象实际上已被播放完，然后自动退出，也就返回到主幻灯片。

由此可见，在制作演示文稿时，可以利用插入 PowerPoint 演示文稿对象这一特殊手段来使整个演示文稿的结构更加清晰明了。

3.2.4 电子相册

制作电子相册的软件比较多，用 PowerPoint 也可以很轻松地制作出专业级的电子相册。在 PowerPoint 2010 中，电子相册的具体制作过程如下：

① 新建一个空白演示文稿，单击"插入"选项卡"图像"组中的"相册"按钮。

② 弹出如图 3-27 所示的"相册"对话框，可以选择从磁盘或是扫描仪、数码照相机这类外围设备添加图片。

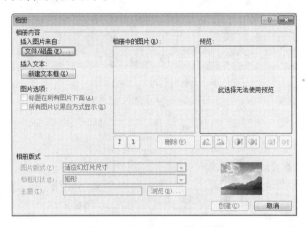

图 3-27 "相册"对话框

③ 选择插入的图片文件都会出现在"相册"对话框的"相册中的图片"列表框中，单击图片名称可在"预览"框中看到相应的效果。单击"相册中的图片"列表框下方的 ↑、↓ 按钮可改变图片出现的先后顺序，单击"删除"按钮可删除被加入的图片文件。

④ 通过"预览"框下方的 6 个按钮，可以旋转选中的图片，以及改变图片的对比度和亮度等。

⑤ 相册的版式设计。在"图片版式"下拉列表框中，可以指定每张幻灯片中图片的数量和是否显示图片标题。在"相框形状"下拉列表框中，可以为相册中的每一张图片指定相框的形状。单击"主题"文本框右侧的"浏览"按钮，可以为幻灯片指定一个合适的主题。

⑥ 以上操作完成之后，单击对话框中的"创建"按钮，PowerPoint 就自动生成一个电子相册。如果需要进一步对相册效果进行美化，还可以对幻灯片辅以一些文字说明，以及设置背景音乐、过渡效果和切换效果等。

3.3　多媒体处理与应用

在用 PowerPoint 制作幻灯片时，使用恰当的声音、视频、Flash 动画等多媒体元素，可以使幻灯片更加具有感染力。本节将介绍在 PowerPoint 2010 中使用声音、视频和 Flash 动画的技巧。

3.3.1　声音

恰到好处的声音可以使幻灯片具有更出色的表现力，利用 PowerPoint 可以向幻灯片中插入 CD 音乐和 WAV、MID 和 MP3 文件，以及录制旁白。

1．连续播放声音

在某些场合，声音需要连续播放，如相册中的背景音乐，在幻灯片切换的时候需要保持连续。具体操作步骤如下：

图 3-28　音频图标

① 把光标定位到要出现声音的第一张幻灯片，单击"插入"选项卡"媒体"组中的"音频"按钮，在弹出的"插入音频"对话框中选择合适的声音文件插入幻灯片，幻灯片中出现如图 3-28 所示的音频图标，在此可以预览音频播放效果、调整播放进度和音量大小等。

② 选中刚刚插入的音频图标，在"音频工具/播放"选项卡"音频选项"组中选择"放映时隐藏""循环播放，直到停止""播完返回开头"复选框，在"开始"下拉列表框中选择"跨幻灯片播放"，如图 3-29 所示。

图 3-29　"音频工具/播放"选项卡

③ 如果有需要，单击"音频工具/播放"选项卡"编辑"组中的"剪裁音频"按钮，在弹出的如图 3-30 所示的"剪裁音频"对话框中可以对音频进行剪裁。

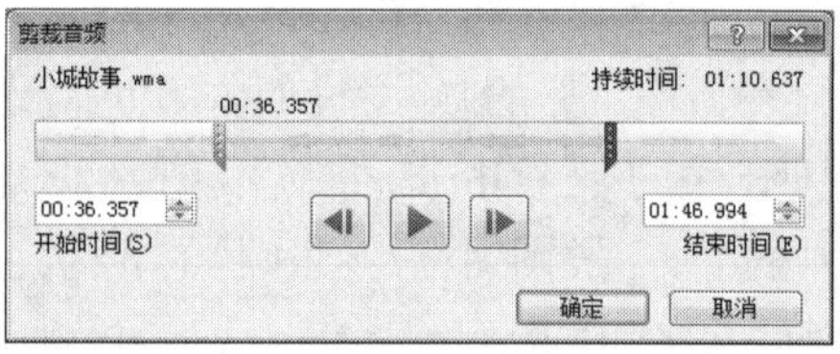

2．在指定的几页幻灯片中连续播放声音

使用跨幻灯片播放声音的方式，能够使声音在切换幻灯片时保持连续，但是不能指定播放若干张幻灯片后停止播放。在一些特殊情况下，可能会想要声音在播放几张幻灯片后停止，具体操作步骤如下：

图 3-30　"剪裁音频"对话框

① 把光标定位到要出现声音的第一张幻灯片，单击"插入"选项卡"媒体"组中的"音频"按钮，在弹出的"插入音频"对话框中选择合适的声音文件插入幻灯片。

② 选中刚刚插入的音频图标，在"音频工具/播放"选项卡"音频选项"组中选择"放映时隐藏""循环播放，直到停止""播完返回开头"复选框，在"开始"下拉列表框中选择"自动"命令。

③ 单击"动画"选项卡"高级动画"组中的"动画窗格"按钮，打开"动画窗格"窗格，单击该声音对象动画上的下拉按钮，从下拉列表中选择"效果选项"命令，如图 3-31 所示。

④ 弹出"播放音频"对话框，在"停止播放"栏中设置在 4 张幻灯片后停止播放，如图 3-32 所示。这样，声音就会连续地播放，并在播完 4 张幻灯片后自动停止播放。

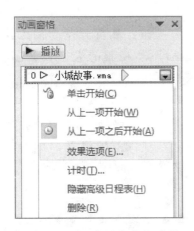

图 3-31 "动画窗格"窗格

图 3-32 "播放音频"对话框

3．录制旁白

在 PowerPoint 中，可以为幻灯片放映录制旁白，对幻灯片进行解说配音，适用于某些需要重复放映幻灯片的场合。录制旁白的具体操作步骤如下：

① 在计算机上安装设置好麦克风。

② 单击"幻灯片放映"选项卡"设置"组中的"录制幻灯片演示"下拉按钮，从下拉列表中选择"从当前幻灯片开始录制"命令，如图 3-33 所示。

③ 弹出"录制幻灯片演示"对话框，选择"幻灯片和动画计时"和"旁白和激光笔"复选框，如图 3-34 所示，单击"开始录制"按钮，进入幻灯片放映状态，一边播放幻灯片一边对着麦克风讲解旁白。

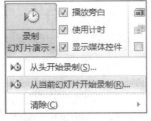

图 3-33 "录制幻灯片演示"下拉菜单

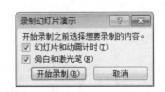

图 3-34 "录制幻灯片演示"对话框

④ 录制完毕后，在每张幻灯片的右下角会自动显示一个音频图标，可以在此试听每张幻灯片的录制效果。如果某张幻灯片不需要旁白，则可以将该幻灯片中的音频图标删除。如果想删除所有幻灯片中的旁白，可以单击"幻灯片放映"选项卡"设置"组中的"录制幻灯片演示"下拉按钮，从下拉列表中选择"清除"级联菜单下的"清除所有幻灯片中的旁白"命令。

3.3.2 视频

在演示文稿中添加一些视频并进行相应的处理，可以使演示文稿变得更加美观。PowerPoint 2010 提供了丰富的视频处理功能。

1．插入视频

单击"插入"选项卡"媒体"组中的"视频"按钮，从打开的"插入视频文件"对话框中选择要插入幻灯片的视频文件，然后调整视频的大小，如图 3-35 所示。在 PowerPoint 2010 中，既可以在非放映状态下也可以在放映状态下控制视频的播放，进行播放进度、声音大小等调整。

为了进一步美化，可以对视频设置一些效果。单击"视频工具/格式"选项卡"视频样式"组中的"视频形状"下拉按钮，可以设置视频播放界面的外形，单击"视频效果"下拉按钮可以设置视频的效果。设置了"椭圆"形状和"半映像，4pt 偏移量"效果的视频播放效果如图 3-36 所示。

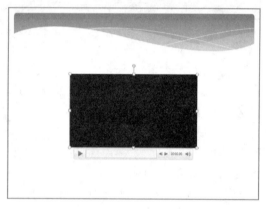

图 3-35　调整了大小后的视频

图 3-36　设置了形状和效果的视频

2．为视频添加封面

当插入视频时，一般默认显示的是黑色的屏幕，看起来十分不美观。为了使演示文稿更加专业，可以根据需要为插入幻灯片的视频设计一个封面。视频的封面可以是事先制作的图片，也可以是当前视频中某一帧的画面。

若要把视频中某一帧的画面作为封面，可以先定位到该帧画面，然后单击"视频工具/格式"选项卡"调整"组中的"标牌框架"下拉按钮，在如图 3-37 所示的"标牌框架"下拉列表中选择"当前框架"命令。这样，视频的封面就被设定为该帧画面，并在视频底下显示"标牌框架已设定"字样。

图 3-37　"标牌框架"下拉菜单

若要恢复到以前的面貌，可以单击"视频工具/格式"选项卡"调整"组中的"标牌框架"下拉按钮，在"标牌框架"下拉列表中选择"重置"命令清除封面。

若要使用事先制作的图片做封面，则可以在"标牌框架"下拉列表中选择"文件中的图像"，从弹出的"插入图片"对话框中选择某一幅图片作为视频封面。

3．为视频添加书签

一个视频通常可以分为几个精彩片段，在演示文稿中观看视频的时候，可能会想要快速跳转到某个精彩片段。在 PowerPoint 2010 中，可以通过添加书签的形式轻松地实现在视频中快速的跳转，具体操作步骤如下：

① 将鼠标定位在要跳转的位置，单击"视频工具/播放"选项卡"书签"组中的"添加书签"按钮，便出现了黄色的书签圆点，可以根据需要添加多个书签，如图 3-38 所示。

② 在播放视频时，只需要单击书签就可以实现快速跳转。按组合键【Alt+Home】可以快速定位到当前位置的前一个书签处开始播放，按组合键【Alt+End】可以跳转到当前位置的下一个书签处开始播放。

如果想要删除书签，选择要删除的书签，单击"视频工具/播放"选项卡"书签"组中的"删除书签"按钮即可。

4．剪辑视频

在 PowerPoint 2010 中，无须下载专业软件，即可进行专业的视频剪辑。具体操作步骤如下：

① 选中视频，单击"视频工具播放"选项卡"编辑"组中的"剪裁视频"按钮。

② 弹出"剪裁视频"对话框，设置视频的开始和结束位置，如图 3-39 所示。

③ 单击"确定"按钮即可完成视频的剪辑。

图 3-38　添加了书签的视频

图 3-39　"剪裁视频"对话框

3.3.3　Flash 动画

Flash 是一款功能强大的动画制作软件，利用它可以制作出图文并茂、有声有色的 Flash 动画，在幻灯片中插入 Flash 动画将会使演示文稿增色不少。

1．直接插入 Flash 动画

在 PowerPoint 2010 中，用户可以直接插入格式为.swf 的 Flash 动画，具体操作步骤如下：

①　单击"插入"选项卡"媒体"组中的"视频"按钮，在弹出的"插入视频文件"对话框中把文件类型设为"Adobe Flash Media(*.swf)"，选择要插入的 Flash 动画文件，如图 3-40 所示。

②　单击"插入"按钮，或者单击"插入"下拉按钮再选择"链接到文件"命令即可插入 SWF 格式的 Flash 动画。"插入"方式的好处是 Flash 动画保存在演

图 3-40 "插入视频文件"对话框

示文稿文件中，当文件位置移动后，Flash 动画照样可以播放，不存在链接丢失的现象，但演示文稿的体积相对较大。"链接到文件"方式的好处是演示文稿的体积较小，但要注意 Flash 动画作为一个链接，应和演示文稿文件一起存储，避免链接丢失。

2．利用控件插入 Flash 动画

某些直接插入的 Flash 动画在 PowerPoint 2010 中播放会遇到问题，可以利用"Shockwave Flash Object"控件插入 Flash 动画，具体操作步骤如下：

①　单击如图 3-41 所示的"开发工具"选项卡"控件"组中的"其他控件"按钮。

图 3-41　"开发工具"选项卡

②　弹出"其他控件"对话框，选择"Shockwave Flash Object"命令，如图 3-42 所示，单击"确定"按钮。在幻灯片上拖出一块合适大小的矩形区域，该区域就是 Flash 动画的播放窗口，如图 3-43 所示。

图 3-42 "其他控件"对话框

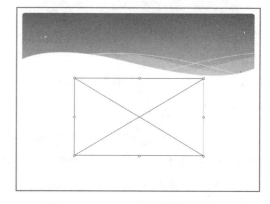

图 3-43　Flash 动画播放区域

③ 在该区域中右击，从弹出的快捷菜单中选择"属性"命令，出现如图 3-44 所示的"属性"设置面板，对以下属性进行设置：

"Movie"属性：输入 Flash 动画的文件名。需要注意的是：插入的 Flash 动画必须是.swf 格式，而且在插入之前先把演示文稿文件和 Flash 动画文件放在同一个文件夹里。

"Playing"属性：True 表示 Flash 自动播放，False 表示在播放第一帧后停止，需手动继续。

"EmbedMovie"属性：True 表示 Flash 动画文件完全嵌入 PPT，False 表示插入文件链接。

图 3-44 "属性"设置面板

设置完毕后关闭"属性"设置面板，这样一个 Flash 动画就插入完成了。

3.4 演示文稿的修饰

在用 PowerPoint 2010 制作演示文稿时，可以利用主题、幻灯片母版来统一幻灯片的风格，达到快速修饰演示文稿的目的。为了使幻灯片更加协调、美观，还可以对幻灯片进行一些美化和修饰，如背景设置等。

3.4.1 主题

PowerPoint 主题是一组统一的设计元素，包括主题颜色、主题字体和主题效果等内容。利用设计主题，可以快速对演示文稿进行外观效果的设置。PowerPoint 2010 提供了一些内置主题可以供用户直接使用，用户也可以修改主题进一步满足自己的需求。

1. 主题的应用

一般情况下，一个演示文稿通常应用一个主题。用户可以在如图 3-45 所示的"设计"选项卡"主题"组中选择合适的主题即可，也可以单击"主题"组中的"其他"按钮打开如图 3-46 所示的主题库，这里有更多的主题可供选择。在应用主题前可以看到实时预览，只需将指针停留在主题库的缩略图上，即可看到应用了该主题后的演示文稿效果。

图 3-45 "设计"选项卡

图 3-46 主题库

在一些特殊的情况下，演示文稿也可以包含两种或者更多的主题，具体的操作方法如下：

① 选中欲应用主题的幻灯片，右击"设计"选项卡"主题"组中合适的主题。

② 在弹出的快捷菜单中选择"应用于选定幻灯片"命令即可。

在实际应用时，可以根据需要直接使用默认的主题，也可以在应用了某个主题后，再对主题颜色、主题字体和主题效果进行调整。如果希望长期应用，可以在如图 3-46 所示的主题库中选择"保存当前主题"命令把主题保存为自定义主题。

2. 主题颜色

主题颜色包含了文本、背景、文字强调和超链接等颜色。通过更改主题颜色可以快速地调整演示文稿的整体色调。具体操作步骤如下：

① 单击"设计"选项卡"主题"组中的"颜色"下拉按钮，打开如图 3-47 所示的主题颜色库。

② 主题颜色库显示了内置主题中的所有颜色组，单击其中的某个主题颜色即可更改演示文稿的整体配色。

③ 若不想修改整个演示文稿的配色，只想要修改部分幻灯片的配色，可以先选中要设置配色的幻灯片，然后单击"设计"选项卡"主题"组中的"颜色"下拉按钮，右击主题颜色库中相应的主题颜色，在弹出的快捷菜单中选择"应用于所选幻灯片"命令。

④ 若要创建用户自定义的主题颜色，可以单击主题颜色库中的"新建主题颜色"按钮，弹出如图 3-48 所示的"新建主题颜色"对话框，共有 12 种颜色可以设置。前 4 种颜色用于文本和背景，接下来的 6 种用于强调文字颜色，最后两种颜色用于超链接和已访问的超链接。

3. 主题字体

在幻灯片设计中，对整个文档使用一种字体始终是一种美观且安全的设计选择，当需要营造对比效果时，可以使用两种字体。在 PowerPoint 2010 中，每个内置主题均定义了两种字体：一种用于标题，另一种用于正文文本。二者可以是相同的字体，也可以是不同的字体。更改主题字体可以快速地对演示文稿中的所有标题和正文文本进行更新。

图 3-47　主题颜色库

图 3-48　"新建主题颜色"对话框

具体操作步骤如下：

① 单击"设计"选项卡"主题"组中的"字体"下拉按钮，打开如图 3-49 所示的主题字体库。

② 主题字体库显示了内置主题中的所有字体组，单击其中的某个主题字体即可更改演示文稿的所有标题和正文文本的字体。

③ 若要创建用户自定义主题字体，可以单击主题字体库中的"新建主题字体"按钮，弹出如图 3-50 所示的"新建主题字体"对话框，设置好标题字体和正文字体之后单击"保存"按钮。

图 3-49　主题字体库

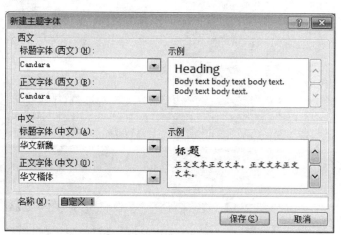

图 3-50　"新建主题字体"对话框

4．主题效果

主题效果主要是设置幻灯片中图形线条和填充效果的组合，包含了多种常用的阴影和三维设置组合。主题效果可以应用于图表、SmartArt 图形、形状、图片、表格、艺术字和文本。通过使用主题效果库，可以替换不同的效果以快速更改这些对象的外观。

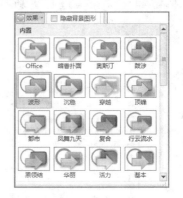

用户不能创建自己的主题效果，但单击"设计"选项卡"主题"组中的"效果"下拉按钮，可以打开如图 3-51 所示的主题效果库，然后选择要在自己的主题中使用的效果即可。

3.4.2　母版

PowerPoint 的母版可以分成 3 类：幻灯片母版、讲义母版和备注母版。幻灯片母版是一种特殊的幻灯片，用于存储有关演示文稿的主题和幻灯片版式的信息，包括背景、颜色、字体、效果、占位符大小和位置等。讲义母版主要用于控制幻灯片以讲义形式打印的格式，备注母版主要用于设置备注幻灯片的格式。下面介绍的主要是幻灯片母版。

图 3-51　主题效果库

使用幻灯片母版的目的是使幻灯片具有一致的外观，用户可以对演示文稿中的每张幻灯片进行统一的样式更改。使用幻灯片母版时，由于无须在多张幻灯片上键入相同的信息，因此节省了时间。每个演示文稿至少包含一个幻灯片母版。

打开一个空白演示文稿，然后单击"视图"选项卡"母版视图"组中的"幻灯片母版"按钮，可以看到如图 3-52 所示的幻灯片母版视图。这里显示了一个具有默认相关版式的空白幻灯片母版。在幻灯片缩略图窗格中，第一张较大的幻灯片图像是幻灯片母版，位于幻灯片母版下方的是相关版式的母版。

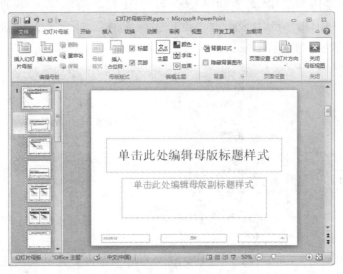

图 3-52　幻灯片母版视图

幻灯片母版能影响所有与它相关的版式母版，对于一些统一的内容、图片、背景和格式，可直接在幻灯片母版中设置，其他版式母版会自动与之一致。版式母版也可以单独控制配色、文字和格式等。

3.4.3 版式

幻灯片版式包含要在幻灯片上显示的全部内容的格式设置、位置和占位符。占位符是版式中的容器，可容纳如文本（包括正文文本、项目符号列表和标题）、表格、图表、SmartArt 图形、影片、声音、图片及剪贴画等内容。

PowerPoint 2010 提供了 11 种常用的内置版式，如图 3-53 所示。在打开空演示文稿时，会显示默认版式"标题幻灯片"，如图 3-54 所示。

图 3-53　PowerPoint 2010 的内置版式　　　图 3-54　标准标题幻灯片

版式也包含幻灯片的主题（颜色、字体、效果和背景），例如，主题为"奥斯汀"的标题幻灯片如图 3-55 所示，主题为"复合"的标题幻灯片如图 3-56 所示。

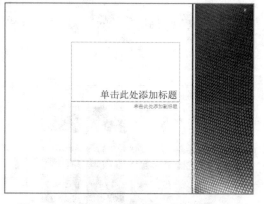

图 3-55　主题为"奥斯汀"的标题幻灯片　　　图 3-56　主题为"复合"的标题幻灯片

如果要在创建新幻灯片时指定版式，可以单击"开始"选项卡"幻灯片"组中的"新建幻灯片"下拉按钮，在打开的版式列表中选择合适的版式即可。

如果要修改幻灯片的版式，可以单击"开始"选项卡"幻灯片"组中的"版式"下拉按钮，在打开的版式列表中选择合适的版式即可。

用户也可以根据需要创建自定义版式。单击"视图"选项卡"母版视图"组中的"幻灯片母版"按钮，在如图 3-57 所示的"幻灯片母版"选项卡中，单击"编辑母版"组中的"插入版式"按钮可以新建一个自定义版式，单击"母版版式"组中的"插入占位符"下拉按钮，可以根据需要插入各种占位符。

图 3-57　"幻灯片母版"选项卡

3.4.4　背景

在 PowerPoint 2010 中，用户可以为幻灯片设置不同的颜色、图案或者纹理等背景，不仅可以为单张或多张幻灯片设置背景，而且可对母版设置背景，从而快速改变演示文稿中所有幻灯片的背景。

改变幻灯片背景的具体操作步骤如下：

① 单击"设计"选项卡"背景"组的"背景样式"下拉按钮，在如图 3-58 所示的背景样式下拉列表中选择合适的背景样式，整个演示文稿的背景就设置好了。

② 若要对指定的幻灯片设置背景，可以先选中目标幻灯片，再单击"设计"选项卡"背景"组中的"背景样式"下拉按钮，然后右击合适的背景样式，在弹出的快捷菜单中选择"应用于所选幻灯片"命令。

③ 若不想使用默认的背景样式，可以在背景样式下拉列表中选择"设置背景格式"命令，弹出如图 3-59 所示的"设置背景格式"对话框，用户可以根据需要设置双色渐变、预设颜色、纹理、图案、图片等各种效果的背景。设置好需要的效果后，如果要将更改应用到当前选中的幻灯片，可单击"关闭"按钮，如果要将更改应用到所有的幻灯片，可单击"全部应用"按钮。

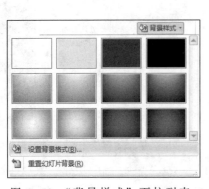

图 3-58　"背景样式"下拉列表

图 3-59　"设置背景格式"对话框

3.4.5 模板

模板是一种用来快速制作幻灯片的已有文件，其扩展名为".potx"，它可以包含演示文稿的版式、主题颜色、主题字体、主题效果和背景样式，甚至还可以包含内容。使用模板的好处是可以方便、快速地创建一系列主题一致的演示文稿。

1. 根据已有模板生成演示文稿

用户若想要根据已有模板生成演示文稿，可以应用 PowerPoint 2010 的内置模板、自己创建并保存到计算机中的模板、从 Office.com 或第三方网站下载的模板。具体的操作步骤如下：

① 在"文件"选项卡中选择"新建"命令，打开如图 3-60 所示的新建演示文稿窗口。

图 3-60　新建演示文稿窗口

② 在"可用的模板和主题"下，可以选择以下操作。

若使用最近使用的模板，可以单击"最近打开的模板"。

若要使用 PowerPoint 2010 的内置模板，可以单击"样本模板"，再选择所需的模板。

若要使用自定义模板或者先前安装到本地驱动器上的模板，可以单击"我的模板"，再选择所需的模板。

Office.com 上提供了数千个免费的 PowerPoint 模板，若想要使用这些模板，可以在"Office.com 模板"栏下单击模板类别，选择一个模板，然后单击"下载"按钮将该模板从 Office.com 下载到本地驱动器。

2. 创建用户自定义模板

在 PowerPoint 制作过程中，直接应用微软提供的模板固然方便，但容易千篇一律，失去新意，一个自己设计的、清新别致的模板更加容易给受众留下深刻印象。如何创建自己的模板呢？具体的操作步骤如下：

① 打开现有的演示文稿或模板。

② 更改演示文稿或模板以符合需要。

③ 选择"文件"选项卡中的"另存为"命令。

④ 在"文件名"下拉列表框中为设计模板输入名字。

⑤ 在"保存类型"下拉列表框中，选择类型为"PowerPoint 模板(*.potx)"。

演示文稿模板文件默认保存在"Microsoft\Templates"文件夹下。如果将模板文件保存在默认的文件夹下，新模板会出现在新建演示文稿窗口的"我的模板"中。如果改变了模板文件的保存位置，可以通过"文件"选项卡中的"打开"命令打开。

下面介绍一个创建用户自定义模板的示例。

① 首先准备好两张图片，一张用于标题幻灯片版式母版，如图 3-61 所示，一张用于幻灯片母版，如图 3-62 所示。打开 PowerPoint 2010 并新建一个空白的演示文稿文档。

 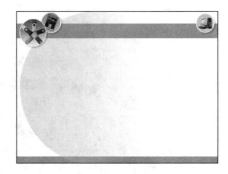

图 3-61　用于标题幻灯片版式母版的图片　　　图 3-62　用于幻灯片母版的图片

② 单击"视图"选项卡"母版视图"组中的"幻灯片母版"按钮，进入幻灯片母版视图。在幻灯片缩略图窗格中，右击第一张较大的幻灯片母版，在弹出的快捷菜单中选择"设置背景格式"命令，弹出"设置背景格式"对话框，选择用于幻灯片母版的图片作为背景，如图 3-63 所示。

图 3-63　设置了统一背景的幻灯片母版

③ 右击标题幻灯片版式母版（幻灯片母版下的第一张），在弹出的快捷菜单中选择"设置背景格式"命令，弹出"设置背景格式"对话框，选择用于标题幻灯片版式母版的图片作为背景，如图 3-64 所示。

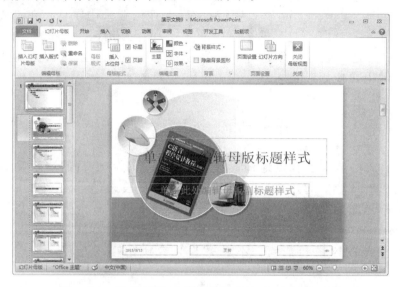

图 3-64　设置了单独背景的标题幻灯片版式母版

④ 单击"幻灯片母版"选项卡"编辑主题"组中的"字体"下拉按钮，将主题字体设为"波形"，即标题字体为"华文新魏"，正文字体为"华文楷体"。

⑤ 在标题幻灯片版式母版中，调整占位符的大小和位置，在"开始"选项卡"字体"组中，把标题占位符的字体颜色设为"深蓝色"，把副标题占位符的字体颜色设为"白色"。在"幻灯片母版"选项卡"母版版式"组中，取消选择"页脚"复选框。设置好后的标题幻灯片版式母版效果如图 3-65 所示。

⑥ 在标题和内容版式母版中，删除日期区和页脚区，调整占位符的大小和位置，在"开始"选项卡"字体"组中，把标题占位符和页码区的颜色设为"白色"，把正文占位符的颜色设为"深蓝色"。设置好后的标题和内容版式母版效果如图 3-66 所示。

图 3-65　设置好的标题幻灯片版式母版

图 3-66　设置好的标题和内容版式母版

⑦ 根据需要对其他版式的母版进行类似的设置。

⑧ 单击"幻灯片母版"选项卡"关闭"组中的"关闭母版视图"按钮，选择"文件"选项卡中的"保存"命令，弹出"另存为"对话框，在"保存类型"下拉列表中选择"PowerPoint 模版(*.potx)"，保存位置采用默认，在"文件名"下拉列表框中输入一个便于记忆的名字，单击"保存"按钮。

一个用户自定义模板就创建好了，新模板会出现在新建演示文稿窗口的"我的模板"中供用户使用。

3.5 动 画

制作演示文稿是为了有效地沟通，设计精美、赏心悦目的演示文稿，更能有效地表达精彩的内容。通过排版、配色、插图等手段来进行演示文稿的装饰美化可以起到立竿见影的效果，而搭配上合适的动画可以有效增强演示文稿的动感与美感，为 PowerPoint 的设计锦上添花。但动画的应用也不能太多，动画效果要符合演示文稿整体的风格和基调，不显突兀又恰到好处，否则容易分散受众的注意力。

3.5.1 动画效果

若要对文本或对象添加动画，一般的操作步骤如下：

① 在幻灯片中选择要设置动画的对象，在如图 3-67 所示的"动画"选项卡"动画"组中的动画库选择一个动画效果。

图 3-67 "动画"选项卡

② 若要更改文本或对象的动画方式，可以单击"动画"组中的"效果选项"下拉按钮，再选择合适的效果。

③ 若要对同一个文本或对象添加多个动画，可以单击"高级动画"组中的"添加动画"下拉按钮，再选择需要的动画效果。

④ 若要指定效果计时，可以使用"动画"选项卡"计时"组中的命令。

1. 动画类型

在 PowerPoint 2010 的动画库中，共有 4 种类型的动画，分别是进入、强调、退出和动作路径。

- 进入：用于设置对象进入幻灯片时的动画效果。常见的进入效果如图 3-68 所示。
- 强调：用于强调已经在幻灯片上的对象而设置的动画效果。常见的强调效果如图 3-69 所示。

- 退出：用于设置对象离开幻灯片时的动画效果。常见的退出效果如图 3-70 所示。
- 动作路径：用于设置按照一定路线运动的动画效果。常见的动作路径效果如图 3-71 所示。

图 3-68　进入动画效果

图 3-69　强调动画效果

图 3-70　退出动画效果

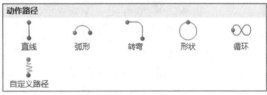

图 3-71　动作路径动画效果

2．为动画添加声音效果

在幻灯片设计中，一般要尽量少用动画和声音，避免喧宾夺主。但在有的场合，适当的动画配上声音也会取得不错的效果。要对动画添加声音效果，具体操作步骤如下：

① 单击"动画"选项卡"高级动画"组中的"动画窗格"按钮，打开"动画窗格"窗格，显示应用到幻灯片中文本或对象的动画效果的顺序、类型和持续时间。

② 单击要添加声音的动画效果右边的下拉按钮，选择"效果选项"命令，如图 3-72 所示，打开相应的对话框。

③ 在图 3-73 所示的"效果"选项卡中的"声音"下拉列表框中，选择合适的声音效果，单击"确定"按钮，幻灯片将播放加入了声音的动画预览。

3．对动画重新排序

在图 3-74 所示的幻灯片上有多个动画效果，在每个动画对象上显示了一个数字，表示对象的动画播放顺序。可以根据需要对动画进行重新排序，具体操作可以使用以下两种方法之一。

（1）选中某个动画对象，单击"动画"选项卡"计时"组中的"对动画重新排序"下的"向前移动"按钮或"向后移动"按钮。

图 3-72 "动画窗格"窗格   图 3-73 "效果"选项卡

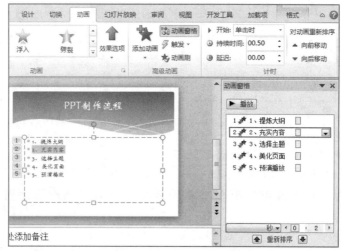

图 3-74 含有多个动画的幻灯片

（2）在"动画窗格"窗格中，可以通过向上或向下拖动列表中的动画对象来更改顺序，也可以单击"重新排序"按钮进行设置。

4．动画刷

在演示文稿制作过程中，总会有很多对象需要设置相同的动画，实际操作中用户不得不大量重复相同的动画设置。PowerPoint 2010 提供了一个类似格式刷的工具，称为动画刷。利用动画刷可以轻松、快速地复制动画效果，以便对多个对象设置相同的动画效果。

动画刷的用法和格式刷类似，选择已经设置了动画效果的某个对象，单击"动画"选项卡"高级动画"组中的"动画刷"按钮，然后单击想要应用相同动画效果的某个对象，两者动画效果即完全相同。

单击"动画刷"只能复制一次动画效果，若想要多次应用"动画刷"，可以双击"动画刷"按钮。再次单击"动画刷"按钮或者按【Esc】键可取消动画刷的选择。

3.5.2 动画实例

1．滚动字幕

在 PowerPoint 2010 中制作一个从右向左循环滚动的字幕的具体步骤如下：

① 在幻灯片中插入一个文本框，在文本框中输入文字，如"滚动的字幕"，设置好字体、格式等。把文本框对象拖到幻灯片的最左边，并使得最后一个字刚好拖出。

② 在"动画"选项卡中，进入动画效果选择"飞入"，效果选项选择"自右侧"，"开始"选择"上一动画之后"，持续时间设为 10.00。

③ 单击"动画"选项卡"高级动画"组中的"动画窗格"按钮，在打开的"动画窗格"窗格中单击文本框动画效果右边的下拉按钮，选择"效果选项"，如图 3-75 所示。

④ 在"计时"选项卡中把"重复"设为"直到下一次单击"，如图 3-76 所示，单击"确定"按钮，一个从右向左循环滚动的字幕就完成了。

图 3-75 "动画窗格"窗格

图 3-76 "计时"选项卡

2．动态图表

在幻灯片中要把如表 3-1 所示的销售额比较表的数据以动态三维簇状柱形图的方式呈现，具体操作步骤如下：

① 单击"插入"选项卡"插图"组中的"图表"按钮，弹出"插入图表"对话框，选择"三维簇状柱形图"，如图 3-77 所示，单击"确定"按钮。

② 把表 3-1 的数据输入相应的工作表中，退出数据编辑状态，生成三维簇状柱形图。

表 3-1　销售额比较表

姓　　名	张　　三	李　　四	王　　五
第一季度	20.4	30.6	45.9
第二季度	27.4	38.6	46.9
第三季度	30	34.6	45
第四季度	20.4	31.6	43.9

③ 在"动画"选项卡中，进入动画效果选择"擦除"，效果选项选择"自底部"和"按系列中的元素"，"开始"选择"上一动画之后"。

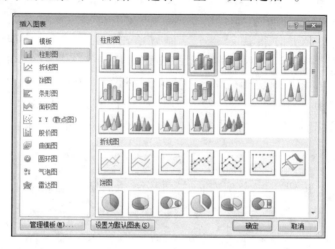

图 3-77　"插入图表"对话框

这样一个动态的图表设置就完成了，各数据柱形将以自底部擦除的形式逐步显现，效果如图 3-78 所示。

在图 3-79 所示的"动画窗格"窗格中可以看到各个动画对象，如果想要三维簇状柱形图的背景不使用动画效果，只要删除背景的动画效果即可。也可以根据需要对各个对象设置不同的动画效果。

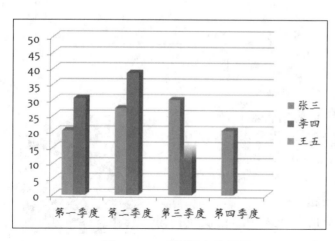

图 3-78　动态图表效果图

图 3-79　"动画窗格"窗格

3．跳动的小球

要实现单击"开始跳动"按钮即可让小球跳动的效果，具体操作步骤如下：

① 在一张空白幻灯片中，单击"插入"选项卡"插图"组中的"形状"下拉按钮，在形状下拉列表中选择"动作按钮：自定义"，在幻灯片右下角拉出一个动作按钮，弹出"动作设置"对话框，设置"无动作"。右击该动作按钮，从弹出的快捷菜单中选择"编辑文字"命令，输入"开始跳动"，按钮制作完成。

② 单击"插入"选项卡"插图"组中的"形状"下拉按钮，在形状下拉列表中选择"椭圆"按钮，按住【Shift】键，绘制出圆形小球。

③ 选中小球对象，单击"动画"选项卡"动画"组中的"其他"按钮，在动作路径中选择"自定义路线"，效果选项选择"曲线"，绘制出小球的运动路线，如图 3-80 所示。

④ 单击"动画"选项卡"高级动画"组中的"触发"下拉按钮，选择"单击"级联菜单下的"动作按钮：自定义 1"命令。

跳动的小球动画制作完成，播放的时候单击"开始跳动"按钮可以触发小球的动画。如果想要对该动画进行进一步设置，如要求小球重复跳动 3 次，可以在"动画窗格"窗格中单击椭圆动画效果右边的下拉按钮，选择"效果选项"命令，弹出如图 3-81 所示的对话框，在"计时"选项卡中把重复次数设为"3"。

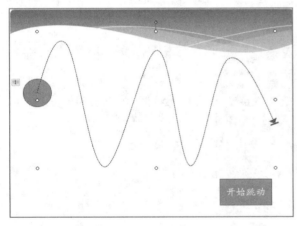

图 3-80　小球的运动路线

图 3-81　"计时"选项卡

4．选择题制作

在图 3-82 所示的幻灯片中，插入了 3 个文本框对象，内容分别是选择题的题目、选项 A 和选项 B，另外还插入了 2 个声音文件，分别用于回答正确和回答错误的声音提示。要实现单击选项 A 时出现回答正确的声音提示，单击选项 B 时出现回答错误的声音提示，具体操作步骤如下：

① 单击"开始"选项卡"编辑"组中的"选择"下拉按钮，在下拉列表中选择"选择窗格"命令，在打开的"选择和可见性"窗格中，分别给相应的对象命名为"题目""选项 A""选项 B""回答正确提示声音""回答错误提示声音"，

如图 3-83 所示。

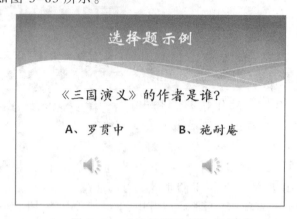

图 3-82 "选择题示例"幻灯片   图 3-83 "选择和可见性"窗格

② 选中"回答正确提示声音"对象，在"动画"选项卡"动画"组中选择"播放"，在"高级动画"组中单击"触发"按钮，选择"单击"级联菜单下的"选项 A"命令，如图 3-84 所示。

③ 选中"回答错误提示声音"对象，在"动画"选项卡"动画"组中选择"播放"命令，在"高级动画"组中单击"触发"按钮，选择"单击"级联菜单下的"选项 B"命令。

至此，选择题动画制作完成。单击"动画"选项卡"高级动画"组中的"动画窗格"按钮，可以看到如图 3-85 所示的动画序列。

图 3-84 触发器设置   图 3-85 触发器动画序列

5．嘉兴的地理位置

在如图 3-86 所示的幻灯片中，用动画呈现嘉兴的地理位置，实现以下效果：单击"到上海"按钮时，显示一条 5pt 粗的红色路线从嘉兴到上海行进，到了以后加深 3 次，然后消失，单击"到杭州"等按钮时，也实现同样的效果。

操作步骤如下：

① 单击"插入"选项卡中的"插图"组中的"形状"下拉按钮，在形状下拉列表中选择"曲线"，然后在图上绘制从嘉兴到上海的曲线，把线条设置为5pt粗的红色实线。

② 行进效果的设置。选中绘制的曲线对象，在"动画"选项卡中的"动画"组中的"进入"动画效果中选择"擦除"，在"效果选项"下拉列表中选择"自底部"，在"开始"下拉列表框中选择"单击时"，持续时间设为"3s"，在"高级动画"组中的"触发"下拉列表中选择"单击"→"到上海"按钮。

图 3-86　嘉兴的地理位置

③ 闪烁效果的设置。选中绘制的曲线对象，单击"动画"选项卡中的"高级动画"组中的"添加动画"下拉按钮，强调动画效果选择"加深"。单击"动画窗格"按钮，在打开的"动画窗格"窗格中，双击该曲线动画效果。在"效果"选项卡中，设置"播放动画后隐藏"，如图 3-87 所示。在"计时"选项卡中，设置开始为"上一动画之后"，重复为"3"。单击"触发器"按钮，选择"单击下列对象时启动效果"单选按钮，在下拉列表框中选择"到上海"按钮对象，如图 3-88 所示。

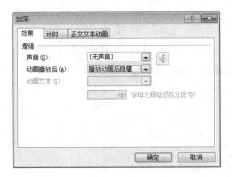

图 3-87　设置"播放动画后隐藏"

图 3-88　加深效果的"计时"选项卡

④其他"到杭州""到苏州""到宁波"等 3 条路线的设置，可以采用同样的方法完成。

3.6　演示文稿的放映与输出

一个演示文稿创建后，可以根据演示文稿的用途、放映环境或受众需求，选择不同的放映方式和输出形式。本节将介绍演示文稿的放映和输出方面的知识和技巧。

3.6.1 演示文稿的放映

在不同的场合、不同的需求下,演示文稿需要有不同的放映方式,PowerPoint 2010 为用户提供了多种幻灯片放映方式。

1. 幻灯片切换

幻灯片切换效果是指在幻灯片放映过程中,当一张幻灯片转到下一张幻灯片上时所出现的特殊效果。为演示文稿中的幻灯片增加切换效果后,可以使得演示文稿放映过程中的幻灯片之间的过渡衔接更加自然、流畅。

PowerPoint 2010 提供了很多超炫的幻灯片切换效果。选中一个或多个要添加切换效果的幻灯片,在图 3-89 所示的"切换"选项卡中进行以下设置:

① 选择合适的切换方式及切换效果。

② 设置幻灯片的切换速度和声音。

③ 在"计时"组中的"换片方式"区域,可选择幻灯片的换页方式。

④ 如果要将幻灯片切换效果应用到所有幻灯片上,则单击"全部应用"按钮。

图 3-89 "切换"选项卡

2. 放映方式

单击"幻灯片放映"选项卡"设置"组中的"设置幻灯片放映"按钮,弹出"设置放映方式"对话框,如图 3-90 所示,在对话框中进行相应设置。

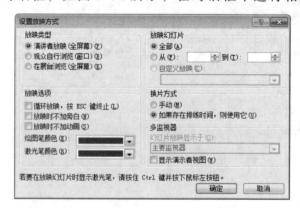

图 3-90 "设置放映方式"对话框

在"设置放映方式"对话框中,可以进行以下设置:

1)设置幻灯片的放映类型

● 演讲者放映:此方式是最为常用的一种放映方式。在放映过程中幻灯片全屏显示,演讲者自动控制放映全过程,可采用自动或人工方式控制幻灯片,

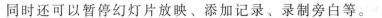
同时还可以暂停幻灯片放映、添加记录、录制旁白等。

- 观众自行浏览：此放映方式适用于小规模的演示，幻灯片显示在小窗口内。该窗口提供相应的操作命令，允许移动、复制、编辑和打印幻灯片。通过该窗口上的滚动条，可以从一张幻灯片移到另一张幻灯片，同时打开其他程序。

- 在展台浏览：这种方式一般适用于大型放映，如在展览会场等，此方式自动放映演示文稿，不需专人管理便可达到交流的目的。用此方式放映前，要事先设置好放映参数，以确保顺利进行。放映时可自动循环放映，鼠标不起作用，按【Esc】键终止放映。

2）设置幻灯片的放映选项

如果选择"循环放映，按【Esc】键终止"复选框，则循环放映演示文稿。当放映完最后一张幻灯片后，再次切换到第一张幻灯片继续进行放映，若要退出放映，可按【Esc】键。如果选择"在展台浏览(全屏幕)"单选按钮，则自动选中该复选框。

如果选择"放映时不加旁白"复选框，则在放映幻灯片时，将隐藏伴随幻灯片的旁白，但并不删除旁白。

如果选择"放映时不加动画"复选框，则在放映幻灯片时，将隐藏幻灯片上的对象的动画效果，但并不删除动画效果。

3）设置幻灯片的放映范围

在"放映幻灯片"栏中，如果选择"全部"单选按钮，则放映整个演示文稿。如果选择"从"单选按钮，则可以在"从"数值框中，指定放映的开始幻灯片编号，在"到"数值框中，指定放映的最后一张幻灯片编号。

如果要进行自定义放映，则可以选择"自定义放映"单选按钮，然后在下拉列表框中选择自定义放映的名称。

4）设置幻灯片的换片方式

需要手动放映时，选择"手动"单选按钮。

需要自动放映时，在进行过计时排练的基础上选择"如果存在排练时间，则使用它"单选按钮。

3．手动放映

手动放映是最为常用的一种放映方式。在放映过程中幻灯片全屏显示，采用人工的方式控制幻灯片。下面是手动放映时经常要用到的一些技巧。

1）在幻灯片放映时的一些常用快捷键

- 切换到下一张幻灯片可以：单击左键，或按【→】键、【↓】键、【Space】键、【Enter】键、【N】键。

- 切换到上一张幻灯片可以用：【←】键、【↑】键、【Backspace】键、【P】键。

- 到达第一张/最后一张幻灯片可以用：【Home】键/【End】键。

- 直接跳转到某张幻灯片：输入数字按【Enter】键。
- 演示休息时白屏/黑屏：【W】键/【B】键。
- 使用绘图笔指针：【Ctrl+P】组合键。
- 清除屏幕上的图画：【E】键。
- 调出 PowerPoint 放映帮助信息：【Shift+?】组合键。

2）绘图笔的使用

在幻灯片播放过程中，有时需要对幻灯片画线注解，可以利用绘图笔来实现，具体操作如下：

在播放幻灯片时右击，在弹出的快捷菜单中选择"指针选项"→"笔"命令，如图 3-91 所示，就能在幻灯片上画图或写字了。要擦除屏幕上的痕迹，按【E】键即可。

3）隐藏幻灯片

如果演示文稿中有某些幻灯片不必放映，但又不想删除它们，以备后用，可以隐藏这些幻灯片，具体操作步骤如下：

选中目标幻灯片，单击"幻灯片放映"选项卡"设置"组中的"隐藏幻灯片"按钮即可。

图 3-91　绘图笔

幻灯片被隐藏后，在放映幻灯片时就不会被放映了。想要取消隐藏，再次单击"隐藏幻灯片"按钮。

4．自动放映

自动放映一般用于展台浏览等场合，此放映方式自动放映演示文稿，不需要人工控制，大多数采用自动循环放映。自动放映也可以用于演讲场合，随着幻灯片的放映，同时讲解幻灯片中的内容。这种情况下，必须设置排练计时，在排练放映时自动记录每张幻灯片的使用时间。

排练计时的设置方法如下：单击"幻灯片放映"选项卡"设置"组中的"排练计时"按钮，此时开始排练放映幻灯片，同时开始计时。在屏幕上除显示幻灯片外，还有一个"预演"对话框，如图 3-92 所示，在该对话框中显示有时钟，记录当前幻灯片的放映时间。如果当前幻灯片放映时间已到，准备放映下一张幻灯片时，单击带有箭头的换页按钮，即开始记录下一张幻灯片的放映时间。如果认为该时间不合适，可以单击"重复"按钮，对当前幻灯片重新计时。放映到最后一张幻灯片时，屏幕上会显示一个确认的消息框，如图 3-93 所示，询问是否接受已确定的排练时间。

幻灯片的放映时间设置好以后，就可以按设置的时间进行自动放映。

图 3-92 "预演"对话框

图 3-93 确认排练计时对话框

5．自定义放映

自定义放映可以称作演示文稿中的演示文稿，可以对现有演示文稿中的幻灯片进行分组，以便给特定的受众放映演示文稿的特定部分。

创建自定义放映的操作步骤如下：

① 单击"幻灯片放映"选项卡"开始放映幻灯片"组中的"自定义幻灯片放映"下拉按钮，在下拉列表中选择"自定义放映"命令，弹出"自定义放映"对话框，如图 3-94 所示。

② 单击"新建"按钮，弹出"定义自定义放映"对话框，如图 3-95 所示。在该对话框的左边列出了演示文稿中的所有幻灯片的标题或序号。

图 3-94 "自定义放映"对话框

图 3-95 "定义自定义放映"对话框

③ 选择要添加到自定义放映的幻灯片后，单击"添加"按钮，这时选定的幻灯片就出现在右边列表框中。当右边列表框中出现多个幻灯片标题时，可通过右侧的上、下箭头调整播放顺序。

④ 如果右边列表框中有不想要的幻灯片，选中幻灯片后，单击"删除"按钮就可以从自定义放映幻灯片中删除，但它仍然在演示文稿中。选取幻灯片并调整完毕后，在"幻灯片放映名称"文本框中输入名称，单击"确定"按钮，回到"自定义放映"对话框

⑤ 在"自定义放映"对话框中，选择相应的自定义放映名称，单击"放映"按钮就可以实现自定义的放映了。

⑥ 如果要添加或删除自定义放映中的幻灯片，单击"编辑"按钮，重新进入"定义自定义放映"对话框，利用"添加"或"删除"按钮进行调整。如果要删除整个自定义幻灯片放映，可以在"自定义放映"对话框中选择要删除的自定义放映名称，然后单击"删除"按钮，则自定义放映被删除，但原来的演示文稿仍存在。

6．交互式放映

放映幻灯片时，默认顺序是按照幻灯片的次序进行播放。可以通过设置超链接和动作按钮来改变幻灯片的播放次序，从而提高演示文稿的交互性，实现交互式放映。

1）超链接

可以在演示文稿中添加超链接，然后利用它跳转到不同的位置。例如，跳转到演示文稿的某一张幻灯片、其他文件、Internet 上的 Web 页等。

插入超链接的具体操作步骤如下：

① 选择要创建超链接的对象，可以是文本或者图片。

② 单击"插入"选项卡"链接"组中的"超链接"按钮，弹出"插入超链接"对话框，如图 3-96 所示。根据需要，用户可以在此建立以下几种超链接。

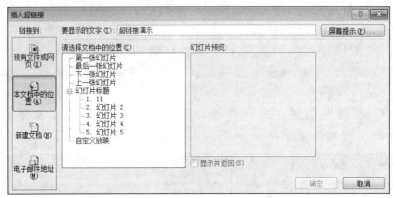

图 3-96 "插入超链接"对话框

- 链接到其他演示文稿、文件或 Web 页。
- 本文档中的其他位置。
- 新建文档。
- 电子邮件地址。

③ 超链接创建好之后，在该超链接上右击，可以根据需要进行编辑超链接或者取消超链接等操作。

2）动作按钮

动作按钮是一种现成的按钮，可将其插入演示文稿中，也可以为其定义超链接。动作按钮包含形状（如右箭头和左箭头）及通常被理解为用于转到下一张、上一张、第一张、最后一张幻灯片和用于播放影片或声音的符号。动作按钮通常用于自运行演示文稿，如在人流密集区域的触摸屏上自动、连续播放的演示文稿。

插入动作按钮的操作步骤如下：

① 单击"插入"选项卡"插图"组中的"形状"下拉按钮，在形状下拉列表中的"动作按钮"区域选择需要的动作按钮。

② 在幻灯片的合适位置拖出大小合适的动作按钮，然后在打开的如图 3-97 所示的"动作设置"对话框中进行相应的设置。

图 3-97 "动作设置"对话框

3.6.2 演示文稿的输出

演示文稿制作完成以后，PowerPoint 2010 提供了多种输出方式，可以将演示文稿打包成 CD、转换为视频、在 Internet 上广播幻灯片等。

1. 将演示文稿打包成 CD

为了便于在未安装 PowerPoint 的计算机上播放演示文稿，需要把演示文稿打包输出，包括所有链接的文档和多媒体文件，以及 PowerPoint 播放程序。PowerPoint 2010 提供了把演示文稿打包成 CD 的功能，可打包演示文稿、链接文件和播放支持文件等，并能从 CD 自动运行演示文稿。具体操作步骤如下：

① 打开要打包的演示文稿，将空白的可写入 CD 插入到刻录机的 CD 驱动器中。

② 选择"文件"选项卡中的"保存并发送"命令，单击"将演示文稿打包成 CD"下的"打包成 CD"按钮，弹出如图 3-98 所示的"打包成 CD"对话框。

③ 在"将 CD 命名为"文本框中输入 CD 名称。

④ 若要添加其他演示文稿或其他不能自动包括的文件，可以单击"添加"按钮。默认情况下，演示文稿被设置为按照"要复制的文件"列表中排列的顺序进行自动运行，若要更改播放顺序，可选择一个演示文稿，然后单击左侧的向上按钮或向下按钮，将其移动到列表中的新位置。若要删除演示文稿，选中后单击"删除"按钮。

⑤ 若要更改默认设置，可以单击"选项"按钮，弹出如图 3-99 所示的"选项"对话框，然后执行下列操作之一：若要包含链接的文件，可以选择"链接的文件"复选框；若要包括 TrueType 字体，可以选择"嵌入的 TrueType 字体"复选框；若在打开或编辑打包的演示文稿时需要密码，可以在"增强安全性和隐私保护"栏下设置要使用的密码。

图 3-98 "打包成 CD"对话框

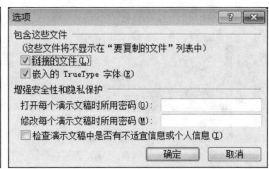

图 3-99 "选项"对话框

⑥ 在"打包成 CD"对话框中，单击"复制到 CD"按钮。

如果计算机上没有安装刻录机，可将一个或多个演示文稿打包到计算机或某个网络位置上的文件夹中，而不是在 CD 上。其操作方法为：在"打包成 CD"对话框中，单击"复制到文件夹"按钮，弹出"复制到文件夹"对话框，然后提供相应的文件夹信息，单击"确定"按钮即可。

2．将演示文稿转换为视频

在 PowerPoint 2010 中，可以把演示文稿保存为 Windows Media 视频（.wmv）文件，这样可以确保演示文稿中的动画、旁白和多媒体内容顺畅播放，即使观看者的计算机没有安装 PowerPoint，也能观看。

在将演示文稿录制为视频时，可以在视频中录制语音旁白和激光笔运动轨迹，也可以控制多媒体文件的大小以及视频的质量，还可以在视频中包括动画和切换效果。即使演示文稿中包含嵌入的视频，该视频也可以正常播放，而无须加以控制。

根据演示文稿的内容，创建视频可能需要一些时间。创建冗长的演示文稿和具有动画、切换效果和多媒体内容的演示文稿，可能会花费更长时间。

将演示文稿转换为视频的具体操作步骤如下：

① 打开欲转换为视频的演示文稿，选择"文件"选项卡中的"保存并发送"命令，单击"创建视频"按钮，如图 3-100 所示。

② 在"创建视频"下的"计算机和 HD 显示"下拉列表中有 3 种质量的视频可供选择。若要创建高质量的视频（文件会比较大），可以选择"计算机和 HD 显示"；若要创建具有中等文件大小和中等质量的视频，可以选择"Internet 和 DVD"；若要创建文件最小的视频（质量低），可以选择"便携式设备"。

③ 在"不要使用录制的计时和旁白"下拉列表中可以根据需要选择是否使用录制的计时和旁白。

图 3-100 "创建视频"窗口界面

④ 每张幻灯片的放映时间默认设置为 5s，可以根据需要调整。

⑤ 单击"创建视频"按钮，弹出"另存为"对话框，设置好文件名和保存

位置，然后单击"保存"按钮。创建视频可能会需要几个小时，具体取决于视频长度和演示文稿的复杂程度。

3．广播幻灯片

广播幻灯片是 PowerPoint 2010 提供的一个新功能，它允许演示者远程放映幻灯片，而观看者只需要通过 Web 浏览器即可观看与演示者同步放映的幻灯片。

广播幻灯片需要 PowerPoint 广播服务的支持，此服务仅适用于拥有 Windows Live ID 的人员。因此，要使用广播幻灯片功能，必须要有一个 Windows Live ID。

广播幻灯片的具体操作步骤如下：

① 单击"幻灯片放映"选项卡"开始放映幻灯片"组中的"广播幻灯片"按钮，此时会打开"广播幻灯片"对话框。

② 选择广播服务后，单击"启动广播"按钮。输入 Windows Live ID 之后，PowerPoint 会为用户的演示文稿创建一个 URL（Uniform Resource Locator，统一资源定位器）。

③ 把该演示文稿的 URL 发送给访问群体，在访问群体收到 URL 后，单击"开始放映幻灯片"以开始广播。

④ 演示完毕结束广播时，可以按【Esc】键退出幻灯片放映视图，然后单击"结束广播"按钮。

需要注意的是，广播幻灯片功能还有一些限制，观看者在浏览器中听不到幻灯片中的声音、旁白，看不到幻灯片中播放的视频，也看不到演示者的墨迹等。

第 4 章

Outlook 2010 高级应用 «‹

Outlook 2010 是 Microsoft Office 2010 套装软件的组件之一。Outlook 2010 的功能很多，可以用它来收发电子邮件、管理联系人信息、记日记、安排日程、分配任务等。

4.1 账户配置

Outlook 不是电子邮箱的提供者，它是 Windows 操作系统的一个收、发、写、管理电子邮件的自带软件，即收、发、写、管理电子邮件的工具，使用它收发电子邮件十分方便。

使用 Outlook 收发电子邮件，首先必须在 Outlook 中设置电子邮件账户，只有正确设定了邮件账户，Outlook 才能连上邮件服务器从而实现收发邮件。

通常在某个网站注册了自己的电子邮箱后，要收发电子邮件，需登入该网站，进入电子邮件网页，输入账户名和密码，然后进行电子邮件的收、发、写操作。

使用 Outlook 后，这些顺序便一步跳过。只要打开 Outlook 界面，Outlook 便自动与注册的网站电子邮箱服务器联机工作，接收电子邮件；发信时，可以使用 Outlook 创建新邮件，通过网站服务器联机发送。所有电子邮件可以脱机阅览。另外，Outlook 在接收电子邮件时，会自动把发信人的电子邮箱地址存入通讯簿，供以后调用。还有，当单击网页中的电子邮箱超链接时，如某些网页上的"联系我们"按钮，会自动弹出写邮件界面，该新邮件已自动设置好了对方（收信人）的电子邮件地址，只要写上内容，单击"发送"按钮即可。

4.1.1 邮件账户

1. 自动配置邮件账户

首次启动 Outlook 2010 会出现配置账户向导，帮助用户完成必要的设置，如图 4-1 所示。也可以在"文件"选项卡的"信息"窗格中单击"添加账户"按钮，启动配置账户向导，如图 4-2 所示。

在配置账户向导中，首先选择"电子邮件账户"单选按钮，然后单击"下一步"按钮，进入自动账户设置界面。

在自动账户设置界面中输入"您的姓名""电子邮件地址""密码"，如图 4-3

所示,则发件人姓名和电子邮件地址这些信息将会出现在以后所发出的电子邮件之中,然后单击"下一步"按钮,显示"允许该网站配置服务器"提示对话框,单击"允许"按钮,进入正在配置界面。

图 4-1 配置账户向导

图 4-2 "信息"窗格

Outlook 便会自动连接电子邮件服务器,测试电子邮件账户的设置是否能符合正常运作条件。自动配置邮件账户依次完成"建立网络连接""搜索××服务器设置""登录到服务器并发送一封测试电子邮件",当提示"IMAP 电子邮件账户配置成功"时,单击"完成"按钮,进入 Outlook 主界面。在当前账户的收件箱中,如果接收到 Microsoft Outlook 测试消息,如图 4-4 所示,表示电子邮件账户的设置值是正确的,电子邮件账户已经自动配置完成。

图 4-3 "自动账户设置"界面   图 4-4 收件箱中的测试消息

2. 手动配置邮件账户

如果自动配置不成功,或者需要添加新账户,可以利用手动配置邮件账户功能实现。在"文件"选项卡的"信息"窗格中单击"添加账户"按钮,启动配置账户向导。在如图 4-1 所示的选择服务界面中,选择"电子邮件账户"单选按钮,然后单击"下一步"按钮,在自动账户设置界面中,选择"手动配置服务器设置或其他服务器类型"单选按钮,

如图 4-5 所示，然后单击"下一步"按钮，再次进入选择服务界面，如图 4-6 所示。

| 图 4-5 手动配置服务器设置 | 图 4-6 "选择服务"界面 |

在选择服务界面中，选择"Internet 电子邮件"单选按钮，然后单击"下一步"按钮，进入 Internet 电子邮件设置界面，如图 4-7 所示。

在 Internet 电子邮件设置界面中，在"用户信息"中输入"您的姓名"和"电子邮件地址"。在"服务器信息"中设置"账户类型""接收邮件服务器""发送邮件服务器"，账户类型选择"POP3"一项，很多国内的电子邮箱都支持这种 POP3 邮件的收发，如 163、Sina、Sohu 等，它们都有自己的 POP3 电子邮件服务器，若不清楚邮件服务器名称，可以在相应邮件服务商站点的帮助信息中查找到，163 邮箱的配置帮助信息如图 4-8 所示。如果使用 Exchange Server 的话，则选择"Microsoft Exchange Server"。

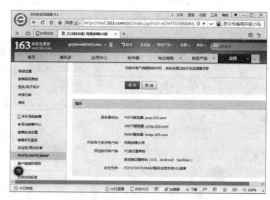

图 4-7 "Internet 电子邮件设置"界面   图 4-8 163 邮箱的配置帮助信息

在"登录信息"中，输入"用户名"和"密码"，并选择"记住密码"复选框，这样每次收发邮件时无须输入密码。需要注意的是，在 Internet 电子邮件设置界面中的所有信息都要仔细填写，任何一个错误都将导致 Outlook 无法正常收发电子邮件。

当填写完相关信息后，可以单击"下一步"按钮，也可以单击"测试账户设置"按钮，弹出"测试账户设置"对话框，Outlook 便会自动连接电子邮件服务器，测试这些电子邮件账户的设置值是否能正常运作，当提示"已完成所有测试"，单击"关闭"按钮，弹出测试成功对话框窗口，单击"完成"按钮，即成功完成新账户的设置。

3．修改邮件账户

已经设置好的电子邮件账户并不是一成不变的，可以根据需要对原有的设置进行更改。

在"文件"选项卡的"信息"窗格中单击"账户设置"按钮，弹出"账户设置"对话框，如图 4-9 所示。在"电子邮件"选项卡中可以修复和更改账户的设置，也可以删除这个账户；若有多个账户同时存在，可以将其中之一"设为默认值"，则进入 Outlook 时，默认情况下从该账户发送。

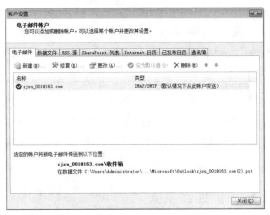

图 4-9 "账户设置"对话框

4.1.2 设置邮件服务器

需要注意的是，即便严格按照以上的步骤进行设置，也不一定就能配置成功，因为许多电子邮箱网站的邮件发送服务器都要求用户在使用 Outlook 时先要验证身份，然后才允许发信。所以要学会邮件发送服务器的一些设置方法。

在如图 4-7 所示的"Internet 电子邮件设置"界面中，单击"其他设置"按钮，弹出"Internet 电子邮件设置"对话框。在"发送服务器"选项卡中，选择"我的发送服务器（SMTP）要求验证"复选框，再选择"使用与接收邮件服务器相同的设置"单选按钮，如图 4-10（a）所示；在"高级"选项卡中选择"在服务器上保留邮件的副本"复选框，这样即使客户端删除了邮件，不影响服务器上的副本，如图 4-10（b）所示。

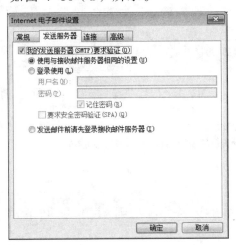

（a）

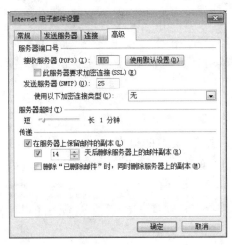

（b）

图 4-10 "Internet 电子邮件设置"对话框

4.2 联系人管理

在日常生活中，人们会将一些常用的电话号码记在电话本中，以便在需要时能够立即查阅。Outlook 的"联系人"列表也具有相似的作用，可以建立一些同事和亲朋好友的通讯簿，不仅能记录他们的电子邮件地址，还可以包括电话号码、联系地址和生日等各类资料。

单击"开始"选项卡导航中的"联系人"，可以显示当前账户联系人的相关信息，如图 4-11 所示。对联系人可以进行添加联系人、新建联系人组、查找信息和备份信息等管理操作。

4.2.1 添加联系人

1．新建联系人

新建联系人具体操作步骤如下：

① 单击"开始"选项卡导航中的"联系人"，显示联系人相关分组。

② 单击"新建"组中的"新建联系人"按钮，弹出新建联系人窗口，如图 4-12 所示。

③ 填上具体内容，如姓名、电子邮件等信息，单击"保存并关闭"按钮即可建立一个新联系人。

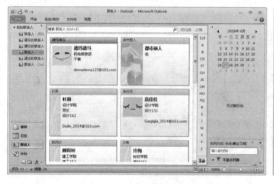
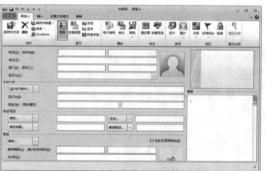

图 4-11 "联系人"信息　　　　　　　图 4-12 "新建联系人"窗口

2．利用收到的邮件创建联系人

利用接收到的邮件，也可以快速创建新联系人。具体操作步骤如下：

① 单击"开始"选项卡导航中的"邮件"，显示邮件相关分组。

② 单击"收件箱"，打开接收到的相关邮件。

③ 右击发件人姓名，从弹出的快捷菜单中选择"添加到 Outlook 联系人"，如图 4-13 所示。

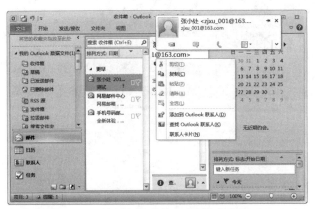

图 4-13 根据收到的邮件创建联系人

④ 在打开的图 4-14 所示的窗口中可以填写各类资料，还可以将联系人的头像导进来。

"联系人"列表还能发挥更强大的功能，建议填写得越详细越好，例如联系人的生日、纪念日、职业、配偶和昵称等。单击"联系人"选项卡"显示"组中的"详细信息"按钮，打开如图 4-15 所示的窗口，这些信息都可以在 Outlook 里记录。单击"保存并关闭"按钮即可快速建立一个新联系人。

图 4-14 创建联系人窗口——常规

图 4-15 创建联系人窗口——详细信息

4.2.2 建立联系人组

可以将相关的几个联系人加入一个通讯组中，发信时选择了这个通讯组，就相当于选择了这个组中的所有人，这样就方便多了。具体操作步骤如下：

① 单击"开始"选项卡导航中的"联系人"。

② 单击"开始"选项卡"新建"组中的"新建联系人"按钮，打开联系人组窗口。

③ 输入联系人组名称，单击"添加成员"下拉按钮，成员可以来自 Outlook 联系人、通讯簿或者直接新建电子邮件联系人，输入各成员名称、邮件地址等信息，将同类型的联系人放在一个组内进行管理，如图 4-16 所示。

在发送邮件时，只需要在选择联系人的时候，选择相应的组就可以了。

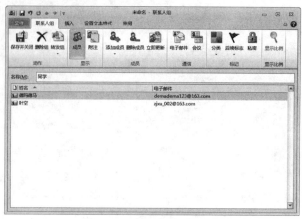

图 4-16　新建联系人组

4.2.3　建议联系人

默认情况下，创建的联系人信息直接存储在默认数据文件的联系人文件夹中，但如果有多个账户数据文件，那么会配备相应的"建议联系人"。

"建议联系人"是指通过某个账户发邮件时，收件人的地址不在已有联系人列表中，而是通过手工输入邮件地址，Outlook 自动将该地址列入"建议联系人"文件夹中，如图 4-17 所示。

若只是偶尔使用某收件人地址，不希望自动纳入"建议联系人"，也可利用"Outlook 选项"对话框取消该功能，如图 4-18 所示。

图 4-17　指定账户的建议联系人

图 4-18　联系人选项设置

4.2.4　查找信息

1. 查找联系人

联系人太多需要快速找到联系人，有以下几种方法：

1）字母定位

"联系人"列表中的联系人是按照姓氏拼音开头字母的前后顺序排列的，所以使用"拼音索引"按钮可以很快地寻找到联系人。在联系人区域的最右边单击联系人名字的第一个字母，可以快速定位联系人。

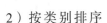

2）按类别排序

为了方便识别和查找，Outlook 还允许为众多的联系人分类。在"联系人"窗口中右击联系人条目，在弹出的快捷菜单中选择"类别"命令，即可弹出"类别"对话框，在此可以为该联系人设定属于哪种类别。联系人的分类不是唯一的，一个联系人可以属于多个不同的类别。

3）用"查找联系人"下拉列表框

单击"开始"选项卡导航中的"联系人"，在"查找"组中的"查找联系人"下拉列表框中输入要查找的联系人姓名，可以直接进行搜索。

4）利用"通讯簿"按钮

单击"开始"选项卡导航中的"联系人"，单击"查找"组中的"通讯簿"按钮，打开"通讯录：联系人"窗口，如图 4-19 所示。在"搜索"文本框中输入要查找的联系人的姓名，满足条件的联系人即可显示出来。也可以单击"高级查找"链接，打开"查找"对话框，如图 4-20 所示，在"查找包含以下字符的名称"文本框中输入待查找信息，单击"确定"按钮，满足条件的联系人即可显示出来。

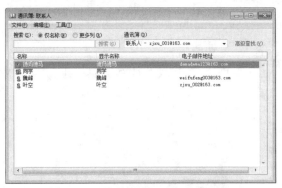

图 4-19 "通讯录：联系人"窗口

图 4-20 "查找"对话框

2. 查看联系人的活动

在"联系人"列表中，双击想要查看的联系人信息，单击"显示"组中的"活动"按钮，会列出与该联系人相关的所有活动信息，包括邮件往来、约会事件等，可以直接双击这些条目查看详细情况，如图 4-21 所示。

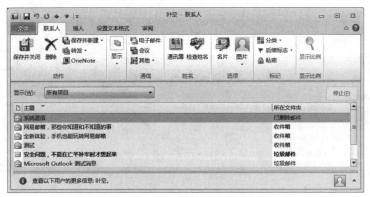

图 4-21 查看联系人的活动

4.2.5 备份信息

做好联系人信息的备份，可以防止重要信息的丢失。Outlook 2010 提供了联系人导入和导出功能，用户可以备份 Outlook 通讯录，也可以将联系人信息导入 Outlook。

1. 导出联系人

导出联系人的具体操作步骤如下：

① 在如图 4-22 所示的"文件"选项卡的"打开"窗格中，单击"导入"按钮，弹出"导入和导出向导"对话框，如图 4-23 所示。

② 在"导入和导出向导"对话框中选择"导出到文件"，如图 4-24 所示，单击"下一步"按钮，弹出"导出到文件"对话框。选择创建文件的类型，指定生成的文件类型，选择"Outlook 数据文件（.pst）"，单击"下

图 4-22 "打开"窗格

一步"按钮，弹出"导出 Outlook 数据文件"对话框，如图 4-25（a）所示。

③ 在"导出 Outlook 数据文件"对话框中选定导出的文件夹，如选定"联系人"，单击"下一步"按钮，在"将导出文件另存为"文本框中输入或选择保存位置，如图 4-25（b）所示，单击"完成"按钮，数据导出完成，生成 backup.pst 文件。

图 4-23 "导入和导出向导"对话框

图 4-24 "导出到文件"对话框

（a）

（b）

图 4-25 "导出 Outlook 数据文件"对话框

2．导入联系人

可以将生成的 .pst 文件妥善保存起来，一旦需要还原 Outlook 联系人的信息，可以执行"导入"功能进行数据的还原。具体操作步骤如下：

① 在"文件"选项卡的"打开"窗格中，单击"导入"按钮，弹出"导入和导出向导"对话框，选择"从另一程序或文件导入"，如图 4-26 所示，单击"下一步"按钮，弹出"导入文件"对话框，在"从下面位置选择要导入的文件类型"列表框中选择"Outlook 数据文件（.pst）"，如图 4-27 所示，单击"下一步"按钮。

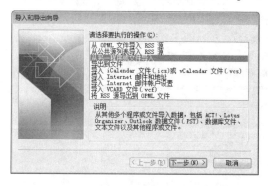
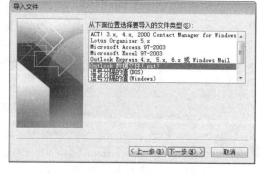

图 4-26 "导入和导出向导"对话框　　　图 4-27 "导入文件"对话框

② 在打开的"导入 Outlook 数据文件"对话框中，选定导入文件的位置，如图 4-28（a）所示，单击"下一步"按钮，在"从下面位置选择要导入的文件夹"中选择"联系人"，如图 4-28（b）所示，单击"完成"按钮，数据导入成功。

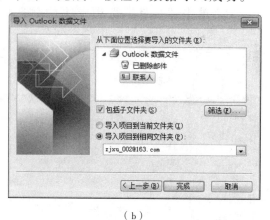

（a）　　　　　　　　　　　　　（b）

图 4-28 "导入 Outlook 数据文件"对话框

4.3 邮 件 管 理

Outlook 2010 为用户提供了丰富的邮件操作功能，常规邮件的新建和发送，可以在"开始"选项卡导航中单击"邮件"或者在"新建"组中单击"新建电子邮件"按钮，打开如图 4-29 所示的"未命名-邮件"窗口，输入发件人、收件人

（可以从联系人地址簿选取）、主题、正文、附件等相关信息，单击"发送"按钮完成发送。

除了常规的邮件收发，Outlook 还提供了自动收发邮件、标记邮件、创建个性化签名和邮件回执等功能。

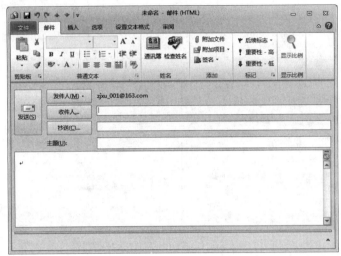

图 4-29　"邮件"窗口

4.3.1　自动收发邮件

自动收发邮件的具体操作步骤如下：

① 单击"文件"选项卡中的"选项"按钮，弹出"Outlook 选项"对话框，单击"高级"标签，打开"高级"选项卡，如图 4-30 所示。单击"发送和接收"组中的"发送/接收"按钮，弹出"发送/接收组"对话框，如图 4-31 所示。

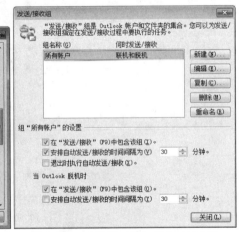

图 4-30　"Outlook 选项"对话框　　　　图 4-31　"发送/接收组"对话框

② 在"组'所有账户'的设置"组中，选择"安排自动发送/接收的时间间隔为"复选框，在后面可以设定自动收发邮件的时间间隔，例如：15 min（默认是 30min）。

③ 还可以指定时间自动发送。在"邮件"窗口中单击"选项"选项卡"其他选项"组中的"延迟传递"按钮，弹出"属性"对话框，如图 4-32 所示。在"属性"对话框中，如果选中"传递不早于"复选框，就可在后面的下拉列表中指定想要发送此邮件的日期和时间，Outlook 将会按时自动发送此邮件。

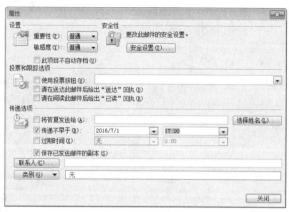

图 4-32 "属性"对话框

4.3.2 标记邮件

标记邮件有助于跟踪对发送的邮件响应，以及对收到的邮件执行后续工作。无论是哪种情况，都可以包含一条提醒通知。设置的邮件标志显示在电子邮件视图中。

1. 标记默认标志

Outlook 提供了常用的默认标志，如"今天""明天""本周"等。默认标志可以在新建邮件时设置，也可以在收件箱中对已收到邮件进行设置。

在创建新邮件时，单击"邮件"选项卡"标记"组中下拉按钮"后续标志"，选择某个默认标志为邮件做标记。

如果在收件箱中，用户可以单击指定邮件右侧的"后续标志"，以设置所需的默认标志，如图 4-33 所示。

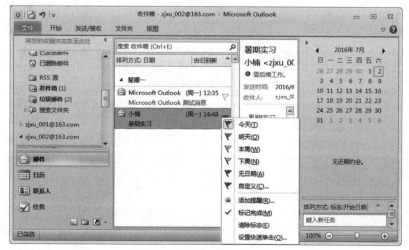

图 4-33 默认邮件标志

2．标记自定义标志

在打开的邮件中，单击"邮件"选项卡"标记"组"后续标志"下拉按钮 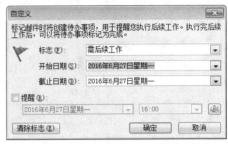，选择"自定义"命令，弹出"自定义"对话框，如图 4-33 所示。

在弹出的"自定义"对话框中，选中"为我标记"复选框，若需要提醒，则选中"提醒"复选框，设定日期与时间，如图 4-34 所示。可以用同样的方法为收件人设置标记和提醒。

图 4-34　发件人为自己及收件人设置邮件后续标志

3．给邮件添加重要性标志

在"新邮件"窗口中，"邮件"选项卡"标记"组中的红色感叹号"重要性-高"和向下蓝色箭头"重要性-低"，这就是重要性标志。发送前单击重要性标志按钮，可以标记邮件的重要性，当收件人收到标有重要性标志的邮件后，收件人就可以看到邮件后面有一个红色的感叹号或者蓝色的向下箭头，以了解邮件的重要程度。

4．查看设置标志结果

发件人在"已发送邮件"文件夹中打开做过标记的邮件，在信息栏中可以看到设置的所有标记。收件人打开接收到的邮件，信息栏处可以看到发件人设置的标记。

4.3.3　创建个性化签名

在写完一封邮件之后，一般要在结尾处署上姓名、E-mail 地址等信息，这非常麻烦。Outlook 具有"自动签名"功能，可以将签名自动添加到新邮件中，省去了很多重复的操作。具体操作步骤如下：

① 单击"文件"选项卡导航中的"选项"按钮，打开"Outlook 选项"对话框，如图 4-35 所示，在"撰写邮件"栏中单击"签名"按钮，弹出"签名和信纸"对话框，如图 4-36 所示，也可以在邮件窗口中单击"邮件"选项卡"添加"组中的"签名"下拉按钮，在下拉列表中选择"签名"命令，同样可以打开"签名和信纸"对话框。

图 4-35　"Outlook 选项"对话框

图 4-36　"签名和信纸"对话框

② 在"签名和信纸"对话框的"电子邮件签名"选项卡中，单击"新建"按钮，弹出"新签名"对话框。在"键入此签名的名称"文本框中输入名称，如图 4-37 所示，单击"确定"按钮。

③ 在"签名和信纸"对话框的"编辑签名"处，编辑自己的签名，输入内容，利用工具栏设置签名的字体、字号、对齐方式等，还可以在签名中插入名片、图片等对象，如图 4-38 所示。

图 4-37 "新签名"对话框　　　　　图 4-38 "签名和信纸"对话框

④ 创建好签名之后，可以在"邮件"窗口中单击"邮件"选项卡"添加"组中的"签名"下拉按钮，选择需要的签名添加到新邮件末尾。

4.3.4　跟踪邮件

给邮件添加跟踪功能，以便跟踪电子邮件产生的操作，可以使发件人及时了解邮件的到达、阅读情况。其中，"送达"回执表示发送的电子邮件已经送达收件人的邮箱，但不表示收件人已经看到或阅读它，"已读"回执表示发送的邮件已经被打开。

在 Outlook 2010 中，邮件收件人可以选择拒绝发送"已读"回执，还存在不发送"已读"回执的其他情况，因为有的收件人的电子邮件程序不支持"已读"回执。

1．跟踪所有发送的邮件

单击"文件"选项卡导航中的"选项"按钮，打开"Outlook 选项"对话框，切换到"邮件"选项卡，在"跟踪"组中，可以选择"'送达'回执，确认邮件已送达收件人的电子邮件服务器"复选框，也可以同时选择"'已读'回执，确认收件人已查看邮件"复选框，如图 4-39 所示。

2．跟踪单个重要邮件

在"新建邮件"窗口的"选项"选项卡中，选择"跟踪"组中的"请求送达回执"或"请求已读回执"复选框。或者单击"跟踪"组右下角的对话框启动器，弹出如图 4-40 所示的"属性"对话框，也可以对邮件的跟踪进行设置。

3．跟踪回执响应

打开设置了"送达"或"已读"回执请求的邮件原件，该邮件通常位于"已发送邮件"文件夹中。打开该邮件,弹出如图 4-41 所示的对话框,显示发送回执请求。当收件人第一次打开邮件时,发件人的收件箱中就收到了一个回执,如图 4-42 所示。

图 4-39　多邮件跟踪设置

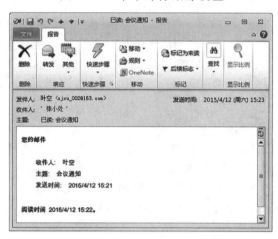

图 4-40　单个邮件跟踪设置

图 4-41　发送回执请求

图 4-42　发件人得到的邮件回执

4.3.5　搜索邮件

Outlook 2010 提供多种视图和工具来管理邮件,搜索文件夹是经常用到的管理工具,它可以使用户减少手动归档邮件的工作量。

用户有时需要搜集保存于不同文件夹中的信息。例如:设置了标记的邮件存放在不同文件夹中,若手动查找带标记的邮件,效率十分低下。通过创建"搜索文件夹",根据要求定义条件,就能快速将带标记的邮件查找出来。所以针对收到的大量邮件,搜索文件夹是一个很好的方法,能够使用户快速区分来自不同发件人的邮件。

1．系统提供的常用搜索文件夹

下面以账号 zjxu_001@163.com 为例创建"搜索文件夹"。具体操作步骤如下:

① 单击"文件夹"选项卡，选择账号 zjxu_001@163.com，单击"新建"组中的"新建搜索文件夹"按钮，弹出"新建搜索文件夹"对话框。

② 在"新建搜索文件夹"对话框中选择"来自人员和列表的邮件"栏中的"来自特定人员发来的邮件"，如图 4-43 所示，单击"选择"按钮，通过联系人通讯录选择"叶空"，在"搜索邮件位置"下拉列表框中选择 zjxu_001@163.com 文件夹，单击"确定"按钮。图 4-44 显示了指定账号下对应搜索条件的发件人为"叶空"的所有邮件。

图 4-43　新建搜索文件夹

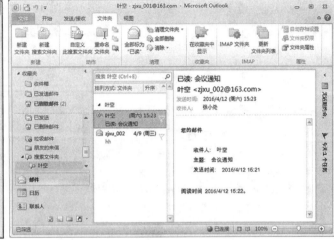
图 4-44　搜索文件夹视图

2．自定义搜索文件夹

Outlook 2010 除了常用的搜索模式，还提供了"自定义搜索文件夹"功能，可以满足用户的特殊要求，实现有条件地搜索。具体操作步骤如下：

① 单击"文件夹"选项卡"新建"组中的"新建搜索文件夹"按钮，弹出"新建搜索文件夹"对话框。

② 选择"自定义"栏中的"创建自定义搜索文件夹"，如图 4-45 所示，单击"选择"按钮，弹出自定义搜索文件夹对话框，如图 4-46 所示，在"名称"文本框中输入文件夹名，如"会议"，单击"条件"按钮，弹出"搜索文件夹条件"对话框，如图 4-47 所示。在"搜索文件夹条件"对话框中，选择"邮件"选项卡，输入"查找文字""文字出现的位置""发件人""收件人"信息，注意不要单击"发件人"和"收件人"按钮从联系簿中选择联系人，必须手工输入才有效。可以设置时间限制，最后单击"确定"按钮。

③ 条件设置完成后，在"自定义搜索文件夹"对话框中单击"浏览"按钮，弹出"选定文件夹"对话框。在对话框中选择指定的文件夹，单击"确定"按钮，重新回到"新建搜索文件夹"对话框，单击"确定"按钮，在邮件账户窗格中，单击刚刚定义的搜索文件夹"会议"，邮件窗格就显示满足条件的邮件，每封邮件主题均包含"会议"文字。

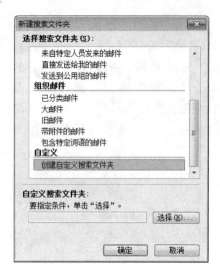

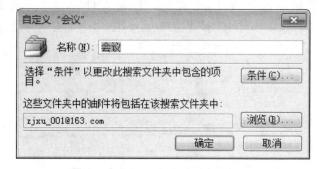

图 4-45 "新建搜索文件夹"对话框   图 4-46 自定义搜索文件夹设置

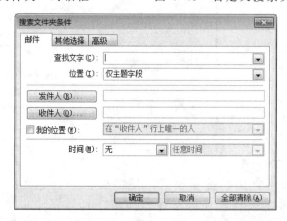

图 4-47 "搜索文件夹条件"对话框

4.3.6 添加"投票"功能

当需要对某件事情进行表决时,可以利用 Outlook 中的投票功能实现并统计出结果。

1. 发件人发起投票主题

编辑输入一封新邮件,在收件人框中输入所有参与投票的成员的邮箱地址(也可以是成员的群发地址),输入主题、邮件正文,如说明投票要求、最终截止时间等;单击"选项"选项卡"跟踪"组中的"使用投票按钮"下拉按钮,从下拉列表中选择投票类型,如图 4-48 所示,这样就可以在邮件中使用"投票"功能,最后单击"发送"按钮,邮件发送成功。

系统已经默认了三种投票类型,如果默认的投票类型不够,可以单击"自定义"命令,弹出"属性"对话框,自行添加新的投票按钮。例如添加"同意/不同意",如图 4-49 所示。

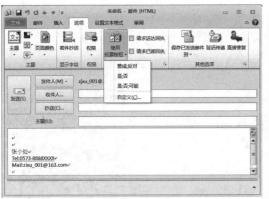

图 4-48 邮件中插入"投票按钮"

图 4-49 自定义"投票按钮"

2．收件人开始投票

当各个收件人接收并打开邮件后，通过工具栏"响应"组中的"投票"下拉按钮，选择相应命令进行投票，如图 4-50 所示。单击"邮件"选项卡"响应"组中的"投票"下拉按钮，选择"投票"或"反对"命令，出现如图 4-51 所示的对话框，若选择"发送前编辑响应"，则打开新邮件窗口，如图 4-52 所示。发件人会分别收到返回的结果，图 4-53 所示为发件人收到投票人的回执。

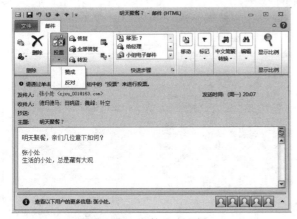

图 4-50 收件人投票

图 4-51 响应方式对话框

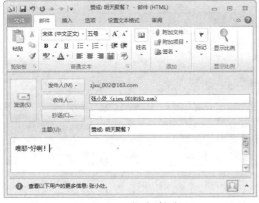

图 4-52 新邮件窗口

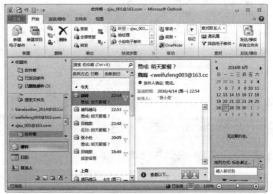

图 4-53 发件人收到邮件回执

3．发件人查看投票结果

收件人投票后，发件人可以在"已经发送的邮件"中打开原邮件，选择工具栏"显示"中的"跟踪"，可以看到所有投票人的意见。

4.3.7　会议邀请

日常事务管理中，经常要进行会议的安排，并且参加相应的会议。Outlook 2010 提供的"会议"功能可以很方便地管理会议。

1．发起会议邀请

单击"开始"选项卡中的"新建项目"下拉按钮，在下拉列表中选择"会议"命令，打开"会议"窗口，如图 4-54 所示。

在会议窗口中，单击"发件人"下拉按钮，选择会议发起者；单击"收件人"按钮，选择与会者账号；输入"主题""地址"，设置会议的开始时间和结束时间，输入正文文本；还可以单击"会议"选项卡"选项"组中的"重复周期"按钮，弹出"约会周期"对话框，如图 4-55 所示，设置约会时间、定期模式和重复范围后，单击"确定"按钮，则每次周期例会的通知都可由 Outlook 自动发送；图 4-54 左下角显示目前与会者的状态均为"未答复"状态。当答复后，显示为各与会者的响应统计。

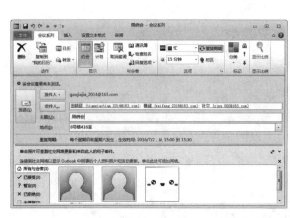

图 4-54　"会议"窗口

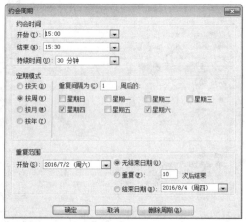

图 4-55　"约会周期"对话框

2．收件人答复邀请

发件人发出会议邀请后，受邀请者收到会议邀请邮件。用户可以直接在阅读窗格中进行答复，也可以打开邮件进行答复，方式有接受、暂定、拒绝，并以邮件的形式发送给会议组织者。

4.3.8　新建邮件文件夹

收件箱里的邮件会随着时间的推移越来越多，虽然可以用查找功能来整理这些邮件，但每次都这样做就很花费时间和精力，可以通过建立新的文件夹来存放

同类的邮件以方便管理。比如：可以将好朋友发来的邮件全都存放在名为"朋友的来信"的文件夹中，这样，就可以很快从自定义的文件夹中找到这一类邮件了。具体操作步骤如下：

① 单击"文件夹"选项卡"新建"组中的"新建文件夹"按钮，弹出"新建文件夹"对话框。

② 在"名称"中输入新文件夹的名称，"文件夹包含"下拉列表框中选择包含项目，在"选择放置文件夹的位置"列表框中指定新文件夹要放在哪里，如图 4-56 所示。

③ 最后单击"确定"按钮，文件夹新建完成。

建立好自己定义的文件夹后，就可以将邮件分类保存了。打开收件箱，先选择邮件，然后按住鼠标左键不放并拖动至相应的文件夹图标上释放鼠标即可。

图 4-56 "新建文件夹"对话框

4.3.9 邮件的自动分拣

现实生活中寄出的信件是经过邮局的拣信和分信处理才投递到我们的信箱中的。Outlook 也提供了自动分拣邮件的功能，它可以帮助我们执行邮件的分类。具体操作步骤如下：

① 单击"文件"选项卡中的"信息"，单击"管理规则和通知"按钮，弹出"规则和通知"对话框，如图 4-57 所示，可以创建复杂的邮件自动分拣规则。

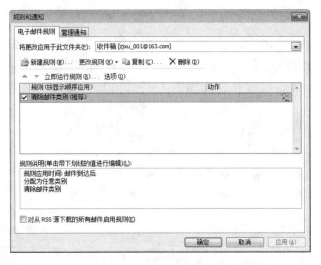

图 4-57 "规则和通知"对话框

② 单击"新建规则"按钮，打开"规则向导"对话框中的"从模板或空白规则开始"，如图 4-58 所示，可以直接选择某一种规则向导，通过模板快速创建分拣规则，也可以直接由空白规则开始进行创建。

③ 假设指定将发件人为"叶空"的邮件转移到名为"叶空"的文件夹中，

可以在如图 4-58 所示的"步骤 1：选择模板"列表框中选择"将某人发来的邮件移至文件夹"，在"步骤 2：编辑规则说明（单击带下画线的值）"列表框中设置发件人为"叶空"，将它移动到"叶空"文件夹中，单击"下一步"按钮，在"规则向导"中分别设置检测条件、如何处理邮件和是否有例外等步骤的对话框。

④ 最后，可以在图 4-59 中指定规则的名称，并选择"立即对已在'收件箱'中的邮件运行此规则"和"启用此规则"复选框，对收件箱中曾经收到的所有邮件按此规则进行自动分拣。

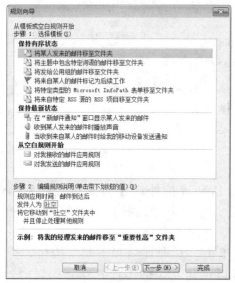

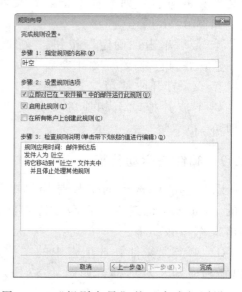

图 4-58 "规则向导"的模板选择　　　图 4-59 "规则向导"的"完成规则设置"

最后要说明的是，Outlook 允许设置多条分拣邮件的规则，这些规则都列在"规则和通知"对话框中的列表里，按优先级由上到下依次排列。可以对某条规则的内容进行修改，只要单击选中这条规则，然后单击"更改规则"按钮即可。

4.4 日历管理

Outlook 2010 日历充分集成了电子邮件、联系人和其他功能。使用日历可以创建约会与事件、组织会议、查看小组日程和发送日历等。

4.4.1 创建约会与事件

和在笔记本中书写一样，可以单击 Outlook 日历中的任何时间段，然后开始输入约会和事件的相关内容。可以选择使用声音或消息来提醒约会、会议和事件，并且可以给项目添加颜色以便快速标识。具体操作步骤如下：

① 单击"开始"选项卡导航中的"日历"，显示日历相关选项卡。单击"开始"选项卡"新建"组中的"新建约会"，打开新建约会窗

口，如图 4-60 所示。也可以右击日历网格中的时钟，在弹出的快捷菜单中选择
"新建约会"命令打开"新建约会"窗口。

② 在"主题"文本框中输入约会主题；在"地点"下拉列表框中输入约会
地点；在"开始时间"和"结束时间"下拉列表框中输入会议开始和结束时间，
还可以输入特定的字词和短语，而不是日期，例如：可以键入今天、明天、元旦、
从明天开始的两周、元旦前的三天及大多数节假日名称。

③ 若要向他人表明在此期间的空闲状况，可在"约会"选项卡"选项"组
中单击"显示为"框，然后选择"闲""暂定""忙""外出"。

若要将约会设置为定期约会，可在"约会"选项卡"选项"组中单击"重复
周期"按钮，弹出"约会周期"对话框，如图 4-61 所示。在"约会周期"对话
框中，单击想让约会重复发生的频率（"按天""按周""按月""按年"），然后选
定该频率的选项，单击"确定"按钮，向约会中添加重复周期后，"约会"选项
卡将更改为"约会系列"选项卡。

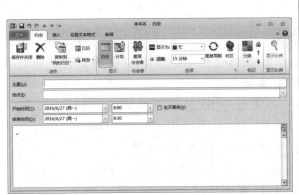

图 4-60 新建约会窗口

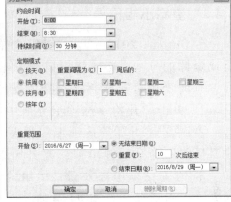

图 4-61 "约会周期"对话框

④ 默认情况下，在约会开始前 15min 就会显示提醒；若要更改提醒的显示
时间，可在"约会"选项卡"选项"组中的"提醒"下拉列表框中选择新的提醒
时间。若要关闭提醒，可选择"无"命令。

⑤ 在"约会"选项卡"动作"组中，单击"保存并关闭"按钮。

4.4.2 组织会议

选择日历上的某个时间，单击"开始"选项卡"新建"组中的"新建会议"
按钮，打开如图 4-62 所示的新建会议窗口，在此创建会议要求，并选择要邀请
的人。Outlook 可帮助查找所有应邀者都空闲的最早时间。

当发起者通过电子邮件发送会议要求，应邀者将在其"收件箱"中收到该要
求。应邀者打开该要求时，他们可以通过单击一个按钮接受、暂时接受或拒绝发
起者的会议。如果会议要求与应邀者日历上的项目冲突，Outlook 会显示通知。
如果会议发起者允许，应邀者可以建议一个备选的会议时间。作为发起者，可以
通过打开该要求来跟踪谁接受或拒绝了该要求，或者谁建议了另外的会议时间。

图 4-62　新建会议窗口

4.4.3　查看小组日程

在 Outlook 2010 中可以创建这样的日历：在同一个日历中可同时显示一组人员或资源的日程。这样就可以查看本部门中的所有人员或本组中的所有资源的日程，有助于快速安排会议。具体操作步骤如下：

① 单击"开始"选项卡导航中的"日历"，显示日历相关选项卡。

② 单击"开始"选项卡"管理日历"组中的"日历组"下拉按钮，选择"新建日历组"命令，弹出"新建日历组"对话框，如图 4-63 所示。

③ 在对话框中输入新日历组的名称，单击"确定"按钮，弹出"选择姓名：联系人"对话框，如图 4-64 所示，在对话框中选择组成员，单击"确定"按钮，日历组创建成功。

图 4-63　"新建日历组"对话框　　　图 4-64　"选择姓名：联系人"对话框

4.4.4　发送日历

在 Outlook 2010 中可以将日历作为 Internet 日历发送给邮件收件人，同时对要共享的信息保持控制。

日历信息作为 Internet 日历附件出现在电子邮件正文中，发件人可在发送之前编辑日历快照，例如可以更改字体或突出显示日期或约会。通过电子邮件共享的日历以邮件附件的形式发送到收件人的收件箱中，邮件正文中显示日历快照。具体操作步骤如下：

① 单击"开始"选项卡"共享"组中的"电子邮件日历"按钮，弹出如图 4-65 所示的"通过电子邮件发送日历"对话框。

② 在"日历"下拉列表框指定日历，在"日期范围"下拉列表框中单击想让日历显示的时间段，输入或选择所需的任何其他选项，然后单击"确定"按钮。

③ 弹出邮件窗口，对正文中的日历内容进行编辑，发送邮件。

图 4-65 "通过电子邮件发送日历"对话框

通过电子邮件接收日历的用户可以选择在 Outlook 中打开日历快照。

4.5 任务管理

4.5.1 创建任务

许多人会将待办事项列表列在纸上、记在电子表格中，或使用纸和电子方式双管齐下。在 Outlook 2010 中，可以将各种列表合为一体、获得提醒以及跟踪任务进度。

1. 从任务窗口创建任务

从任务窗口创建任务的具体操作步骤如下：

① 单击"开始"选项卡导航中的"任务"，显示任务相关选项卡。

② 单击"开始"选项卡"新建"组中的"新建任务"按钮，打开如图 4-66 所示的新建任务窗口。

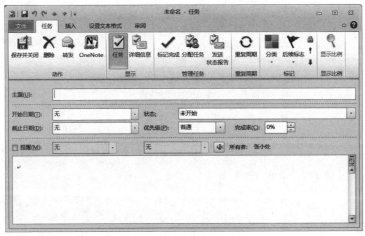

图 4-66 新建任务窗口

③ 在新建任务窗口的"主题"文本框中输入任务的名称，还可以在任务正文中添加更多详细信息；在"开始日期"和"截止日期"下拉列表框中分别选定日期；"状态"中设置任务状态，分别可以设置为：未开始、进行中、已完成、正在等待其他人和已推迟；设置"优先级"，可以为：低、普通和高；还可以修改完成率。

④ 在"任务"选项卡的"动作"组中，单击"保存并关闭"按钮，任务设置成功。

2．从 Outlook 项目创建任务

任务还可以从 Outlook 项目创建，也就是可以从电子邮件、联系人、日历项目或便笺等项目创建任务，可以用以下两种方法实现。

1）电子邮件拖到"待办事项"

将电子邮件拖到"待办事项"前，先将"待办事项栏"按"开始日期"或"截止日期"排列，再把电子邮件拖到"待办事项栏"的任务列表部分，当想要放置任务的位置出现一条两端带有箭头的红线时，释放鼠标，则电子邮件就被拖到了"任务"中。

2）项目拖到"任务"

将需要创建到任务的项目直接拖到导航窗格上的"任务"选项卡中，释放鼠标按钮，打开新建任务窗口，如图 4-67 所示。

将项目拖到导航窗格中的"任务"中，则可使用任务项目的所有功能。在图 4-67 中，项目的内容除附件外，都复制到任务的正文中。即使以后删除了原始项目，该任务仍可用，包括已复制的项目内容。

如果要把项目作为附件添加到任务中，而不是将文本粘贴到任务正文中，可以右击项目，弹出如图 4-68 所示的快捷菜单，单击"作为带附件的任务复制到此"，则项目作为附件添加到任务。

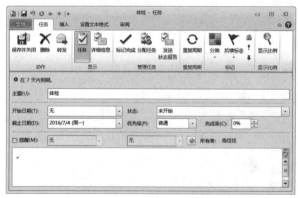

图 4-67　新建任务窗口

图 4-68　创建任务快捷菜单

3．"待办事项栏"中创建任务

默认情况下，"待办事项栏"出现在所有 Outlook 视图中，但有时也需要被隐藏起来，若要打开或隐藏"待办事项栏"，可以单击"视图"选项卡上的"布局"组中"待办事项栏"按钮，然后选择"普通"、"最小化"或"关闭"等状态，这

样的操作将仅更改当前视图而不是所有视图中的"待办事项栏"的显示和隐藏状态。

如果要在"待办事项栏"中创建任务，可以用以下两种方法实现：

（1）在如图 4-69 所示的"待办事项栏"中的"键入新任务"文本框中输入任务说明，按【Enter】键完成。这样，新建任务就会显示在待办事项列表中，包含当天的日期。

（2）在"待办事项栏"中，双击"键入新任务"框，打开新建任务窗口，如图 4-66 所示，这样就可以输入更多详细信息，最后单击"保存并关闭"按钮。

4．在"日历"中的"日常任务列表"创建任务

在"日常任务列表"创建任务的具体操作如下：

① 单击"开始"选项卡导航中的"日历"，将显示"日常任务列表"，"日常任务列表"只出现在 Outlook 日历的日视图和周视图中。如果要打开或隐藏"日常任务列表"，可

图 4-69　待办事项栏

以在导航窗格单击"日历"，在"日历"的"视图"选项卡上，单击"布局"组中的"日常任务列表"按钮，并选择"普通"、"最小化"或"关闭"状态。

② 在"日历"中的"日常任务列表"中创建任务，先将指针停留在所需日期下的"日常任务列表"中，当显示"单击可添加任务"时，如图 4-70 所示，单击此文本框，也可以直接单击空白文本框，在空白文本框中键入任务的主题，然后按【Enter】键，创建任务完成。

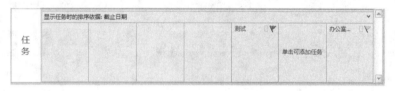

图 4-70　日常任务列表

默认情况下，会将插入任务的那一天设置为开始日期和截止日期，如果要更改任务的开始日期或截止日期，可以把任务拖到所需要的那一天；如果需要手动更改开始日期或截止日期，可以双击任务，打开"任务"窗口，在窗口中可以进行相应修改。

4.5.2　管理任务

"任务"包含了用户所创建的任务以及标记的邮件。使用文件夹列表可以在"已标记项目和任务"与"任务"之间切换。Outlook 2010 提供了很多管理任务列表的工具。

1．显示方式管理

管理显示方式的具体操作步骤如下：

①单击"开始"选项卡导航中的"任务"，在"视图"选项卡的"当前视图"组中，单击"更改视图"按钮，如图 4-71 所示。

②在菜单中选择"管理任务""当前视图""标记"等，可以对任务列表中的任务做各种设置；也可以直接在"开始"选项卡的"当前视图"组中选择视图。

③使用任务列表顶部的排序功能可以来选择要看的显示顺序，如图 4-72 所示。可以按图标、优先级、附件、任务主题、状态、截止日期等排序。

图 4-71　"更改视图"选项

图 4-72　任务管理视图

④单击"视图"选项卡"当前视图"组中的"视图设置"按钮，弹出"高级视图设置"对话框，如图 4-73 所示，在对话框中，可以分别对列、分组依据、排序、筛选、其他设置、条件格式和设置列格式等进行高级视图设置，如果对当前高级视图设置不满意，还可以单击"重置当前视图"按钮，恢复原有视图设置。

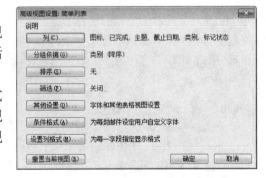

图 4-73　"高级视图设置"对话框

2．创建新的颜色类别

在 Outlook 中使用颜色类别可以方便地标识相关项目，对其进行分类。比如将颜色类别指定给一组相关的项目（如便笺、联系人、约会和电子邮件），用户能快速跟踪和组织它们。利用颜色分类可以直接使用系统提供的类别，也可自定义颜色类别。具体操作步骤如下：

① 单击"开始"选项卡导航中的"任务"，单击"开始"选项卡"标记"组中的"分类"按钮，显示下拉列表，包含颜色类别，如图4-74所示。

② 可以单击系统提供的颜色进行分类，也可以在列表框中选择"所有类别"命令，打开如图4-75所示的"颜色类别"对话框，在此可以对颜色类别进行新建、重命名、删除等操作。

③ 单击"完成"按钮，新的颜色类别就创建好了。

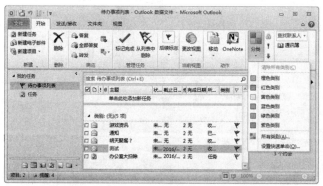
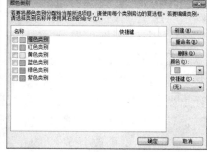

图4-74 "标记"中"分类"　　　　　　图4-75 "颜色类别"对话框

3．更改所显示的任务数

Outlook 允许更改设置"待办事项栏""日常任务列表"中显示的任务数。具体操作步骤如下：

① 单击"开始"选项卡导航中的"任务"，单击"视图"选项卡"布局"组中的"待办事项栏"按钮，打开"待办事项栏"中任务项，如图4-76所示。

② 单击任务项中"日期选择区"、"约会"或"任务列表"，以清除用于指示功能已启用的复选标记。这会从"待办事项栏"中删除相应功能；如果需要重新启用功能，单击需要启用的任务项，原复选标记即可。

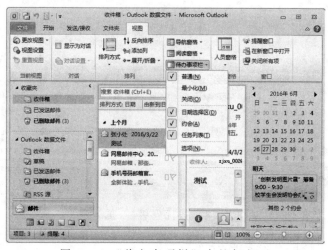

图4-76 "待办事项栏"中的任务项

③ 指向"约会"区域和任务列表之间的任务栏。当指针变形时，向上或向下拖动任务栏可增加或减小区域的大小。当释放鼠标按钮时，所显示的任务数将会增加或减少，以填充可用空间。对"任务"和"快速联系人"之间的任务栏执行相同的操作。

在"日常任务列表"中指向日历和"日常任务列表"之间的分割线，当指针变形时，向上或向下拖动日常任务列表，也可以增加或减小区域的大小，所显示的任务数将会增加或减少，以填充可用空间。

4．自定义任务外观

Outlook 2010 中可以为任务指定外观，包括指定任务的"排序"方式、"是否显示"已完成的任务，也可以选择表示"过期"任务或"已完成"任务的颜色等。

1）按任务优先级排序

若要依据优先级顺序对任务进行排序，首先必须指定每个任务的优先级。优先级级别有重要性–高、重要性–低、私密，默认情况下，任务设置为"普通"优先级别。

单击需要更改优先级的任务，在"开始"选项卡的"标记"组的"优先级"框中，单击"重要性：高"或"重要性：低"按钮以确定分配各任务的优先级，返回任务列表，右键单击，打开快捷菜单，如图 4-77 所示，在快捷菜单中，执行"排列方式"中的"重要性"，重新排序，则任务按优先级高–低排列，如图 4-78 所示。

图 4-77 "待办事项列表"的快捷菜单

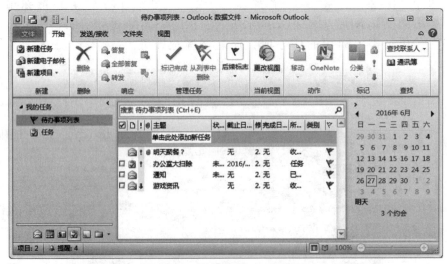

图 4-78 按优先级高–低排序

2）更改过期或已完成任务的颜色

更改过期或完成任务的颜色可以方便查看、识别不同种类的任务。

单击"文件"选项卡，单击"选项"标签，弹出"Outlook 选项"对话框，在"任务"选项卡的"任务选项"组中，单击"过期任务的颜色(O)"列表，选择所需的颜色，如图 4-79 所示。

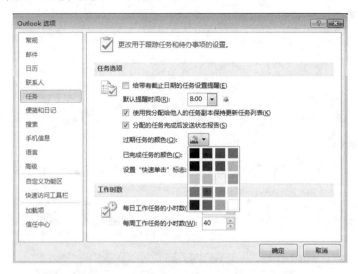

图 4-79　任务选项中设置"过期任务的颜色"

3）是否显示已完成的任务

默认情况下，将某个项目标记为已完成时，它将保留在任务列表上并带有删除线。"待办事项栏"是例外，默认不显示已完成的任务。用户选择是否要在各种视图中显示已完成的任务，方法有以下两种：

（1）单击"开始"选项卡导航中的"任务"，在"开始"选项卡的"当前视图"组中单击"活动的"、"今天"、"今后 7 天"或"过期"，以排除标记为已完成的任务，如图 4-80 所示。

（2）在"我的任务"中选择"待办事项栏"，单击"视图"选项卡"当前视图"组中的"视图设置"按钮，弹出"高级视图设置"对话框，然后单击"筛选"按钮，弹出"筛选"对话框，选择满足要求的任务，如图 4-81 所示。

图 4-80　管理已完成的任务

图 4-81　"筛选"对话框

4）搜索待办事项或任务

单击"我的任务"中的"待办事项列表"或"任务"，在待办事项列表上方有"搜索待办事项列表"或任务列表上方有"搜索任务",如图 4-82 所示,单击"搜索"标签,打开如图 4-83 所示的"搜索"选项卡,设置"范围""优化"等要求,进入搜索,搜索结果显示在列表位置。搜索结束,单击"清除搜索"按钮,返回"任务"视图。

图 4-82 任务视图窗口

图 4-83 "搜索"选项卡

第 5 章

宏与VBA 高级应用 <<<

VBA 是微软公司开发的程序语言，可以嵌入 Office 办公软件中，通过实现一些自定义的功能来完成办公自动化工作。Office 程序如 Word、Excel、PowerPoint、Access 等都支持 VBA。例如，在 Word 中，可以加入文字、进行格式化处理或者进行编辑；在 Excel 中，可以由用户自定义过程嵌入到工作薄。

VBA 使操作更加快捷、准确并且节省人力。除了能使手动操作变成自动化操作外，VBA 还提供了交互界面——消息框、输入框和用户窗体。这些图形界面用来制作窗体和自定义对话框。VBA 可以在软件中生成用户自己的应用程序。例如，可以在 Word 中自定义一个程序使得其中的文字转换到 PowerPoint 中。

与学习其他编程语言一样，对于初学者来说，学习 VBA 也是具有很大难度的。不过初学者可以通过学习 Office 软件中的宏录制功能（在 Word 或 Excel 中）减少难度。

本章主要介绍宏录制和 VBA 简单的入门基础和实例，以宏录制功能作为学习编程的起点。

5.1 宏的录制与运行

宏是一连串可以重复使用的操作步骤，可以使用一个命令反复运行宏。例如：可以在 Word 中录制一个宏，能够自动对文档进行格式处理。用户可以在打开文档时手动或自动运行该宏。

5.1.1 宏基础

宏是一种子过程，有时候也称子程序。宏有时候被看作是录制的代码，而不是写入的代码。本章采用宽泛的定义，将写入的代码也看作宏。

在支持录制宏的软件（Word 和 Excel）中，有两种方法生成宏：

（1）打开宏录制器，然后进行用户所需的一系列操作，直到关闭录制器。

（2）打开 Visual Basic 编辑器，在相应的代码窗口中编写 VBA 代码。

可以用宏录制器录制一些基本操作，然后打开录制的宏把不必要的代码删除。在对宏进行编辑时，还可以加入其他用户所需的代码、控件和用户界面等，这样宏可以实现人机交互功能。

5.1.2 录制宏

打开宏录制器，选择某个使用宏的方法（按钮或组合键），然后操作预先设计的一系列步骤，操作结束后，关闭宏录制器。在用软件进行操作时，宏录制器将操作命令以 VBA 编程语言的形式录制下来。

1．计划宏

在录制宏之前，首先要明确宏应该完成的操作。一般情况下，首先要设计好宏步骤，然后将操作命令录制下来。

2．打开宏录制器

单击"文件"选项卡中的"选项"，打开选项对话框。切换到"自定义功能区"选项卡，选择右侧列表框中的"开发工具"复选框，单击"确定"按钮，功能区中即可显示"开发工具"选项卡，其中包含"代码"组和宏命令，如图 5-1 所示。

打开宏录制器的步骤是：单击"开发工具"选项卡"代码"组中的"录制宏"按钮，弹出"录制宏"对话框，如图 5-2 所示。在对话框中，给出了默认的宏名（如宏 1，宏 2 等）及相关说明，用户可以默认接受它们或者更改它们。

图 5-1　Word 中的"代码"组　　　　图 5-2　"录制宏"对话框

一般情况下，必须指明宏存放的位置和宏的使用方式。如图 5-2 所示，一种方式是将宏指定到"按钮"，第二种方式是将宏指定到"键盘"。前者的宏使用方式为按钮方式，后者的宏使用方式为组合键方式。在"将宏指定到"栏中选择"按钮"时，可以将按钮存放在快速访问工具栏上，也可以将按钮存放在自定义选项卡内。

3．指定宏的运行方式

在完成宏的命名，给出宏说明并选择存放宏的位置后，Word 和 Excel 还要求用户指定宏的运行方式：组合键方式或按钮方式，本节简单介绍这两种方式。

在设定宏的运行方式时，无论在 Word 还是 Excel 中都需要按下面的方法来操作。

1）指定在 Word 中的运行方式

① 在"录制宏"对话框中，在"将宏指定到"栏中选择 "按钮"，显示"Word

选项"对话框。

② 在"Word 选项"对话框，可以看到左侧默认选中"快速访问工具栏"选项卡，中间的"从下列位置选择命令"下拉列表框中默认选中了"宏"，如图 5-3 所示。

③ 在"自定义快速访问工具栏"下拉列表框中可将宏用于默认的所有文档。当选中"Normal.NewMacros.宏 1"，单击"添加"按钮，则将"Normal.NewMacros.宏 1"按钮存放在快速访问工具栏上。

④ 如果将宏按钮设定到选项卡内，则必须将宏指定在自定义的选项卡内。在"Word 选项"对话框中切换到"自定义功能区"选项卡，然后从"从下列位置选择命令"下拉列表框中选择"宏"，则出现如图 5-4 的"Word 选项"对话框。在右边的"自定义功能区"下拉列表框中可选择"主选项卡"，单击"新建选项卡"按钮，然后选中新生成的"新建组（自定义）"，选择"Normal.NewMacros.宏 1"，单击"添加"按钮，则出现如图 5-5 所示的状态，可以分别对选项卡名、新建的组名和录制的宏名进行重命名。

图 5-3　指定宏的运行方式　　　　图 5-4　新建选项卡和新建组

图 5-5　更改"宏 1"的名称

⑤ 在图 5-5 中，选中"新建组（自定义）"下的"Normal.NewMacros.宏 1"，单击"重命名"按钮，将其改为"GGS"，然后单击"确定"按钮，再单击"Word 选项"对话框的"确定"按钮，此时，在功能区可以看到新建的选项卡，在该选项卡内，可以看到新建的组和宏的按钮。

将宏指定到组合键的方法可以在"录制宏"对话框中完成。在"将宏指定到"栏中选择"键盘"按钮，以显示"自定义键盘"对话框，如图 5-6 所示。单击"请按新快捷键"文本框内的插入点，再按想要输入的快捷键，如【Ctrl+Q】等。单击"指定"按钮，以便将组合键指定给宏。

2）指定在 Excel 中宏的运行方式

在 Excel 中录制宏只需要指定【Ctrl】快捷键来运行它。如果想增加宏命令按钮到选项卡，则必须在录制宏完成之后进行添加新建选项卡等工作，类似于图 5-5 所示的操作。

指定【Ctrl】快捷键来运行所录制的宏的操作步骤如下：

① 在"请按新快捷键"文本框中输入新字母作为快捷键字母。如果希望快捷键中有【Shift】键，则按【Shift】键的同时，输入该字母。

② 在"将宏保存在"下拉列表框中，指明让宏录制器把宏保存在什么位置。可以选择如下几种：

● 当前工作簿：它将宏保存在活动工作簿内。

● 个人宏工作簿：把宏和其他自定义内容保存在"个人宏工作簿"里，就能够使这些宏为所有过程使用，类似于 Word 中的 Normal.dotm。

③ 单击"确定"按钮，以启动宏录制器。当所有操作完成后，单击"开发工具"选项卡"代码"组中的"停止录制"按钮，类似于 Word 中的操作，如图 5-7 所示。

图 5-6　Word"自定义键盘"对话框

图 5-7　"代码"组

5.1.3　运行宏

运行已录制的宏，可以使用下面的任何一种方法：

● 如果录制的宏指定了运行方式，则可按照指定的方式运行。

● 如果未指定控件，选择"视图"选项卡"宏"组中的"宏"按钮，显示"宏"对话框。在对话框中选择某个宏，单击"运行"按钮。

5.1.4 Word 宏

在录制宏之前，首先设计一个宏以便完成一些操作，如设置字体、字号、颜色和段落首行缩进 2 个字符。具体步骤如下：

① 打开一个空白 Word 文档，单击"开发工具"选项卡"代码"组中的"录制宏"按钮，出现"录制宏"对话框，如图 5-2 所示。

② 在对话框中输入宏名"GGS"，然后在"将宏指定到"栏中选择"按钮"，将建立的宏指定在选项卡上运行，具体设置如图 5-4 所示。

③ 单击对话框右下角的"确定"按钮。

④ 开始录制。单击"开始"选项卡中的"字体"组右下角的对话框启动器按钮，弹出"字体"对话框，设置字体为"楷体"，大小为"四号"，颜色为"红色"，单击"确定"按钮。单击"段落"组的右下角的对话框启动器按钮，弹出"段落"对话框，在"特殊格式"下拉列表框中选择"首行缩进"，磅值为 2 个字符，单击"确定"按钮。

⑤ 单击"开发工具"选项卡"代码"组中的"停止录制"按钮，至此，一个宏名为 GGS 的宏录制完成，并且指定了它的运行方式是按钮方式。

5.1.5 Excel 宏

1．创建个人宏工作簿

在 Excel 中录制宏，一般需要一个个人宏工作簿。如果在创建宏之前，没有个人宏工作簿存在，则首先需要建立个人宏工作簿。

建立个人宏工作簿的步骤如下：

① 单击"开发工具"选项卡"代码"组中的"录制宏"按钮，出现"录制新宏"对话框，如图 5-8 所示。

② 在"保存在"下拉列表框中选择"个人宏工作簿"，单击"确定"按钮。

③ 单击"开发工具"选项卡"代码"组中的"停止录制"按钮。

④ 单击"视图"选项卡"窗口"组中的"取消隐藏"按钮，显示"取消隐藏"对话框，选择"PERSONAL"，并单击"确定"按钮。

⑤ 单击"开发工具"选项卡"代码"组中的 "宏"按钮，弹出"宏"对话框，选择刚才录制的宏，并单击"删除"按钮。至此，有了一个个人宏工作簿可以供用户使用。

2．在 Excel 中录制样本宏

在 Excel 中录制宏，首先也需要设计一组操作：新建一个工作簿，从 B2 单元

格开始，在 B3 和 B4 等单元格中依次输入星期一、星期二等，并设置字体颜色为"红色"，大小为"20"，字体为"华文行楷"，具体录制宏步骤如下：

① 单击"开发工具"选项卡"代码"组中的 "录制宏"按钮，出现"录制新宏"对话框，如图 5-8 所示。在"宏名"文本框中输入"Excel_GGS"，在"快捷键"文本框中输入快捷键"q"，在"保存在"下拉列表框中选择"个人宏工作簿"。

② 单击"确定"按钮，退出"录制新宏"对话框，自动启用录制宏功能。

③ 选中 B2 单元格，输入"星期一"，利用填充操作，向下填充到星期日，并将文字设置为"红色"，大小为"20"，字体为"华文行楷"，如图 5-9 所示。

图 5-8 "录制新宏"对话框　　　　图 5-9 录制宏的操作结果

④ 单击快速访问工具栏上的"保存"按钮，将该文档命名为"Excel_GGS"，并保存在合适的位置。单击"停止录制"工具栏上的"停止录制"按钮，同时，也保存个人宏工作簿，最后全部关闭。

至此，宏录制完成，并且保存文档结束，接下来可运行该宏，看看有什么结果。

5.1.6　宏操作

在前面设置和录制宏的过程中，同时也指定好了运行方式。如果没有指定宏的运行方式，只是录制了某个宏，可以将现有的宏指定到选项卡中的按钮上。

1. 将宏指定到选项卡中的按钮

因为这种宏运行方式在 Word 环境中的设置步骤与在 Excel 环境中的设置步骤是一样的，所以这里仅介绍 Word 环境中的设置步骤和效果。具体操作步骤如下：

① 单击"文件"选项卡中的"选项"，出现"Word 选项"对话框。选中左侧"自定义功能区"选项卡，然后在"从下列位置选择命令"下拉列表框中选择"宏"，在右边的"自定义功能区"下拉列表框中可选择"主选项卡"，分别单击"新建选项卡"和"新建组"按钮。然后，选中新生成的新建组（自定义），选择需要指定的宏（如"Normal.NewMacros.GGS"），单击中间的"添加"按钮。最后，将新建的选项卡名改为"VBA"，新建的组名改为"基本 VBA"，如图 5-10所示。

② 单击"确定"按钮，生成新建的选项卡和新建的组，如图 5-11 所示。

图 5-10 "Word 选项"对话框　　　　图 5-11 新建选项卡和新建组按钮

2. 将宏指定到组合键

● 在 Word 中将存在的宏指定到组合键的步骤如下：

① 在 Word 中，单击"文件"选项卡中的"选项"按钮，出现 "Word 选项"对话框。

② 选中左侧"自定义功能区"选项卡，在"从下列位置选择命令"下拉列表框中选择"宏"，然后单击"自定义"按钮，显示"自定义键盘"对话框。

③ 在"类别"下拉列表框中选择"宏"，在"请按新快捷键"文本框中输入需要的快捷键，如图 5-12 所示，单击"指定"按钮，。

● 在 Excel 中将存在的宏指定到组合键的步骤如下：

① 单击"开发工具"选项卡"代码"组中的"宏"按钮，显示"宏"对话框。如图 5-13 所示。在"宏"对话框中，选中相应的宏名（如果是默认宏，则有宏1，宏2等），单击下方的"选项"按钮，出现"宏选项"对话框，如图 5-14 所示。

图 5-12 Word"自定义键盘"指定宏运行方式　　图 5-13 Excel "宏"对话框

② 在"宏选项"对话框中可以看到需要设置运行方式的宏的名字，同时可以设置运行宏的快捷键，单击"确定"按钮完成。

3．删除不需要的宏

① 单击 Word 或者 Excel 环境中的"开发工具"选项卡"代码"组中的"宏"按钮，出现"宏"对话框，如图 5-13 所示。也可以单击"视图"选项卡"宏"组中的"宏"按钮。

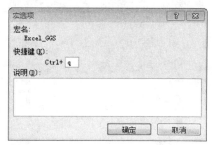

图 5-14　Excel"宏选项"对话框

② 在"宏名"列表框内选择需要删除的宏，单击"删除"按钮。

③ 在出现的警告对话框内，单击"是"按钮，单击"宏"对话框右上角的"关闭"按钮。

5.2　宏 的 编 辑

在 Visual Basic 编辑器中针对宏进行操作主要有以下几个原因。

（1）为了改正已录制的宏过程中出现的错误或者确定出现的问题。

（2）为了向宏添加更多的代码，以使其操作有所不同，这是了解 VBA 的重要的途径。

（3）为了用 Visual Basic 编辑器中编写宏的方式，而不是录制宏的方式来创建宏。可以根据实际情况，从头开始编写新宏，或是利用已有宏的部分成果来编写新宏。

5.2.1　宏的测试

如果从主应用程序运行一个宏遇到错误的话，可以在 Visual Basic 编辑器中打开这个宏，进行编辑修改，具体的步骤如下：

① 在主应用程序中，打开"开发工具"选项卡，单击"代码"组中的"宏"按钮，以显示"宏"对话框，或者按【Alt+F8】组合键。

② 对选中的宏，单击"编辑"按钮。Visual Basic 编辑器中将显示该宏的代码以便编辑。

③ 按【F5】功能键，或单击编辑器中"标准"工具栏中的"运行子过程/用户窗体"按钮，可运行该宏。

④ 如果宏出错和崩溃，VBA 会在屏幕上显示错误对话框，并在代码窗口中选出有错的语句，然后进行相应的修改。

1．单步执行宏

单步执行宏就是一次执行一条命令，这样就能知道每条命令的操作效果，虽然这样做很麻烦，但是它能发现和确定问题所在。单步执行的步骤如下：

① 单击"开发工具"选项卡"代码"组"宏"按钮，以显示"宏"对话框，选中需要修改的宏，最后单击"编辑"按钮。

② 排列 Visual Basic 编辑器窗口和主应用程序的窗口，使二者均能看到。

③ 根据宏的需要，将插入点定位在应用程序窗口的一个合适位置上。例如:可能需要将插入点定位在一个特定的地方，或选择一个对象，以使宏能够适当运行。

④ 单击 Visual Basic 编辑器窗口，将插入点定位在需要运行的宏代码中间。

⑤ 按【F8】功能键，以便逐条命令地执行宏，每按一次【F8】功能键，VBA代码就执行一行。当执行某行时，Visual Basic 编辑器使该行增亮。所以，用户可以在应用程序窗口中观察执行效果并发现问题。图 5-15 提供了单步执行录制在 Word 里的宏的示例。图 5-16 提供了设置断点的示例。

图 5-15　Word中单步调试宏代码

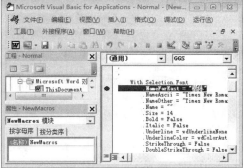

图 5-16　设置断点

2. 跳出宏

一旦已经发现和确定了宏里面的问题，用户可能不愿意再逐条地去执行剩下的代码了。如果只是想运行这个宏的余下部分，然后再返回到单步执行调用这个宏，就使用"跳出"命令。这个命令可以全速结束当前宏或过程的执行。但是，如果此后代码随另一个过程继续的话，Visual Basic 编辑器便返回到中断模式，让用户能够考察这个过程的代码。

要执行"跳出"命令，可按【Ctrl+Shift+F8】组合键，或者单击"调试"工具栏上的"跳出"按钮，或者"调试"菜单内的"跳出"命令。

5.2.2　Word 宏的编辑

编辑 Word 中录制的宏 GGS，并使用它来构建另外一个新的宏。

在 Visual Basic 编辑器中打开该宏，具体步骤如下:

① 启动 Word 应用程序，按【Alt+F8】，或者选择"开发工具"选项卡，单击"代码"组中的"宏"按钮，弹出"宏"对话框。

② 选中 GGS 宏，单击"编辑"按钮。

程序清单 5-1

```
1.  Sub GGS ()
2.  '
3.  ' Word_GGS Macro
```

```
4.  '
5.  Selection.Extend
6.  Selection.MoveDown Unit:=wdLine, Count:=4
7.  Selection.Font.Size = 14
8.  Selection.Font.Bold = wdToggle
9.  With Selection.ParagraphFormat
10.     .LineSpacingRule = wdLineSpace1pt5
11.     .Alignment = wdAlignParagraphJustify
12.     .WidowControl = False
13.     .KeepWithNext = False
14.     .KeepTogether = False
15.     .PageBreakBefore = False
16.     .NoLineNumber = False
17.     .Hyphenation = True
18.     .FirstLineIndent = CentimetersToPoints(0.35)
19.     .OutlineLevel = wdOutlineLevelBodyText
20.     .CharacterUnitLeftIndent = 0
21.     .CharacterUnitRightIndent = 0
22.     .CharacterUnitFirstLineIndent = 2
23.  End With
24.  Selection.Font.Name = "华文行楷"
25.  Selection.MoveUp Unit:=wdLine, Count:=3
26.  Selection.MoveRight Unit:=wdCharacter, Count:=2
27.  Selection.MoveRight Unit:=wdCharacter, Count:=12, Extend:=
     wdExtend
28.  Selection.Copy
29.  Selection.MoveRight Unit:=wdCharacter, Count:=14
30.  Selection.MoveLeft Unit:=wdCharacter, Count:=13
31.  Selection.MoveRight Unit:=wdCharacter, Count:=2
32.  Application.Run MacroName:="MathTypeCommands. UIWrappers.
     EditPaste"
33. End Sub
```

在"代码"窗口中，能看到类似于程序清单 5-1 的代码，只是没有出现行号，行号是人为加上去的，为了提高代码的讲解效率。

行 1 以 Sub GGS () 来表示宏的开始，说明这个宏的名字是 GGS，在行 33 以 End Sub 语句来表示宏的结束；也就说 Sub 和 End Sub 分别表示宏的开始和结束。

行 2 和行 4 表示空白的注释行，宏录制器插入这些注释行是为了宏便于阅读。可以在宏里面使用任意多的空白注释行，以便把语句分成若干组。

行 3 内有宏的名称等，对应于"宏录制"对话框中的信息。

行 5 到行 32 为代码行，其中 Selection 表示选中的对象（这里指文字）。行 5 的 Extend 表示按【F8】的扩展操作，行 6 表示插入点移动单位是"行"，共四个位置。行 7 表示选中的对象的字体大小为 14，行 8 表示选中的对象的字体为加粗。

行 9 到行 23 是对"段落"对话框的一些设置（这里删除了部分无效的内容），在这些代码中，体现了"段落"对话框中所具有的信息，因此比较庞大。在这里，只是设置了段落的首行缩进 2 个字符，由代码行 22 来执行。行 23 表示对"段落"对话框执行的结束标识。

行 24 说明了选中的对象字体为"华文行楷",行 25 表示向上移动 3 行,行 26 表示插入点向右边移动 2 个字符,行 27 表示向右移动 12 字符同时进行扩展选中移动范围的文字对象,行 28 行表示对选中对象进行复制操作,行 29 表示插入点向右移动 14 个字符,行 30,31 操作与行 29 类似,行 32 表示粘贴操作。

1. 单步执行 GGS 宏

使用"调试"对话框,对录制的宏 GGS 进行单步调试。具体操作步骤如下:

① 排列窗口,使得 Word 窗口和 Visual Basic 编辑器能同时被看到,可以右击任务栏,选择快捷菜单中的"横向平铺窗口"或"纵向平铺窗口"命令。

② 在 Visual Basic 编辑器内单击,然后将插入点置于代码窗口内的 GGS 宏里面。

③ 按【F8】以单步执行代码,每次执行一个活动行,可以注意到,VBA 跳过空白行和注释行,因为它们不是活动行。当按【F8】键时,VBA 使当前语句增亮,同时能观察到 Word 窗口内的操作。

④ 到达宏的结束处时(本例是行 33 的 End Sub 语句),Visual Basic 编辑器关闭中断模式。可以通过单击"标准"工具栏或"调试"工具栏上的"重新设置"按钮,或选择"运行"菜单下的"重新设置"实现,也可以在任何时刻退出中断模式。

2. 运行 GGS 宏

如果该宏在单步执行时工作正常,用户可能想从 Visual Basic 编辑器来运行它,这就要单击"标准"工具栏或"调试"工具栏上的"运行子过程/用户窗体"按钮,也可以单击这个按钮,从中断模式来运行该宏,它从当前的指令开始运行。

3. 创建 Word_GGS 宏

通过对 GGS 宏进行少量的调整,就可以创建一个新的宏,实现一些新的功能,以此来创建一个新的宏 Word_GGS。具体操作步骤如下:

① 在"代码"窗口中,选中 GGS 宏的所有代码,右击后从弹出的快捷菜单中选择"复制"命令。

② 将插入点移动到 GGS 宏的 End Sub 代码的下面一行或几行,插入点不允许在其他代码内部。

③ 右击并在弹出的快捷菜单中选择"粘贴"命令,将 GGS 所有的内容复制过来。

④ 编辑 Sub 行,将宏的名字改为 Word_GGS。

⑤ 对于注释行也可以根据需要进行改动,如宏名的改变等。

⑥ 然后根据原来的宏,对于需要改变的功能进行修改或者增加、删除部分功能。

⑦ 这里可以将宏 GGS 中对于"段落"对话框中默认的部分进行删除,然后增加部分功能(如文字效果为"礼花绽放"),改变字体的颜色(红色)、字形(华文中宋)和字体大小(Size 的值为 10)等。

至此根据录制的宏 GGS,来得到需要的宏,程序清单如 5-2 所示。

程序清单 5-2

```
1.  Sub Word_GGS()
2.  ' Word_GGS Macro
3.   Selection.Extend
4.   Selection.MoveDown Unit:=wdLine, Count:=4
5.   Selection.Font.Size = 10
6.   Selection.Font.Bold = wdToggle
7.   Selection.Font.Color = wdColorRed
8.  With Selection.Font
9.   .Animation = wdAnimationSparkleText
10. End With
11. With Selection.ParagraphFormat
12.  .CharacterUnitFirstLineIndent = 2
13. End With
14.  Selection.Font.Name = "华文中宋"
15.  Selection.MoveRight Unit:=wdCharacter, Count:=1
16.  Selection.MoveUp Unit:=wdLine, Count:=3
17.  Selection.MoveRight Unit:=wdCharacter, Count:=2
18.  Selection.MoveRight Unit:=wdCharacter, Count:=12, Extend:=
     wdExtend
19.  Selection.Copy
20.  Selection.MoveRight Unit:=wdCharacter, Count:=14
21.  Selection.MoveLeft Unit:=wdCharacter, Count:=13
22.  Selection.MoveRight Unit:=wdCharacter, Count:=2
23.  Application.Run       MacroName:="MathTypeCommands.
     UIWrappers.EditPaste"
24. End Sub
```

在程序清单 5-2 中，对于"段落"对话框和"文字"对话框中默认的内容全部删除，只保留进行改变或者设置内容的代码，如：行 9（礼花绽放），行 12（首行缩进 2 个字符）。

通过程序清单 5-1 和 5-2 的对比，会发现有些内容改变了，有些增加了，比如行 5 和行 7，分别改变了字体的大小和字体的颜色设置。在行 9 中增加了字体的文字效果为"礼花绽放"。行 14 中，改变了字体的字形为"华文中宋"。

4．保存宏

当完成上述工作之后，可以运行这个宏，如果允许效果和设计的一样，那么接下来就可以保存这个宏了。保存宏的方法很多，可以在 Visual Basic 编辑器中打开"文件"菜单，单击"保存"命令，或者直接在编辑器中的工具栏上单击"保存"按钮。

5.2.3 Excel 宏的编辑

下面将前面 Excel 中录制的宏 Excel_GGS 进行修改以便得到一个想要的宏。和 Word 中的宏一样，可以进行功能的修改，增加和删除。

1．取消隐藏个人宏工作簿

在编辑 Excel 宏之前，如果个人工作簿当前是被隐藏的话，必须取消隐藏，具体操作方法如下：

① 选择"视图"选项卡，单击"窗口"组中的"取消隐藏"按钮，弹出"取消隐藏"对话框。

② 选择 PERSONAL.XLSX，并单击"确定"按钮。

2．打开宏

采用以下步骤可以打开宏：

① 选择"开发工具"选项卡，单击"代码"组中的"宏"按钮，弹出"宏"对话框。

② 选择需要打开的宏 Excel_GGS，单击"编辑"按钮。

③ 在 Visual Basic 编辑器中显示该宏的代码，如程序清单 5-3 所示。

程序清单 5-3

```
1.  Sub Excel_GGS()
2.  '
3.  ' Excel_GGS Macro
4.  '快捷键: Ctrl+q
5.  '
6.  Workbooks.Add
7.  Range("B2").Select
8.  ActiveCell.FormulaR1C1 = "星期一"
9.  Range("B2").Select
10. Selection.AutoFill Destination:=Range("B2:B8"), Type:=
    xlFillDefault
11. Range("B2:B8").Select
12. Selection.Font.ColorIndex = 3
13. End Sub
```

说明：

（1）行 1 的 Sub 和行 13 的 End Sub 表示宏 Excel_GGS 的开始和结尾，在行 1 中 Excel_GGS 表示该宏的名称。

（2）行 2 和行 5 表示空白注释行，行 3 到行 5 为注释行。其中行 3 给出宏的名称，说明它是一个宏；行 4 表示在"录制新宏"对话框中的快捷键设置。

（3）行 6 表示在 Workbooks 集合对象上使用 Add 方法来创建一个新的空白工作簿。所谓一个集合对象，或者更简洁地说，一个集合，也是一个对象，它又包含某一给定类型的若干对象。

（4）行 7 表示选中 Range 对象 A1，使单元格 A1 为活动单元格。

（5）行 8 在该活动单元格内输入"星期一"，注意：如果输入日期，宏录制器已经保存了分拆的日期值，而不是被输入的整个文本。例如，输入日期 2015-3-2，单元格里显示的日期为 2015/3/2，但是在宏内部保留的格式为 3/2/2015。

（6）行 9 表示 Range 对象 B2 被选中，使得 B2 为活动单元格；行 10 表示自动填充 B2 单元格到 B8 单元格，填充类型为默认类型。

（7）行 11 表示单元格区域 B2 到 B8 被选中，行 12 表示设置单元格区域 B1

到 B7 内文字的颜色（这里是索引为 3 的颜色：红色）。

3．编辑 Excel 宏

编辑 Excel 宏的具体操作步骤如下：

① 选中行 8 到行 12。

② 按【Ctrl+C】组合键，或者右击选中部分，从弹出的快捷菜单中选择"复制"命令。

③ 将插入点移到行 14 的起始处，右击后在弹出的快捷菜单中选择"粘贴"命令。得到的程序清单如 5-4 所示。

程序清单 5-4

```
1.  Sub Excel_GGS()
2.  '
3.  ' Excel_GGS Macro
4.  '快捷键: Ctrl+q
5.  '
6.  Workbooks.Add
7.  Range("B2").Select
8.  ActiveCell.FormulaR1C1 = "星期一"
9.  Range("B2").Select
10. Selection.AutoFill Destination:=Range("B2:B8"), Type:=xlFillDefault
11. Range("B2:B8").Select
12. Selection.Font.ColorIndex = 3
13. Range("B2").Select
14. ActiveCell.FormulaR1C1 = "星期一"
15. Range("B2").Select
16. Selection.AutoFill Destination:=Range("B2:B8"), Type:=xlFillDefault
17. Range("B2:B8").Select
18. Selection.Font.ColorIndex = 3
19. End Sub
```

接下来，对以上代码进行修改：

（1）删除行 9 代码，因为此时 B2 单元格已经被选中。同理，可以删除行 15（如果没有改变成其他操作的话）。

（2）将行 13，改为 D2 单元格为活动单元格，代码为 Range("D2").Select。

（3）将行 14 的代码改为 ActiveCell.FormulaR1C1 = "1 月份"。

（4）将行 16 代码中的 Range 函数的参数改为 D2:D13，同样行 17 也是同样的修改。

（5）将行 18 的代码改为 Selection.Font.Color = vbBlue，这样单元格文字的颜色为蓝色。

（6）单击"保存"按钮，或者选择"文件"菜单来保存，自此，该宏的代码清单 5-5 如下：

程序清单 5-5

```
1.  Sub Excel_GGS()
2.  '
3.  ' Excel_GGS Macro
4.  '快捷键: Ctrl+q
```

```
5.  '
6.  Workbooks.Add
7.  Range("B2").Select
8.  ActiveCell.FormulaR1C1 = "星期一"
9.  Selection.AutoFill Destination:=Range("B2:B8"), Type:=xlFillDefault
10.   Range("B2:B8").Select
11.   Selection.Font.ColorIndex = 3
12.   Range("D2").Select
13.   ActiveCell.FormulaR1C1 = "1月份"
14.   Selection.AutoFill Destination:=Range("D2:D13"), Type:=xlFillDefault
15.   Range("D2:D13").Select
16.   Selection.Font.Color = vbBlue
17. End Sub
```

如果单步执行该宏，Excel 程序还是和原先一样，新建立一个 Excel 工作簿，然后在单元格 B2 到 B8 中显示星期一到星期日，字体颜色是红色；但是，接下来的变化是编程增加的。在 D2 单元格输入"1 月份"，对单元格 D2 到 D13 进行默认填充，则单元格 D2 到 D13 中分别显示 1 月份到 12 月份，文字颜色为蓝色。

4．保存宏

当完成了针对这个宏的操作时，工作表中已经包含了该宏，也使得工作簿有了改动，此时需要从 Visual Basic 编辑器中选择"文件"菜单中的"保存"命令，以保存工作簿，关闭 Visual Basic 编辑器，返回到 Excel。至此，完成了 Word 宏和 Excel 宏代码的修改。

5.3 VBA

VBA（Visual Basic for Application）由微软公司开发的面向对象的程序设计语言，它内嵌在 Office 应用程序中，是 Office 软件的重要组件，具有面向对象、可视化，容易学习和实现办公自动化工作等特点。Visual Basic 编辑器（VBE）是 VBA 的开发环境。运用 VBA 编程需要了解对象是代码和数据的集合，对象的属性用于定义对象的特征，对象的方法用于描述对象的行为。

5.3.1　VBA 与 VB

要介绍 VBA，首先要了解 VBA 与 Visual Basic(VB)的关系。VBA 是基于 VB 发展而来，它们具有相似的语言结构和语法特性，同时它们也有不同，主要的区别如下：

（1）VB 是设计用于创建标准的应用程序，而 VBA 是用于使已有的应用程序自动化。

（2）VB 具有自己的开发环境，而 VBA 必须"寄生于"已有的应用程序。

（3）要运行 Visual Basic 开发的应用程序，用户不用调用 Visual Basic 编辑环境，可直接执行。而 VBA 应用程序是寄生性的，执行它们要求用户访问"父"应用程序，例如 Word、Excel。

尽管存在这些不同，Visual Basic 和 VBA 在结构上仍然非常相似。如果已经了解了 Visual Basic，学习 VBA 会非常快。当学会在 Excel 中用 VBA 创建解决方案后，就已经具备了在 Word、Excel 和 PowerPoint 中用 VBA 创建解决方案的大部分知识。

5.3.2　Office 对象

对象是 Visual Basic 的结构基础，在 Visual Basic 中进行的所有操作几乎都与修改对象有关。Microsoft Word 的任何元素，如文档、表格、段落、书签、域等，都可用 Office 中的对象来表示。

对象代表一个 Word 元素，如文档、段落、书签或单独的字符。集合也是一个对象，该对象包含多个其他对象，通常这些对象属于相同的类型；例如：一个集合对象中可包含文档中的所有书签对象。通过使用属性和方法，可以修改单独的对象，也可修改整个对象集合。

属性是对象的一种特性或该对象行为的一个方面。例如：文档属性包含其名称、内容、保存状态以及是否启用修订。若要更改一个对象的特征，可以修改其属性值。

若要设置属性的值，可在对象的后面紧接一个英文句号（实心点）、属性名称、一个等号及新的属性值。以下示例在名为"MyDoc.docx"的文档中启用修订。

```
Sub TrackChanges()
    Documents ("MyDoc.docx").TrackRevisions = True
End Sub
```

在本示例中，Documents 引用由打开的文档构成的集合，而"MyDoc.docx"标示集合中单独的文档，并设置该文档的 TrackRevisions 属性。

属性的"帮助"主题中会标明可以设置该属性（可读写），或只能读取该属性（只读）。

通过返回对象的一个属性值，可以获取有关该对象的信息。以下示例返回活动文档的名称。

```
Sub GetDocumentName ()
    Dim strDocName As String
    StrDocName = ActiveDocument.Name
    MsgBox strDocName
End Sub
```

在本示例中，ActiveDocument 引用 Word 活动窗口中的文档。该文档的名称赋给了 strDocName 变量。

方法是对象可以执行的动作。例如：只要文档可以打印，Document 对象就具有 PrintOut 方法。方法通常带有参数，以限定执行动作的方式。以下示例打印活动文档的前三页。

```
Sub PrintThreePages ()
    ActiveDocument.PrintOut Range: =wdPrintRangeOfPages, Pages:=
    "1-3"
End Sub
```

在大多数情况下，方法是动作，而属性是性质。使用方法将导致发生对象的某些事件，而使用属性则会返回对象的信息，或引起对象的某个性质的改变。

对于对象的获得，需要通过某些对象的某些方法来返回一个对象。可通过返回集合中单独对象的方式来返回大多数对象。例如 Documents 集合包含打开的 Word 文档。可使用（位于 Word 对象结构顶层的）Application 对象的 Documents 属性返回 Documents 集合。

在访问集合之后，可以通过在括号中使用索引序号（与处理数组的方式相似）返回单独的对象。索引序号通常是一个数值或名称。

以下示例使用 Documents 属性访问 Documents 集合。索引序号用于返回 Documents 集合中的第一篇文档。然后将 Close 方法应用于 Document 对象，关闭 Documents 集合中的第一篇文档。

```
Sub CloseDocument()
    Documents(1).Close
End Sub
```

以下示例使用名称（指定为一个字符串）来识别 Documents 集合中的 Document 对象。

```
Sub CloseSalesDoc()
    Documents("Sales.docx").Close
End Sub
```

集合对象通常具有可用于修改整个对象集合的方法和属性。Documents 对象具有 Save 方法，可用于保存集合中的所有文档。以下示例通过使用 Save 方法保存所有打开的文档。

```
Sub SaveAllOpenDocuments()
    Documents.Save
End Sub
```

Document 对象也可使用 Save 方法保存单独的文档。以下示例保存名为 Sales.docx 的文档。

```
Sub SaveSalesDoc()
    Documents("Sales.docx").Save
End Sub
```

若要返回一个处于 Word 对象结构底层的对象，就必须使用可返回对象的属性和方法，"深入"该对象。

若要查看该过程的执行，按【Alt+F11】组合键，打开"Visual Basic 编辑器"，在"视图"菜单上单击"对象浏览器"。单击左侧"类"列表中的 Application。然后再单击右侧"成员"列表中的 ActiveDocument。"对象浏览器"底部会显示文字，表明 ActiveDocument 是只读的，该属性返回 Document 对象。单击"对象浏览器"底部的 Document，则会在"类"列表中自动选定 Document 对象，并将在"成员"列表中显示 Document 对象的成员。滚动成员列表，找到 Close，单击 Close 方法。"对象浏览器"窗口底部会显示文字，说明该方法的语法。有关该方法的详细内容，按【F1】或单击"帮助"按钮，以跳转到 Close 方法的"帮助"主题。

根据这些信息可编写下列指令，以关闭活动文档。

```
Sub CloseDocSaveChanges ()
    ActiveDocument.Close SaveChanges:=wdSaveChanges
End Sub
```

以下示例将活动文档窗口最大化。

```
Sub MaximizeDocumentWindow ()
    ActiveDocument.ActiveWindow.WindowState = wdWindowStateMaximize
End Sub
```

ActiveWindow 属性返回一个 Window 对象，该对象代表活动窗口。将 WindowState 属性设为最大常量（wdWindowStateMaximize）。

以下示例新建一篇文档，并显示"另存为"对话框，这样即可为文档提供一个名称。

```
Sub CreateSaveNewDocument ()
    Documents.Add.Save
End Sub
```

Documents 属性返回 Documents 集合。Add 方法新建一篇文档，并返回一个 Document 对象。然后对 Document 对象应用 Save 方法。

如上所示，可以使用方法或属性来访问下层对象。也就是说，在对象结构中，将方法或属性应用于某个对象的上一级对象，可返回其下级对象。返回所需对象之后，就可以应用该对象的方法并控制其属性。

以上是对于 VBA 编程所应该掌握的核心概念。当然，要进行 VBA 编程还需要很多的知识，主要有 VBA 的语法结构、数据类型、运算方式、面向对象的编程思想等。对于以上知识，不在本书中详细阐述，读者可以从其他参考书籍或 MSDN 中学习和掌握。

5.4　VBA　实　例

本节主要阐述 VBA 的几个编程实例，便于读者了解 VBA 编程的整个过程以及 Office 对象模型，为进一步深入学习 VBA 编程打下基础。

5.4.1　Word 对象编程

进行 Word 编程，首先需要了解 Word 对象模型。可以通过打开 Visual Basic 编辑器中的"帮助"菜单，在默认情况下（即非"显示目录"状态下），选择 Word 对象模型，可以在"帮助"窗口中查询整个对象模型，如图 5-17 所示（如果在"显示目录"状态下，则如图 5-18 所示）。

打开一个子类对象，就可以看到对应于该对象的信息，包括对象模型中属性、方法等子类别，如图 5-18 所示。

Word 有很多可以创建的对象。Word 允许用户去访问这些常用的对象，并且可以不必通过 Application 对象去访问。常用的有 ActiveDocument 对象、ActiveWindow 对象、Documents 对象、Options 对象、Selection 对象和 Windows 集合。

图 5-17　Word 对象模型（部分）

图 5-18　Documents 集合

下面举例说明，如何利用 VBA 来使用 Word 对象完成一定的功能。

【例 5.1】在 Word 中将格式应用于文本。

使用 Word 对象模型中的 Selection 属性将字符和段落格式应用于选定的文本，其中用 Font 属性获得字体格式的属性和方法，用 ParagraphFormat 属性获得段落格式的属性和方法，如程序清单 5-6 所示。

程序清单 5-6

```
Sub wFormat()
  With Selection.Font
.Name="隶书"
.Size=16
  End With
  With Selection.ParagraphFormat
    .LineUnitBefore = 0.5
    .LineUnitAfter = 0.5
  End With
End Sub
```

具体操作步骤如下：

① 在 Visual Basic 编辑器中，打开 Normal 工程模块中的 NewMacros 模块，在右边的编辑窗口内输入程序清单 5-6 中的内容。

② 然后在 Word 的编辑窗口中选中某个段落，重新将鼠标置于该代码中的任意位置，单击"调试"工具栏上的"运行子过程/用户窗口"按钮，就可以看到效果：文字为隶书，大小为 16，段落行前、行后都是 0.5 行的间距。

【例 5.2】在选定的每张表格的首行应用底纹。

要引用活动文档的段落、表格、域或者其他文档元素，可使用 Secletion 属性返回一个 Selection 对象，然后通过 Selection 对象访问文档元素。在此例中，同时还运用 For Each⋯Next 循环结构在选定内容的每张表格中循环，步骤如下：

① 打开某个 Word 文档（或新建），在文档中插入三张表格如图 5-19 所示。

② 打开"开发工具"选项卡，单击"代码"组内的"Visual Basic 编辑器"（或按【Alt+F11】组合键）打开 Visual Basic 编辑器，输入程序清单 5-7。

程序清单 5-7

```
Sub Tabpe_Head()
Dim My_Table As Table
If Selection.Tables.Count >= 1 Then
  For Each My_Table In Selection.Tables
    My_Table.Rows(1).Shading.Texture = wdTexture35Percent
Next My_Table
End If
End Sub
```

③ 同时打开 Word 窗口和 Visual Basic 编辑器（最好并列摆放，便于观察效果）。在 Word 窗口中选中三张表格以及他们中间的区域（不能用【Ctrl】键来选择表格，用鼠标滑动选中或者按【Shift】键+鼠标来选取连续的区域）。

④ 在 Visual Basic 编辑器中，将鼠标定位在 Tabpe_Head 代码内部，然后单击"调试"工具栏的"运行子过程/用户窗体"按钮。

⑤ 观察 Word 窗口中三个表格第一行的变化，如图 5-20 所示，第一行都加了底纹。

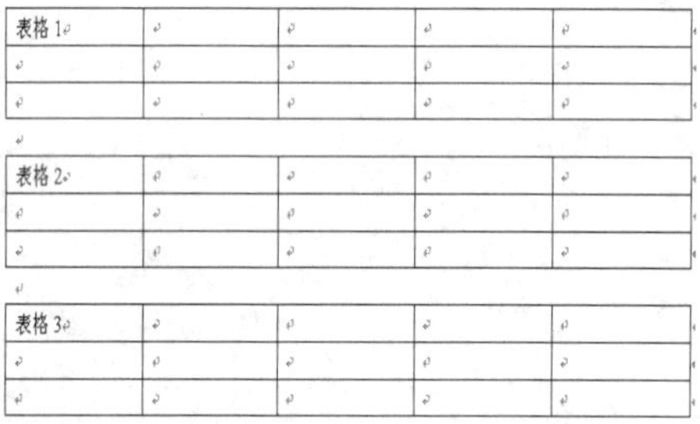

图 5-19　插入三张空白表格 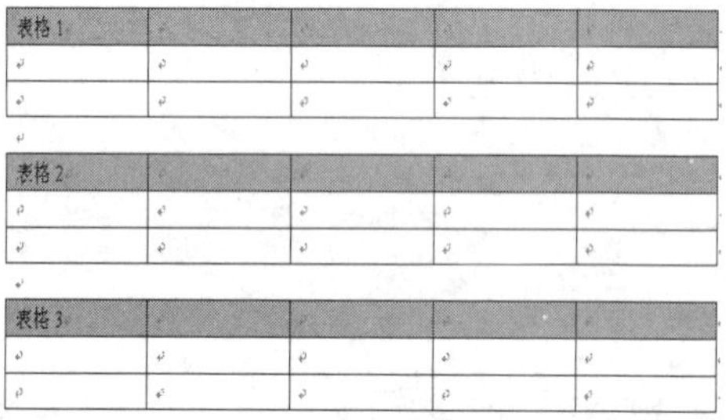　　　图 5-20　已经加了底纹的三张表格

【例 5.3】删除当前文档中选定部分的空白行。

在本例中，使用 Selection 对象中的 Paragraphs 对象，运用 For Each⋯Next 语句来循环删除每个空白行（空白行是指没有任何字符的行，不能有空格）。程序清单 5-8，功能非常的实用，代码很简单。

程序清单 5-8

```
Sub DelBlankLine()
  For Each i In Selection.Paragraphs
    If Len(Trim(i.Range)) = 1 Then i.Range.Delete
  Next
End Sub
```

具体操作步骤如下：

① 或新建一个 Word 文档，在里面输入或者粘贴多行文字用于测试程序，其中包含多行空白行。同时打开 Word 窗口和 Visual Basic 编辑器。

② Word 窗口中选中文字区域（包含多行空白行），然后在 Visual Basic 编辑器中，将鼠标置于上述代码内部，单击"运行子程序/用户窗体"按钮，运行之后，可以发现制作的多行空白行已经被删除了。

【例 5.4】给当前文档中所有的图片按顺序添加图注。图注的形式为"图 1.1"、"图 1.2"等。

具体步骤如下：

① 或创建一个 Word 文档，名称为 test.docx。在文档中输入或粘贴一些文本，在其中插入几个图片，用于测试程序运行的效果。

② 按【Alt+F11】组合键，打开 Visual Basic 编辑器，双击 Normal 工程，然后双击 NewMacros 模块，在打开的代码窗口中输入程序清单 5-9，然后保存代码。

③ 在打开的 test.docx 文档中，打开"开发工具"选项卡"代码"组中的"宏"按钮。在弹出的宏对话框中选择 PicIndex，单击"运行"，随后看到 test.docx 文档中图片加图注的效果。

程序清单：5-9

```
Sub PicIndex()
 k = ActiveDocument.InlineShapes.Count
 For j = 1 To k
 ActiveDocument.InlineShapes(j).Select
 Selection.Range.InsertAfter Chr(13) & "图 1." & j
 Next j
End Sub
```

5.4.2　Excel 对象编程

了解 Excel 对象模型，可以通过打开 Visual Basic 编辑器中的帮助菜单，打开"显示目录"按钮，选择 Excel 对象模型，在屏幕上观察到整个对象模型，如图 5-21 所示。

Excel 有很多可创建对象，通过 Application 对象就可以接触到对象模型中大多数令人感兴趣的对象。在一般情况下，以下对象都是重要的对象：

图 5-21　Excel 对象模型（部分）

- Workbooks 对象，它包含多个 Workbook 对象，表示所有打开的工作簿。在一个工作簿内，Sheets 集合包含若干个表示工作表的 Worksheet 对象，以及若干个表示图表工作表的 Chart 对象。在一个工作表上，Range 对象可以使用户访问若干个区域，从单个单元格直到整个工作表。

- ActiveWorkbook 对象，它代表活动工作簿。
- ActiveSheet 对象，它代表活动工作表。
- Windows 集合，它包含若干个 Window 对象，表示所有打开的窗口。
- ActiveWindow 对象，它表示活动窗口。使用此对象时，必须检查它所表示的窗口是不是想要操控的那种类型的窗口。因为该对象总是返回当前具有焦点的那个窗口。
- ActiveCell 对象，它表示活动单元格。这个对象对于在用户选择的单元格上进行工作的简单过程（计算各种值或校正格式设置）特别有用。

下面举例讲解 Excel 对象模型的用法和提供有用的 VBA 程序。

【例 5.5】按自定义序列排序。

在默认情况下，Excel 允许用户按照数字或者字母顺序排列，但有时这并不能满足用户所有的需求。比如教师信息中，经常有按职称由高到低的排序问题。系统默认的顺序是按照拼音字母的顺序来的，具体顺序为：副教授、讲师、教授、助教。教师学历的排序为：博士、硕士、本科、大专等，而在 Excel 中这个序列的顺序却是：本科、博士、大专和硕士，显然也是无法满足需要的。面对这样的问题，可以通过 VBA 编程利用 Excel 的自定义序列功能来实现想要的顺序：教授、副教授、讲师、助教。具体实现步骤如下：

① 创建一个 Excel 工作簿，在第一张工作表上建立用于测试的数据序列，如图 5-22 所示。其中的规则 1 和规则 2 表示排序的先后顺序。插入按钮的方法为：打开"开发工具"选项卡，单击"控件"组中的"插入"按钮，弹出"表单控件"面板，选择"按钮"项。

▲	A	B	C	D	E	F	G
1	姓名	职称	学历			规则1	规则2
2	陈亮	副教授	博士			教授	博士
3	秋月	讲师	硕士	按职称排序		副教授	硕士
4	刘霞	讲师	博士			讲师	本科
5	张杰	助教	大专			助教	大专
6	叶萍萍	助教	本科				
7	周海涛	讲师	硕士				
8	董小四	助教	硕士				
9	谢亚萍	教授	本科	按学历排序			
10	徐大牛	教授	博士				
11	李可凡	副教授	硕士				

图 5-22 测试用的表和按钮

② 选择"表单控件"面板中的按钮，在 Excel 工作区进行拖放完毕后自动弹出"指定宏"对话框，在该对话框中单击"新建"按钮，弹出 Visual Basic 编辑器，光标自动定位在：Private Sub 按钮 1_Click()和 End Sub 之间。然后输入程序清单 5-10。

程序清单 5-10

```
Private Sub 按钮1_Click()
Application.AddCustomList listarray:=Sheets(1).Range("F2:F5")
n = Application.GetCustomListNum(Sheets(1).Range("F2:F5").Value)
Range("a2:c11").Sort key1: =Range("B2"), ordercustom:=n + 1
```

```
Application.DeleteCustomList n
End Sub
```

③ 同样单击和拖放第二个按钮，在弹出 Visual Basic 编辑器后，光标自动定位在：Private Sub 按钮 2_Click()和 End Sub 之间。然后输入程序清单 5-11。

程序清单 5-11

```
Private Sub 按钮2_Click()
Application.AddCustomList listarray:=Sheets(1).Range("G2:G5")
n = Application.GetCustomListNum(Sheets(1).Range("G2:G5").Value)
Range("a2:c11").Sort key1: =Range("C2"), ordercustom:=n + 1
Application.DeleteCustomList n
End Sub
```

④ 在 VBE 中单击"保存"按钮，回到 Excel 的 Sheet1 工作表内，右击两个按钮，分别修改问题为："按职称排序"和"按学历排序"。当单击"按职称排序"按钮时数据就会按照职称来排序，如图 5-23 所示；当单击"按学历排序"按钮时数据就会按照学历来排序如图 5-24 所示。

	A	B	C	D	E
1	姓名	职称	学历		
2	谢亚萍	教授	本科		
3	徐大牛	教授	博士	按职称排序	
4	陈亮	副教授	博士		
5	李可凡	副教授	硕士		
6	秋月	讲师	硕士		
7	刘霞	讲师	博士		
8	周海涛	讲师	硕士		
9	张杰	助教	大专	按学历排序	
10	叶萍萍	助教	本科		
11	董小四	助教	硕士		

图 5-23 按职称排序

	A	B	C	D	E
1	姓名	职称	学历		
2	陈亮	副教授	博士		
3	刘霞	讲师	博士	按职称排序	
4	徐大牛	教授	博士		
5	秋月	讲师	硕士		
6	周海涛	讲师	硕士		
7	董小四	助教	硕士		
8	李可凡	副教授	硕士		
9	叶萍萍	助教	本科	按学历排序	
10	谢亚萍	教授	本科		
11	张杰	助教	大专		

图 5-24 按学历排序

【例 5.6】计算指定区域中不重复的数据个数。

统计区域中不重复数据的操作是一个很重要的操作，一般来说，可以通过数组公式来完成。这里，通过编写一个函数来实现这个功能，以后只要在 Excel 中使用该函数就可以得到需要的统计结果。这个例子中，不是编写一个事件，也不是一个过程，而是一个函数。编写的函数可以直接在 Excel 中调用，结果（函数返回值）显示在函数所在的单元格内。问题描述如下：在图 5-25 中，需要统计课程总数或者选修的学生总数。

自定义一个函数 Count_unq()，具体步骤如下：

① 打开或者新建一个 Excel 工作簿，输入图 5-25 所示的数据。

② 打开"开发工具"选项卡"代码"组中的"Visual Basic 编辑器"，在打开的编辑器中右击本 Excel 文档，在弹出的菜单中选择"插入"命令，然后选择"模块"。最后在刚才插入的模块中输入程序清单 5-12 中的内容。

	A	B
1	选课名单	课程名称
2	李芳芳	计算机基础
3	李芳芳	大学物理A
4	沈斌	概率统计A
5	沈斌	C语言程序设计
6	胡锐	大学英语A
7	李建成	高等数学B
8	周正保	FLASH动画
9	周正保	C语言程序设计
10	胡锐	线性代数A
11	王迪	篮球
12	王迪	素描A
13	方莹	OFFICE办公软件
14	胡维革	化工原理

图 5-25 原始数据

程序清单 5-12

```
Function Count_unq(Rng As Range) As Long
Dim mycollection As New Collection
On Error Resume Next
For Each cel In Rng
    mycollection.Add cel.Value, CStr(cel.Value)
Next
On Error GoTo 0
Count_unq = mycollection.Count
End Function
```

③ 在此 Excel 的原始数据表内选择任意空白单元格（如 A15），输入：=Count_unq(A2:A15)，则会将统计出的结果显示在单元格 A15 中，如图 5-26 所示。

通常，自定义的函数只能在当前工作簿使用，如果该函数需要在其他工作簿中使用，则选择"文件"选项卡的"另存为"命令，弹出"另存为"对话框，选择保存类型为"Mircosoft Excel 加载宏"，然后输入一个文件名，如"Count_unq"，单击"确定"按钮后文件就被保存为加载宏。

如有其他 Excel 文档需要加载和使用这个宏，可以通过：打开"开发工具"选项卡"加载项"组中的"加载项"按钮，弹出"加载宏"对话框，选择"可用加载宏"列表框中的"Count_unq"复选框即可，单击"确定"按钮后，如图 5-27 所示，就可以在本机上的所有工作簿中使用该自定义函数了。如果没有显示 Count_unq 宏，则可以通过"浏览"按钮去打开存有这个宏的加载宏文件 Count_unq.xlam。

图 5-26 A15 单元格中输入函数	图 5-27 Excel 中加载宏

【例 5.7】实现 Excel 中计算工人的工龄。

设计如图 5-28 所示的一张表格，输入"姓名"，"工龄"和"参加工作时间"等数据，然后编写一个函数，自动填写"工龄"信息，要求精确到月。具体步骤如下：

① 设计工作表：新建一张工作表，按照图 5-28 所示数据设计表格内容，表格字体、字号、边框、对齐方式等自行设定即可。

② 编写自定义函数：在此工作表显示的状态下，按【Alt+F11】组合键，打开 Visual Basic 编辑器，进入 VBA 编辑环境，在"工程窗口"选中该文件，右击

这张工作表，单击"插入"选项卡中的"模块"命令。

③ 在右边打开的代码窗口中，输入程序清单 5-13 中的内容。

程序清单 5-13

```
1. Function WorkAge(ByVal BeginDate As Date, ByVal EndDate As Date)
2. Dim WorkYear, WorkMonth As Integer
3. WorkYear = Year(EndDate) - Year(BeginDate)
4. WorkMonth = Month(EndDate) - Month(BeginDate)
5. If WorkMonth < 0 Then
6. WorkYear = WorkYear - 1
7. WorkMonth = 12 + WorkMonth
8. End If
9. If  WorkMonth = 0 Then
10.   WorkAge = WorkYear & "年整"
11. Else
12.   WorkAge = WorkYear & "年" & WorkMonth & "月"
13. End If
End Function
```

④ 在 C2 单元格中输入"=WorkAge(B2)"，然后利用填充操作向下填充，结果如图 5-29 所示。在函数 WorkAge 中，参数 BeginDate，EndDate 表示日期型变量，在行 2 中计算两个"年"之间的差距，行 3 中计算两个"月"之间的差距。如果月差距小于 0，那么年应该减去 1，而月应该增加 12。行 4 到行 8 的 IF 结构就表示了这两个不同情况下的输出结果。

	A	B	C
1	姓名	参加工作时间	工龄
2	陈亮	1997/2/3	
3	秋月	2002/3/1	
4	刘霞	1997/4/9	
5	张杰	2003/4/1	
6	叶萍萍	2005/6/13	
7	周海涛	2006/9/8	
8	董小四	2001/1/5	
9	谢亚萍	2001/11/2	
10	徐大牛	2008/7/9	
11	李可凡	2010/8/31	

图 5-28　原始数据

C2		fx	=workage(B2,TODAY())
	A	B	C
1	姓名	参加工作时间	工龄
2	陈亮	1997/2/3	19年5月
3	秋月	2002/3/1	14年4月
4	刘霞	1997/4/9	19年5月
5	张杰	2003/4/1	13年3月
6	叶萍萍	2005/6/13	11年1月
7	周海涛	2006/9/8	9年10月
8	董小四	2001/1/5	15年6月
9	谢亚萍	2001/11/2	14年8月
10	徐大牛	2008/7/9	8年整
11	李可凡	2010/8/31	5年11月

图 5-29　工龄计算结果

5.4.3　PowerPoint 对象编程

PowerPoint 对象模型是 PowerPoint 的基础性理论体系结构。本节列举一些最常用的 PowerPoint 对象以及它们的使用方法。

在 PowerPoint 中，通过 Application 对象可以访问到 PowerPoint 应用程序的所有对象。但是，对于很多操作，可以直接使用 PowerPoint 拥有的可创建对象。最有用的可创建对象如下：

● ActivePresetation 对象，它表示活动的演示文稿。

● Presentations 集合，它包含若干个 Presentation 对象，每个对象表示一个打开的演示文稿。

● ActiveWindow 对象，它表示应用程序中的活动窗口。

● CommandBars 集合，它包含若干个 CommandBar 对象，每个对象表示 PowerPoint 应用程序中的一个命令栏（工具栏、菜单栏及快捷菜单）。通过对各种 CommandBar 对象进行操作，能够以程序方式改变 PowerPoint 的界面。

- SlideShowWindows 几个，它包含若干个 SildeShowWindow 对象，每个对象表示一个打开的幻灯片放映窗口。这个集合对于控制当前显示的幻灯片放映是很有用的。

在一个演示文稿中，经常要对 Slides 集合进行操作，这个集合包含表示各张幻灯片的 Slide 对象。在一张幻灯片中，大多数项目是由 Shape 对象来表示的，这些 Shape 对象汇集成 Shapes 集合。例如：一个占位符文本被包含在 TextFrame 对象中的 TextRange 对象的 Text 属性之内，而这个 TextFrame 对象则在一张幻灯片的某个 Shape 对象之中。

要查询和学习 PowerPoint 对象模型，可以打开 PowerPoint 中的 Visual Basic 编辑器，然后打开"帮助"菜单，单击"PowerPoint 对象模型"，就会出现如图 5-30 所示的对象模型结构图。

下面举例讲解 PowerPoint 对象模型中常用对象的功能和使用方法。

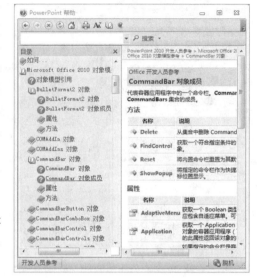

图 5-30　PowerPoint 对象模型（部分）

【例 5.8】　将外部幻灯片插入到当前演示文稿中。

在创建演示文稿时，有时候需要的幻灯片在其他演示文稿中存在，此时，可以将其他文稿中的幻灯片插入到当前文稿。为此，可以利用 Slides 集合的 InsertFromFile 方法来编写代码实现。例如：要将演示文稿"导出幻灯片为图片.pptm"，图 5-31 中第 2、3 和 4 张幻灯片插入演示文稿"从其他文件中插入幻灯片.pptm"（图 5-32）中，具体步骤如下：

① 打开"从其他文件中插入幻灯片.pptm"演示文稿，按【Alt+F11】组合键打开 Visual Basic 编辑器。

② 右击该演示文稿，在弹出的菜单中选择"插入"选项，然后单击"模块"，双击插入的模块，右边出现代码窗口，在代码窗口中输入程序清单 5-14 中的内容。

图 5-31　演示文稿"导出幻灯片为图片.pptx"

程序清单 5-14

```
1.  Sub Insert_Slides()
2.  Presentations("从其他文件中插入幻灯片.pptm").Slides.InsertFromFile
3.  FileName:="d:\MyPic\导出幻灯片为图片.pptx ", Index:=1, SlideStart:=2,
```

```
         SlideEnd:=4
4.       ActivePresentation.Slides.Range (Array(2, 3, 4)).ApplyTemplate
5.          "c:\Program Files(x86)\Microsoft office\Templates\2052\Training.
         potx" windows 7 环境
6. End Sub
```

③ 输入完程序清单后，单击"工具栏"上的"保存"按钮，然后单击"调试"工具栏上的"运行子程序/用户窗体"按钮。

④ 切换"从其他文件中插入幻灯片.pptm"的视图为"幻灯片浏览"视图，可看到如图 5-33 所示的运行结果。

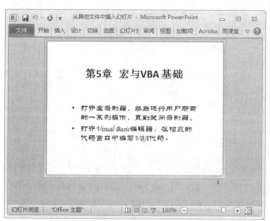

图 5-32 演示文稿"从其他文件中 插入幻灯片.pptm"

图 5-33 插入后的"幻灯片浏览" 视图效果

本例用到了 Presentation 对象中 Slides 对象的 InsertFromFile 方法，该方法可以将其他演示文稿中的幻灯片插入本演示文稿中。但是，由于该方法只是插入幻灯片，并没有同时插入幻灯片的设计模板，因此在代码行 4 和行 5 中加入 Slides 对象的 ApplyTemplate 方法，该方法是将幻灯片加上设计模板，具体可以用 Slides 对象的 Range 属性来确定哪些幻灯片需要加设计模板。

【例 5.9】使演示文稿中所有的页眉和页脚标准化。

在制作 PowerPoint 演示文稿时，有时候会需要把来自各个现有演示文稿的若干幻灯片汇集或提取成新的演示文稿，或者如果不同人员在他们的演示文稿中使用了不一致的页眉和页脚。这时，有可能需要使演示文稿中的所有页眉和页脚实现标准化。因此，可以编写一个程序实现这样的功能。在这个程序中，先清楚原有的页眉和页脚，确保所有幻灯片都显示幻灯片母版上的各个占位符，然后将一种页眉和页脚应用到演示文稿中的所有幻灯片，具体步骤如下：

① 建立一个演示文稿"PPT_Temp.pptx"，然后插入若干幻灯片，要求他们具有不同的幻灯片页脚，如图 5-34 所示。第一张到第三张幻灯片的页脚内容分别为：计算机公共课部、计算机基础教研室 、PPT-VBA，第四张页脚为空白。

② 按【Alt+F11】组合键，打开 Visual Basic 编辑器，在工程窗口中，右击 PPT_Temp 工程，单击"插入"标签，选择"模块"命令；然后，双击插入的模

块，出现代码窗口；在出现的代码窗口中输入程序清单 5-15。

程序清单 5-15

```
Sub Reset_Head_Footer()
Dim mypresentation As Presentation, myslide As Slide
Set mypresentation = ActivePresentation
For Each myslide In mypresentation.Slides
    With myslide.HeadersFooters
        .Clear
        With .Footer
            .Visible = msoTrue
            .Text = "计算机基础教研部"
        End With

        With .DateAndTime
            .Visible = msoTrue
            .UseFormat = True
            .Format = ppDateTimedddMMMMddyyyy
        End With
    End With
Next myslide
End Sub
```

③ 单击"调试"工具栏上的"运行子程序/用户窗体"按钮，就可以在 PPT_Temp 中看到页脚统一设为"计算机基础教研部"以及每个幻灯片都显示了日期，如图 5-35 所示。

图 5-34　PPT_Temp 文件的幻灯片浏览视图　　　图 5-35　统一日期和页脚的效果

【例 5.10】利用 PowerPoint 中的控件制作单选测试题。

在用 PowerPoint 制作的课件中，一般来说，交互性较差，而当需要制作具有较强交互性和智能化的课件时，就不能用普通的技术了。在本例中，给出用 VBA 结合 PowerPoint 控件制作课件的方法，设置完毕后的幻灯片如图 5-36 和图 5-37 所示，具体步骤如下：

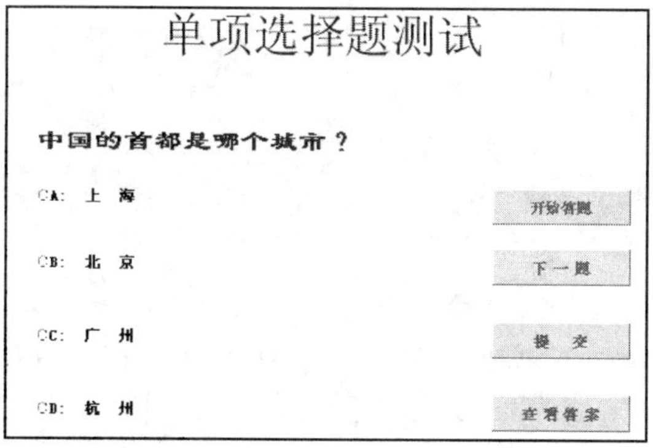

图 5-36　第一张幻灯片 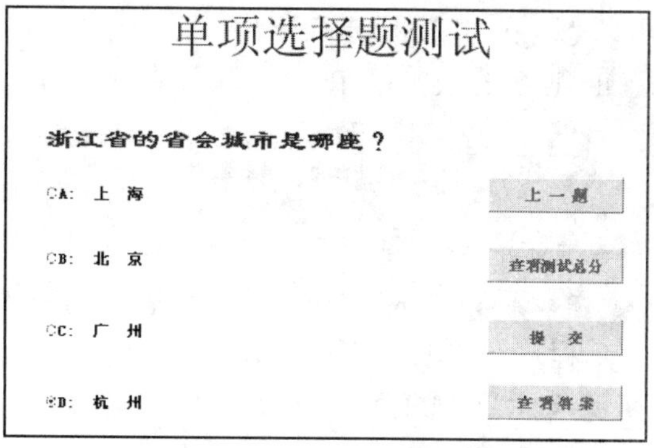　　　　　　　　图 5-37　第二张幻灯片

① 建立一个演示文稿，名称为 PPT_Test.pptx，在里面建立两张幻灯片分别为 Slide1 和 Slide2。

② 利用"控件"工具栏，在第一张幻灯片中添加"标签"控件，右击"标签"控件，选择属性，在弹出的属性对话框中将标签的 Caption 属性为"中国的首都是哪个城市？"。

③ 然后添加四个"选项按钮"，利用"属性"对话框，将它们的 Caption 属性分别设为："A：上海""B：北京""C：广州""D：杭州"。

④ 接下来，在第一张幻灯片的右边放置四个"命令按钮"，同样的方法，设置 Caption 属性为："开始答题""下一题""提交""查看答案"。

⑤ 单击打开第二张幻灯片，用同样的方法，设置"标签"控件的 Caption 属性为"浙江省的省会城市是哪座？"。

⑥ 和第一张幻灯片一样，添加四个"选项按钮"，Caption 属性和第一张幻灯片相同。

⑦ 和第一张幻灯片一样，添加四个"命令按钮"，Caption 属性分别为："上一题""查看测试总分""提交""查看答案"。

接下来部分是添加 VBA 代码部分。在第一张幻灯片中可以逐个双击"命令按钮"，打开 Visual Basic 编辑器代码窗口，下面具体阐述相应的代码。

① 双击"开始答题"按钮，在打开的代码窗口中输入程序清单 5-16：

程序清单 5-16

```
1.  Private Sub CommandButton1_Click()
2.  NowSlideNum = 1
3.  OptionButton1.Value = False
4.  OptionButton2.Value = False
5.  OptionButton3.Value = False
6.  OptionButton4.Value = False
7.  End Sub
```

在这个代码中，将所有"选项按钮"的 Value 都设为 Flase（行 3 到行 6）表示：答题前，所有的选项都为空。在行 2 中，看到将 NowSlideNum 变量赋值为 1，表示当前幻灯片的编号为 1（即第一张幻灯片），这个变量因为在所有幻灯片中都要用到，所以将这个变量设为全局变量。设置方法如下步骤②。

② 在"工程窗口"中，右击"模块"文件夹，选择"插入"，单击"模块"，双击建立的模块，在"模块"代码窗口中输入程序清单 5-17。

程序清单 5-17

```
'全局变量：统计正确个数
Public Right_Count As Integer
'全局变量：当前的幻灯片编号
Public NowSlideNum As Integer
```

程序清单 5-17 中，共有两个变量：Right_Count 和 NowSlideNum。Right_Count 变量表示答题正确的个数，因为这个变量也是所有幻灯片都要用到的，所以也是设为全局变量。

③ 双击"下一题"按钮，在出现的代码窗口内输入程序清单 5-18。

程序清单 5-18

```
1.  Private Sub CommandButton2_Click()
2.  '下一题
3.  If MsgBox("是否提交? ", vbYesNo + vbQuestion, "下一题") = vbYes Then
4.      With SlideShowWindows(1).View
5.              .GotoSlide NowSlideNum + 1
6.      End With
7.      NowSlideNum = NowSlideNum + 1
8.  End If
9.  OptionButton1.Value = False
10. OptionButton2.Value = False
11. OptionButton3.Value = False
12. OptionButton4.Value = False
13. End Sub
```

程序清单 5-18 中，行 3 到行 8 表示，如果确定需要进行下一题操作，那么行 5 表示进入到编号为 NowSlideNum 的幻灯片，行 7 表示将当前幻灯片编号变量加上 1。行 9 到行 10 表示将四个"选项按钮"设为空，即没选中任何一个。

④ 接下来，对"提交"按钮双击，输入程序清单 5-19。

程序清单 5-19

```
1.  Private Sub CommandButton3_Click()
2.  '提交
3.  If OptionButton2.Value = True Then
4.      Right_Count = Right_Count + 1
5.  End If
6.  End Sub
```

"提交"按钮的功能是统计当前的答案是否正确，如果正确，则行 4 将"正确个数"变量 Right_Count 增加 1。

⑤ 同样，双击"查看答案"命令按钮，在打开的代码窗口内输入程序清单 5-20，在此程序清单中，利用 msgbox 函数，给出提示信息，将正确的答案用弹出对话框显示给用户。

程序清单 5-20

```
Private Sub CommandButton4_Click()
'上一题
```

```
'查看答案
   MsgBox ("正确答案是：“B：  北京”")
End Sub
```

至此，将第一张幻灯片上需要编写程序的控件都进行了编写，接下来对第二张幻灯片进行类似的操作，具体步骤不再重复，将程序清单 5-21 中的代码写在 Slide2 相应的控件代码中。

程序清单 5-21

```
Private Sub CommandButton1_Click()
'上一题
   If MsgBox("是否提交？ ", vbYesNo + vbQuestion, "上一题") = vbYes Then
      With SlideShowWindows(1).View
         .GotoSlide NowSlideNum - 1
      End With
   End If
NowSlideNum = NowSlideNum - 1
End Sub
Private Sub CommandButton2_Click()
'总分按钮
MsgBox "你的总分为： " & Right_Count * 10
End Sub
Private Sub CommandButton3_Click()
'查看答案
   MsgBox ("正确答案是：“D：  杭州”")
End Sub
Private Sub CommandButton4_Click()
'提交按钮
   If OptionButton4.Value = True Then
      Right_Count = Right_Count + 1
   End If
End Sub
```

以上代码中，用斜体字符表示每一个事件代码的开始和结束，以便于阅读。

Visio 2010 高级应用 «<

Visio 2010 是微软公司推出的一款矢量绘图软件。具有易于上手的绘图环境，并配有整套范围广泛的模板、形状和先进工具。Visio 2010 制图简单规范、结构清晰、逻辑性强，便于描述和理解。它可以帮助用户创建系统的业务和技术图表、说明复杂的流程或设想、展示组织结构和空间布局等。Visio 2010 版较以前的旧版有了很大的改进，增加了许多新的功能，同时一些熟悉的功能也进行了更新，使得创建图表更加容易。

本章将介绍 Visio 2010 的操作环境、形状的分类及操作、流程图及组织结构图的制作和 Word、Excel、PowerPoint 中共享 Visio 绘图等内容。

6.1 操 作 环 境

启动 Visio 2010 后即可看到 Visio 2010 的绘图环境，在绘图环境中，可以实现绘图文件的创建、编辑、修改、保存、打开和关闭。

6.1.1 绘图环境

Visio 2010 的绘图环境与 Word 2010 和 Excel 2010 的窗口界面基本相似，其中包含了标题栏、工具选项卡、功能区、形状窗格、绘图窗格、状态栏等内容，如图 6-1 所示。

在 Visio 2010 中需要明确以下几个基本概念：

- 形状：指可以用来反复创建绘图的图形对象。形状可以是流程图中的矩形和菱形等基本形状，也可以是更为精细的形状。
- 模具：指与模板相关联的形状的集合。利用模具可以迅速生成相应的图形。模具中包含了形状。模具一般位于绘图窗口的左侧，其扩展名为.vss。
- 模板：一组模具和绘图页的设置信息，是针对某种特定的绘图任务或样板而组织起来的一系列主控图形的集合，利用模板可以方便地生成用户所需要的图形。模板文件的扩展名为.vst。
- 窗口：如图 6-1 所示，包含标尺、绘图页、网格和页标签等工具，用户可以在此处绘制各种图形，设置绘图页的名称等。

● 绘图页：如图 6-1 所示，用户的主要工作都在绘图页中操作，可以直接在绘图页看到操作的效果。

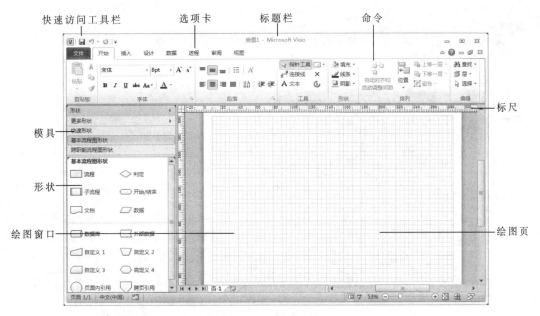

图 6-1　Visio 2010 绘图环境

6.1.2　绘图文件的创建与保存

根据用户的不同需要，可以用不同的方法来创建绘图文件。

1．创建绘图文件

1）新建创建空白绘图文件

在 Visio 2010 中，要创建一个全新的绘图文件，可以单击"文件"选项卡中的"新建"，选择"空白绘图"，再单击右侧的"创建"按钮。也可以用快捷方式【Ctrl+N】直接创建空白的绘图文件。

2）利用现有的绘图文件创建

在现有绘图文件的基础上，要创建一个新的绘图文件，可以单击"文件"选项卡中的"新建"，选择"根据现有内容新建"，并从打开的"根据现有绘图新建"对话框中选定文件，单击"新建"按钮。

3）根据模板新建绘图文件

在 Visio 2010 中有许多自带的模板，方便用户根据需要创建。单击"新建"，选择模板类别，如"工程"，可根据需要选择如图 6-2 所示中的模板，使用其中的形状。

2．保存绘图文件

要保存一个新建的绘图文件，可以单击"文件"选项卡中的"保存"，然后在弹出的"另存为"对话框中选择保存绘图文件的路径并输入文件名，单击"保存"按钮。另外，若要将绘图文件保存为其他格式，可以单击"文件"选项卡中的"另存为"，然后在弹出的"另存为"对话框中选择保存类型中的其他格式，单击"保存"按钮即可。

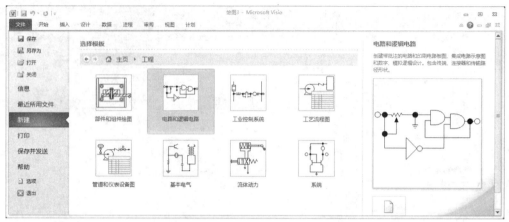

图 6-2　根据模板新建绘图文件

6.2　形　　状

在 Visio 2010 的绘图文件中，形状是图形的构建基块。如将形状从模具拖至绘图页上时，原始形状仍然保留在模具上，该原始形状称为主控形状。放置在绘图上的形状是该主控形状的副本，也称实例。用户可以根据需要将同一形状的任意数量的实例拖至绘图上。

形状可以像线条那样简单，也可以像日历、表格或可调整大小的墙形状那样复杂。在 Visio 2010 中，一切均是形状，包括图片和文本。

6.2.1　形状分类

按照形状各自不同的行为方式，可以将形状分为两种类型：一维形状和二维形状。

1．一维形状

选定形状后，只有一个起点"□"和一个终点"■"的形状称为一维形状，如图 6-3 所示。当移动一维形状的起点或终点，只有一个维度长度会发生改变。直线是最典型的一维形状。一维形状最大的作用是能够连接两个不同的形状。例如：在业务流程图中，可以用一条线或一个箭头将两个部门连起来。

2．二维形状

选定形状后，不分起点和终点，而是

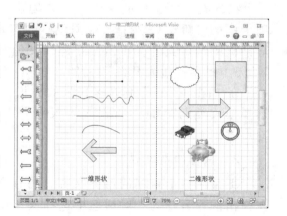

图 6-3　一维、二维形状

有八个选择手柄"■"的形状称为二维形状，如图 6-3 所示。其具有两个纬度，用户可以拖动手柄来调整形状的长度和高度。

6.2.2 形状数据与特殊行为

在 Visio 2010 中，形状不仅仅是简单的图像或符号，还可以包含数据及特殊行为。

1．添加形状数据

在"视图"选项卡的"显示"组中，单击"任务窗格"，然后单击"形状数据"。通过在"形状数据"窗口中键入数据可以向每个形状添加数据。也可以从外部数据源导入数据。图 6-4 所示为柜子，右侧为柜子的各种尺寸。

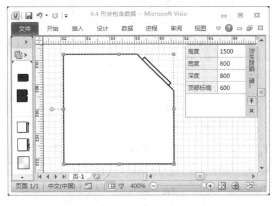

图 6-4 形状包含数据

2．形状的特殊行为

在 Visio 2010 中，许多形状都具有特殊行为。在拉伸、右击或移动形状上的黄色控制手柄时看到这些行为。不同的形状的特殊行为不同，如图 6-5 所示的门，拖动黄色控制手柄，门可以被打开或关闭。在实际应用中，门和座椅不能有交叉，因此可以拖动黄色控制手柄将门打开，用以检查是否满足实际需求。如图 6-5 所示，座椅和门有交叉，则说明需要挑选较小的桌子来满足实际需求。

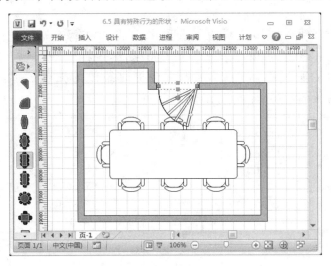

图 6-5 具有特殊行为的形状

6.2.3 形状操作

在绘制图形的过程中，经常需要对形状进行连接、移动、翻转、旋转、组合、添加文本以及为形状添加数据等编辑操作。

1．形状的选取

选取单个图形的步骤为：选择"开始"选项卡中的"指针工具"命令 ![指针工具]，然后将鼠标指针放在需要选取的形状上单击即可。

选择多个形状通常有两种方法：

第一种方法是选择"开始"选项卡中的"指针工具"命令，先选中第一个图形，然后按住【Shift】或【Ctrl】键的同时，逐个单击要选的形状。

第二种方法是直接用鼠标拖动的方式。在绘图区中，按住鼠标左键不放，拖动出一个矩形框后释放鼠标，在矩形框中的形状就被选中了。

2．形状的手柄

在对图形的操作过程中，用户经常需要使用形状的手柄来快速修改形状的外观、位置或行为。手柄大致可分为7种：选择手柄、控制手柄、控制点、连接点、旋转手柄、定点、锁定手柄。

1）选择手柄

使用"开始"选项卡中的"指针工具"选择形状时，形状的角上和边上的蓝色小框"■"就是选择手柄；拖动选择手柄可以调整形状的大小，如图6-6所示。

2）控制手柄

使用"开始"选项卡中的"指针工具"选择某个形状时，图形上出现的黄色菱形"◆"，就是控制手柄。不是每个形状都有控制手柄，如果有则可以通过它们修改该形状。例如：用户拖入一个圆角矩形形状，则就可以利用控制手柄来调节形状圆角的角度，如图6-6所示。

3）控制点

控制点一般出现在使用"开始"选项卡中的"铅笔工具"选择线条、曲线、三角形等形状时，图形的顶点显示为蓝色的菱形手柄"◆"，控制点在两个顶点之间显示为蓝色的圆形手柄"⊕"。如果要更改线段的弧度，可以用鼠标拖动控制点到达合适的位置，如图6-7所示。

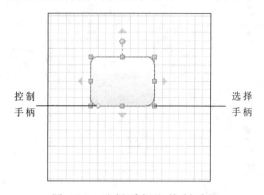

图6-6　选择手柄和控制手柄

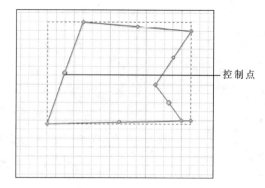

图6-7　控制点

4）连接点

在Visio 2010中，可以通过将连接线黏附到形状的连接点上来连接形状，形状上的连接点显示为蓝色的"×"，当连接线黏附到该连接点后，该连接点将变为红色，如图 6-8 所示。

5）旋转手柄

当用户选定形状后，形状的顶端出现蓝色圆点符号"●"就是旋转手柄。要旋转形状，只要拖动旋转手柄，当拖动时指针会变为四个圆形排列的箭头，如图 6-9 所示。

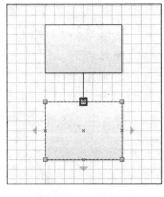

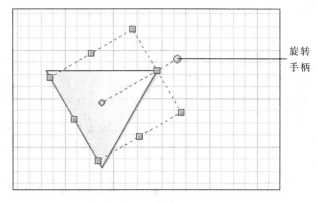

旋转手柄

图 6-8　连接点　　　　　　　　图 6-9　旋转手柄

6）顶点

当使用"铅笔工具"选择形状时，可以看到该形状的顶点。用户可以通过拖动顶点来更改形状的外形。例如：单击正方形的顶点，此时顶点变为红色，用鼠标拖动顶点可以改变形状，如图 6-10 所示。

7）锁定手柄

形状被选定后，形状四周出现带有灰色正方形"■"标记的手柄，这说明所选形状已经受到保护或锁定，不能通过拖动手柄来调整大小或旋转等特定的编辑操作，如图 6-11 所示。

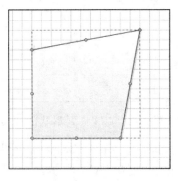

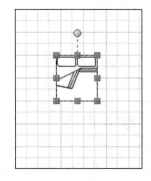

图 6-10　顶点　　　　　　　　图 6-11　锁定手柄

3．形状的连接

在两个形状间建立连接最简单的方法是利用形状拖入绘图页后，鼠标移动到形状时自动出现的上下左右四个箭头，单击箭头并拖动鼠标，就可以绘制连接线。如果用户想在形状任意点间创建连接线，同时绘制连接线更为准确，则可以使用"开始"选项卡上的"连接线"来绘制连接线。当移动连接后的某个形状时，连接线将会跟随着移动，始终保持连接状态。

Visio 2010 中提供了两种类型的连接：形状到形状连接和点到点连接，具体使用哪种连接取决于图表的布局。下面重点介绍利用"开始"选项卡上的"连接线"命令来绘制连接线的方法。

1）点到点连接

创建点到点连接的方法为：使用"指针"工具将两个形状拖动到绘图页，然后选择"开始"选项卡上的"连接线"命令，从第一个形状的连接点拖到第二个形状的连接点，如果连接线的端点变为红色，表示它们已经黏附到指定的连接点上。如果形状在要创建的点到点连接的位置上没有连接点，则用户可以自行添加连接点。自行添加连接点的方法是先选中要创建连接点的形状，选择"开始"选项卡上的"×"命令，然后按住【Ctrl】键，在形状要创建连接点的位置单击，此时形状上将出现红色显示的新连接点，如图 6-12 所示。

2）形状到形状连接

创建形状到形状连接的方法有两种：

第一种方法是选择"开始"选项卡上的"连接线"命令，然后将要连接的形状拖动到绘图页上，Visio 2010 将自动创建形状与形状间的连接。

第二种方法是先拖动要连接的形状到绘图页上，再选择"开始"选项卡上的"连接线"命令，将其放到第一个形状的蓝色连接点"×"，直到出现红色轮廓，然后拖动第二个形状的连接点，释放鼠标，此时连接线的端点为红色，表示已黏附到形状，如图 6-13 所示。

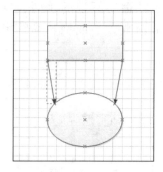 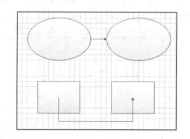

图 6-12　新建连接点实现点到点连接　　　图 6-13　形状到形状的连接

使用形状到形状的连接，当拖动连接的形状时，Visio 2010 将使两个形状间的连接保持最近，可能会引起连接点发生变化，如图 6-14 所示。

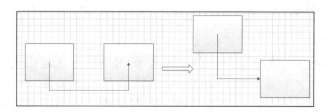

图 6-14　形状到形状连接图和拖动形状后的连接图

4．形状的旋转和翻转

形状围绕一个轴的转动称为翻转，围绕一个点的转动称为旋转。用户可以通过翻转或旋转来实现改变一个形状在绘图页上的摆放角度。

形状的翻转有水平翻转和垂直翻转两种，如图 6-15 所示。要翻转形状，先选中形状，然后选择"开始"选项卡的"位置"命令，选择"方向形状"组中的"旋转形状"命令下拉菜单中选择"水平翻转"或"垂直翻转"选项，即可完成形状的翻转，如图 6-16 所示。

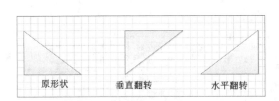

图 6-15　形状的翻转图

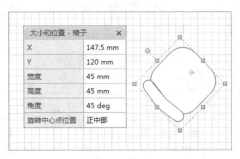

图 6-16　精确旋转形状

形状的旋转通常有 3 种方法：

1）利用旋转手柄

当用户选定形状后，形状的顶端出现蓝色旋转手柄"●"，要旋转形状，只要拖动旋转手柄到所需的角度，然后释放鼠标即可。

2）旋转 90 度

选定形状后，然后选择"开始"选项卡里的"位置"命令，选择"方向形状"组中的"旋转形状"命令，在下拉菜单中选择"向左旋转 90 度"或"向右旋转 90 度"选项，可以实现形状向左或向右旋转 90 度。

3）精确调整形状的旋转角度

选定要旋转的形状，单击"视图"选项卡"显示"组"任务窗格"中的"大小和位置"按钮，弹出"大小和位置窗口"对话框，在"角度"文本框中输入角度值，然后按【Enter】键，形状将按照设置的角度进行旋转，如图 6-16 所示。

4）形状的对齐

当绘图页上放置了比较多的形状后，需要对形状进行适当的排列，使得绘图更加美观和整齐。用户可以手工调整形状的位置，也可以利用"开始"选项卡"排列"组"位置"下拉列表中的"对齐形状"选项，实现排列。用手工调整位置速度慢，一般用户选择用菜单来实现多个形状自动对齐。具体操作步骤如下：先选择需要重新排列的形状，然后选择"开始"选项卡"排列"组"位置"下拉列表中的"对齐形状"选项，从中选择要采用的对齐方式。

6.2.4　形状查找

Visio 2010 自带的形状较为丰富，不便于快速找到所需的形状。因此，如果需要快速的获得对应形状，可以使用"快速形状"或"更多形状"进行查找。如

图 6-17 所示。

例如：打开了多个模具，并且每个模具只需其中的几个形状。此时，可以单击"快速形状"选项卡，在一个工作区中查看所有已打开模具中的"快速形状"，如图 6-17（a）所示。

或者选择"更多形状"，在弹出的菜单中选择"搜索形状"命令，如图 6-17（b）所示。在显示的"搜索形状"搜索框中输入形状的名称，快速搜索到所需要的形状。默认情况下，搜索框是隐藏的，以便为形状和模具留出更多空间。"搜索形状"使用 Windows 搜索引擎在计算机中查找形状。若要在 Internet 上搜索形状，则单击"联机查找形状"查找。

（a）

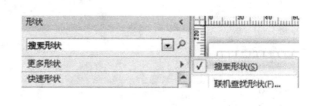

（b）

图 6-17 形状查找

6.3 文 本 工 具

在绘图文件中添加文本，可以对形状作进一步的注释和说明，使得文件内容更加清晰、明了。

Visio 2010 的文本添加、移动和编辑与 Word 的文本框工具类似。所不同的是，在 Visio 2010 中使用"文本工具"完成后，需要关闭，即单击"指针工具 "。

1. 添加文本

添加文本分为：向形状添加文本和添加独立文本。

（1）向形状添加文本，只需单击某个形状并输入文本。Visio 2010 会自动放大文本，方便用户输入操作。

（2）添加独立文本，单击"开始"选项卡中的"工具"组中的"文本"，接着在绘图页上选好文本插入的位置，同时按住鼠标左键并拖动，输入文本。输入完成后，需要关闭"文本工具"，即单击"开始"选项卡"工具"组中的"指针工具"。用户可以向绘图页添加与任何形状无关的文本，例如标题或列表。如图 6-18 所示，左侧为添加独立文本，右侧是对形状添加文本。

图 6-18 添加文本

2．移动文本

指针工具选择目标即可任意拖动。单击"开始"选项卡"工具"组中的"指针工具"，将"指针工具"放置在该文本的中心。当指针显示一个四向箭头时，表示可以移动此文本（就像其他任何形状一样移动）。

如果要将文本移动一个像素，用鼠标移动则无法实现，可以使用快捷方式实现对文本位置微调。即使用【Shift】+方向键。如【Shift】+【→】按一次，可使文本在右方向上移动一个像素。

3．编辑文本

双击目标文本进行编辑。如果一个目标为多个文本或图片组合时，双击后无法编辑，则要先取消组合，再编辑。右击组合图形，在弹出的快捷菜单中选择"组合"级联菜单下的"取消组合"，再双击目标进行文本编辑。

6.4　制作流程图

流程图可以展示过程、指示工作流、分析进度、跟踪成本与效益等信息。在 Visio 2010 中，系统提供了基本流程图、工作流程图、跨职能流程图等。相比之下，Word 2010 也可以制作流程图，但是使用较为烦琐。Visio 2010 能够将难以理解的复杂文本和表格转换为一目了然的 Visio 2010 图表，可以绘制业务流程的流程图、网络图、工作流图、数据库模型图和软件图等，以及精美的绘图效果。

6.4.1　算法流程图

在程序设计中，算法是为了解决某一问题而采用的方法和步骤。算法也可以用流程图表示。Visio 2010 为专业流程图绘制软件，使绘图高效、简单。运行 Visio 2010，新建一个基本流程图，使用图形符号来表示程序算法。较常用的"流程图"所用的基本符号，如表 6-1 所示。

表 6-1　常用流程图的基本符号

图 形 符 号	符 号 名 称	说　　明	流　　线
开始/结束	起始、终止框	表示算法的开始或结束	起始框：一流出线 终止框：一流入线
数据	输入、输出框	框中标明输入、输出内容	只有一流入线和一流出线
流程	处理框	框中标明进行什么处理	只有一流入线和一流出线
判定	判定框	框中标明判定条件并在框外标明判定后的两种结果流向	一流入线两流出现（T 和 F）但同时只能一流出线起作用
⌐↳	连线（连接线）	表示从某一框到另一框的流向	
⌐□→ 指针	指针	改变图形符号的大小和位置	
⇄ 单箭头	线端	改变连接线的线端	

1．问题和算法描述

在程序设计中，如果要设计一个累加问题，如在 S=1+2+…+N 中，其中 N 为正整数，S 为累加和，i 为 1.2.3,…N 当前项。其算法描述如下：

（1）设置累加和的初值为 0，即 S=0，当前项 i 从 1 开始，即 i=1。

（2）从键盘输入 N。

（3）判断当前值 i 是否小于 N 的值，若是，则结束累加。

（4）计算新的累加和 S，其值等于当前累加和 S 加上当前值 i，即 S=S+i。

（5）取下一个当前值 i，其值等于当前 i 加上步长 1，即 i=i+1，然后转到步骤（3）。

2．创建流程图的基本形状

选择"文件"选项卡中的"新建"，再选择"流程图"内的"基本流程图"，然后单击右侧的"新建"按钮，新建一个绘图文件。

从左侧的"基本流程形状"模具集合中，拖动"开始/结束""判定""流程"形状到绘图页，调整大小并放在合适的位置，如图 6-19 所示。

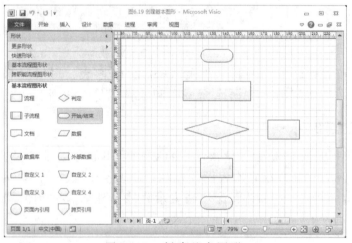

图 6-19　创建基本图形

3．使用"连接线工具"连接流程图形状

单击工具栏的"连接线工具"，从第一个形状上的连接点"×"拖动到第二个形状上的连接点，依次建立所有图形的连接线。设置连接线的格式，选中图形中所有的连接线右击，在快捷菜单中选择"格式"下的"线条"命令，从弹出的"线条"对话框中详细设置，设置界面如图 6-20 所示，所有形状连接并设置线条的格式后的界面如图 6-21 所示。

4．添加文本到形状

双击绘图页中的形状或连接线，进入文本编辑状态，依次为形状和连接线输入文本，并设置所有文本格式。选中图形中所有的连接线右击，在快捷菜单中选择"格式"下的"文本"命令，从弹出的"文本"对话框中详细设置，设置界面如图 6-22 所示，添加文本到形状后的界面如图 6-23 所示。

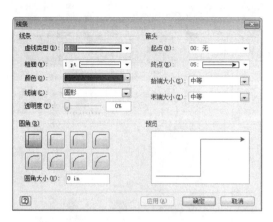

图 6-20　设置线条格式

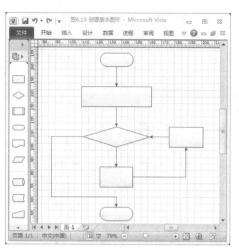

图 6-21　建立形状间的联系

图 6-22　设置文本格式

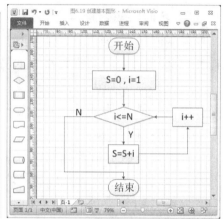

图 6-23　累加算法流程图

6.4.2　跨职能流程图

企业管理类的工作岗位，需要制作或修改大量的流程图。使用 Visio 2010 绘制跨职能流程图，显示一个进程在各部门之间的流程，或者显示一个进程是如何影响公司中的不同职能部门的，以及进程中各步骤之间的关系和执行它们的职能单位。

1．问题描述

一份公文的审核流程，需要先经过秘书编写公文，由副主任审核公文是否通过。副主任审核不通过则退回秘书重新编写，通过则提交主任。主任审核通过发布公文，否则退回副主任处重新审核。

2．创建跨职能流程图

选择"文件"选项卡中的"新建"，再选择"流程图"及其中的"跨职能流程图"，然后单击右侧的"新建"按钮，新建一个绘图文件。根据需要，则选择方向为垂直的跨职能流程图，如图 6-24 所示。新建跨职能流程图后，默认的"泳道"为两个，可单击"泳道"边界添加一个"泳道"，如图 6-25 所示。

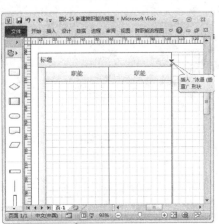

图 6-24　选择跨职能流程图的方向　　　　图 6-25　插入"泳道"形状

3．绘制跨职能流程图

从左侧的"跨职能流程图形状"模具中，拖动多个"流程"及"判定"形状到各"泳道"上，调整大小并对齐位置。使用"连接线工具"连接流程图形状，自动连接形状后如果不符合美观，也可以通过手动拖动连接线进行调整。然后，双击对应形状添加文字，如图 6-26 所示。

4．形状颜色填充

为了使绘图更加美观，选择形状，右击后从弹出的快捷菜单中选择"格式"下的"填充"命令，从弹出的"填充"对话框中详细设置，可以选择相应的颜色、图案以及透明度。设置界面如图 6-27 所示。如需一次进行多个形状填充，可按【Ctrl】键的同时单击多个形状，然后再对形状填充颜色设置。对跨职能流程图颜色填充后，效果如图 6-28（a）所示。在图 6-28（a）的基础上，将它另存为 .jpg文件，就能得到如图 6-28（b）所示的跨职能流程图。

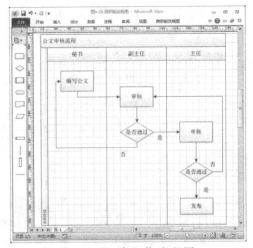

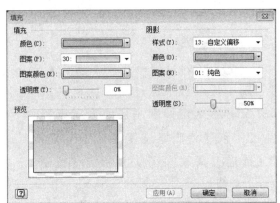

图 6-26　跨职能流程图　　　　　　　　图 6-27　形状填充

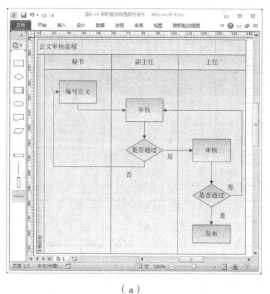

（a）

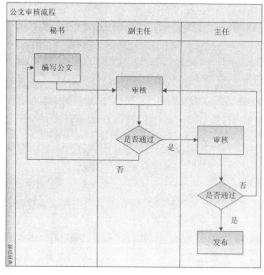

（b）

图 6-28 跨职能流程图

6.4.3 ER图

ER图也称实体联系图(Entity Relationship Diagram)，提供了表示实体类型、属性和联系的方法，是用来描述现实世界的概念模型。一般的ER图画法是采用圆、正方形和菱形来描述实体及它们之间的关系，这三者在图中分别代表了属性、实体和联系。

在 Visio 2010 中，没有提供专门的模板来绘制一般的 ER 图，有一种比较折中的办法是：在形状窗格中选择"更多形状"，在弹出的菜单中选择"流程图"下的"基本流程图"命令。从左侧的"基本流程图"模具中，找到长方形、菱形和椭圆。选择所需图形后右击，在弹出的快捷菜单中选择"添加到我的形状"中的"添加到新模具"命令，如图 6-29 所示。在弹出的对话框中，将文件名命名为"ER 图"。这样，Visio 2010 就新建了一个名为"ER 图"的绘图模具。用同样的方法，将菱形和椭圆保存到新模具"ER 图"中。

绘制 ER 图中的短线，在形状窗格中选择"更多形状"，在弹出的菜单中依次选择"软件和数据库"、"数据库"及"对象关系"，可以找到短线。并用同样的方法添加到模具"ER 图"中，如图 6-30 所示。

将长方形、菱形、椭圆和直线添加到模具 ER 图中，即完成了模具 ER 图创建。在绘制 ER 图时，选择形状窗格中的"更多形状"下的"打开模具"，找到模具 ER 图所在的位置，并打开，即 ER 图所有的元素都会在一个模具中显示出，如图 6-31 所示。可根据要求画出对应 ER 图，如图 6-32 所示。

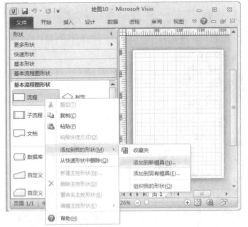

图 6-29　将长方形和菱形添加到模具 ER 图中　　图 6-30　将直线添加到模具 ER 图中

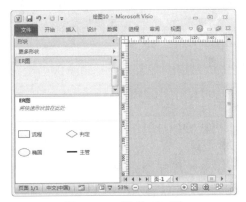
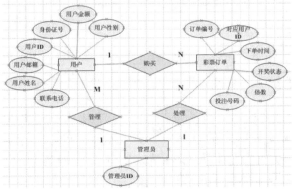

图 6-31　模具 ER 图　　　　　　　　　图 6-32　ER 图

6.5　制作组织结构图

　　Visio 2010 提供了企业经常用到的另一种图表：组织结构图。通过线条和形状，使得组织的管理结构一目了然。不仅如此，图表中的形状还可以和数据进行关联，如图 6-33 所示。在组织结构图中可以选择一个雇员的形状，将个人信息（如邮箱、电话号码和部门）与形状关联，使得数据成为结构图的一部分。

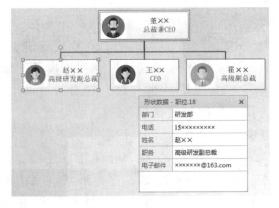

图 6-33　组织结构图自带数据

　　Visio 2010 提供了两种制作组织结构图的方法，第一种是直接在 Visio 2010 软件上绘制，第二种是利用 Excel 等数据导入组织结构图。下面分别用这两种制作方法来实现组织结构图。直接在 Visio 2010 软件上绘制实例的制作效果如图 6-34 所示。

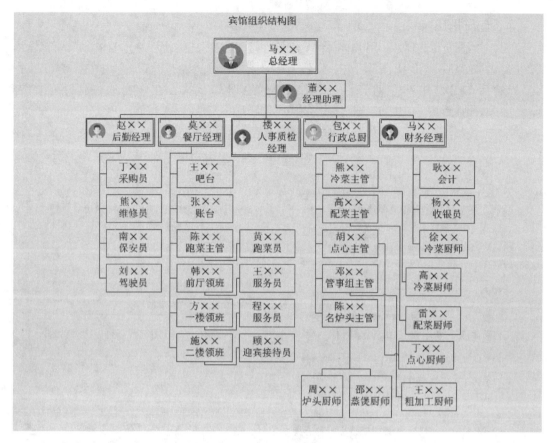

图 6-34 某宾馆组织结构图

6.5.1 绘制组织结构图

1. 新建文件

启动 Visio 2010，选择"文件"选项卡中的"新建"。在模板类别中选择"商务"并双击，选择"组织结构图"，新建一个绘图文件。

2. 添加图形

（1）从左侧的"组织结构图形状"模具中，拖动"经理"形状到绘图页上。同时，弹出"连接形状"对话框，提示用户将形状放在上级形状的顶部，如图 6-35 所示，单击"确定"按钮关闭提示。

（2）从左侧的"组织结构图形状"模具中，拖动"经理"形状放到绘图页"经理"形状上。"经理"形状和绘图页"经理"形状将自动建立连接线。由于经理下面有多个部门经理，可利用模具中的"多个形状"，一次建立多个形状与"经理"自动连接。从左侧的"组织结构图形状"模具中，拖动"多个形状"到绘图页的"经理"形状上。在弹出的"添加多个形状"对话框中，"形状"选择"经理"，并在"形状的数目"文本框中输入 5，单击"确定"按钮，如图 6-36 所示。完成后系统将自动添加了 5 个"经理"形状在"经理"下方，这种方式可以快速建立多个同级别的形状。

3．布局排版

（1）为了便于排版，用户应将"经理"下面的职位设置为垂直排列。首先，选中要添加的垂直形状图形，在"组织结构图"选项卡的"布局"组中，单击"垂直"，然后单击"中部左对齐"。或者右击"经理"形状，在弹出的快捷菜单中选择"排列下属形状"中的"垂直"布局，如图 6-37 所示。

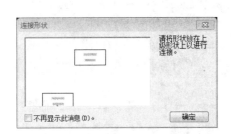

图 6-35　"连接形状"对话框　　　　　图 6-36　"添加多个形状"对话框

（2）从左侧的"组织结构图形状"模具中，将"多个形状"拖动到"经理"上，选择形状为"职位"，并在形状数目中输入 5，效果如图 6-38 所示。

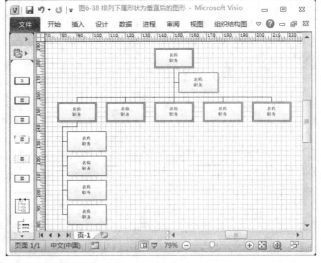

图 6-37　"排列下属形状"对话框　　　　图 6-38　排列下属形状为垂直后的图形

（3）用上述方法，为其他"经理"形状添加"职位"形状。完成后，如图 6-39 所示，至此组织结构图的框架已基本完成。

4．文字排版

为各个形状添加姓名和职位。双击形状，进入形状的文本编辑状态，依次为各个形状添加姓名和职位。

5．标注标题

从左侧的"组织结构图形状"模具中，将"名称/日期"形状拖动到绘图页中。删除日期，在名称上输入"宾馆组织结构图"，并调整位置在整个组织结构图的上方。

6．颜色调整

为不同的形状填充颜色。右击形状，在弹出的菜单中选择"格式"下的"填充"命令，对形状的填充颜色进行设置。填充对话框如图 6-40 所示。

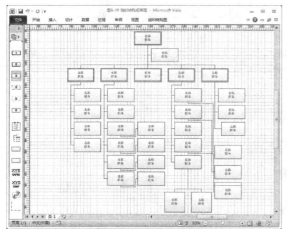

图 6-39　组织结构框架图

图 6-40　形状填充颜色

7．为形状添加照片

为各位经理形状添加照片。以"马鞍山总经理"形状添加照片为例，右键单击"总经理"形状，在弹出的快捷菜单中选择"插入图片"。在弹出的"插入图片"对话框中，找到图片的位置，然后单击"打开"按钮。图片就会出现在所选形状的左侧。用同样的方法，为下属的五位经理添加照片。

8．修改形状或文本格式

从整体上看，文本添加后字体偏小、线条较细，并且为形状添加照片后，形状的大小发生改变。因此，需要对组织结构图进行格式修改。首先，对组织结构图的字体修改。如果对每个形状单独修改字体，任务烦琐，因此，用户可以用鼠标拖动的方式对绘图页上的形状全选并右击，在弹出的快捷菜单中选择"格式"下的"文本"命令。在弹出的对话框中修改字体的字号。同理，用户也可以对线条的粗细调整。最后，调整形状的位置和线条后，效果如图 6-41 所示。

9．为绘图页添加背景

在"设计"选项卡的"背景"组中，单击"背景"，然后在多个背景图案中挑选一种背景并单击。

完成以上 9 个步骤后，某宾馆组织结构图的最终效果如图 6-34 所示。

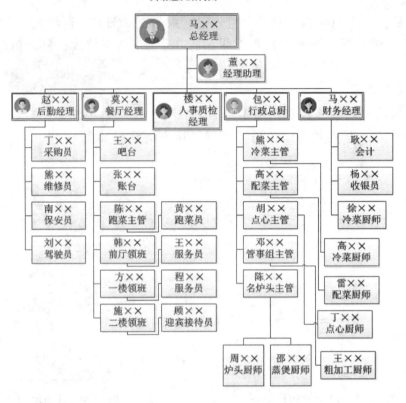

图 6-41　添加照片和修改格式后的效果

6.5.2　利用 Excel 数据导入组织结构图

在 Visio 2010 中绘制组织结构图，可以通过拖动形状、添加连接和输入文字等步骤绘制而成，操作过程较为烦琐。利用 Visio 提供的创建组织结构图向导，可以利用 Excel 数据，引导用户轻松完成组织结构图的制作。

假设用户已将某公司研发部的员工组织结构的数据录入保存在一个文件名为"研发部.xlsx"的文件中，文件的内容如图 6-42 所示。

图 6-42　研发部组织结构数据文件

选择"文件"选项卡中的"新建"命令。在模板类别中选择"商务"并双击，选择"组织结构图向导"命令。并在打开的"组织结构图向导"对话框中，单击"已存储在文件或数据库中的信息"，然后单击"下一步"按钮，如图 6-43 所示。

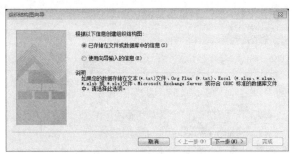

图 6-43　组织结构图向导

接下来分别选择导入数据的文件类型及文件所在的位置、主要字段等属性、要显示的字段和自定义字段等。具体步骤如下：

① 在弹出的"组织结构图向导"对话框中选择文件类型，如图 6-44 所示，本例选择第三个选项，然后单击"下一步"按钮。

图 6-44　选择文件类型

② 在弹出的"组织结构图向导"对话框中单击"浏览"按钮，在打开的文件对话框中找到研发部.xlsx，如图 6-45 所示，然后单击"下一步"按钮。

图 6-45　选择数据文件

③ 在弹出的"组织结构图向导"对话框中选择主要字段等属性，如图 6-46 所示，然后单击"下一步"按钮。

④ 在弹出的"组织结构图向导"对话框中选择要显示的字段，如图 6-47 所示，然后单击"下一步"按钮。

图 6-46　选择信息字段

图 6-47　选择要显示的字段

⑤ 在弹出的"组织结构图向导"对话框中选择要显示的自定义字段，如图 6-48 示，然后单击"下一步"按钮。

图 6-48　选择要显示的自定义字段

⑥ 在弹出的"组织结构图向导"对话框中指定是否需要自动将组织结构图分成多个页面显示，如图 6-49 所示，然后单击"完成"按钮，在绘图页上自动生成一个完整的组织结构图，效果如图 6-50 所示。

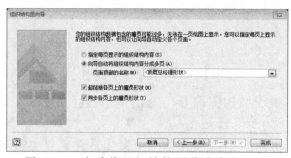

图 6-49　自动将组织结构图分成多个页面

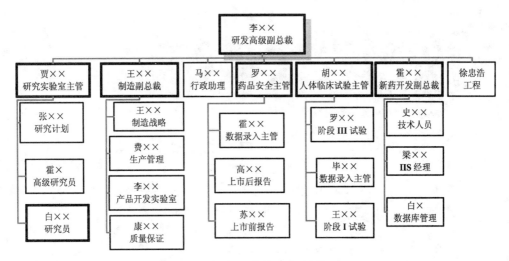

图 6-50 自动生成的组织结构图

最后，用户可以对这个组织结构图进一步美化和修饰，比如调整形状大小、修改线条粗细、加入照片、添加背景等。

6.6 共享 Visio 绘图

当用户使用 Visio 2010 创建了流程图、组织结构图、网络图示或建筑空间布置图等绘图后，会将绘图添加到文档、电子表格及演示文稿中。本节将介绍如何将 Visio 2010 中绘制的图形添加到目标文件中。

将 Visio 2010 绘图添加到目标文件的方法通常有三种方法：嵌入、链接和粘贴为图片。

6.6.1 嵌入

嵌入绘图是最容易的方法，用户只要先选中 Visio 2010 中的绘图，然后右击，在弹出的快捷菜单中选择"复制"命令，在目标文件中粘贴就可以将绘图嵌入目标文件中。下面用一个实例来说明。

假设事先用户已在 Visio 2010 中绘制了如图 6-51 所示的有关活动理论的框图，要将此框图添加到介绍活动理论的演示文稿中，具体操作如下：

① 在 Visio 2010 中用鼠标拖动的方式选中框图，然后右击，在弹出的快捷菜单中选择"复制"命令，再切换到演示文稿。

② 确定插入对象的位置并右击，在弹出的快捷菜单中选择"粘贴"命令，那么该图形就嵌入演示文稿中了，如图 6-52 所示。

以后如果需要修改嵌入的图形，只要在演示文稿中双击该图，就会暂时进入 Visio 2010 环境中，用户可以直接利用 Visio 2010 的菜单和工具栏，对图形进行编辑和修改操作，如图 6-53 所示。编辑和修改完成后，在图框外空白处单击就可返回演示文稿界面。

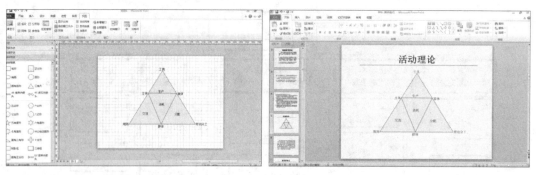

图 6-51　活动理论框图　　　　　图 6-52　在演示文稿中嵌入 Visio 2010 绘图

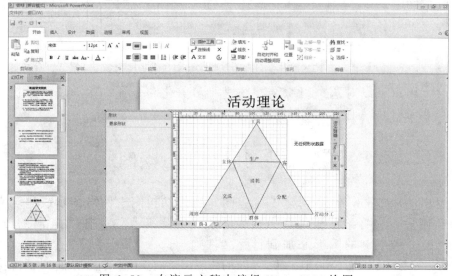

图 6-53　在演示文稿中编辑 Visio 2010 绘图

用嵌入的方法将 Visio 2010 中绘制的图形添加到目标文件中，即图形的副本成为目标文件的一部分。如果将演示文稿、文档移动到另一台计算机上时，就不必附带绘图文件。但是，在文件中嵌入绘图时，将会明显增加文件大小，同时没有安装 Visio 2010 的用户将无法修订目标文件中的绘图。

如果插入目标文件中的绘图需要频繁变化，实时更新；或者有多个用户或组进行维护和更新，使用嵌入绘图方法简单却不是最佳办法。而链接绘图可以实现绘图的实时更新。

6.6.2　链接

链接的正式名称为插入链接对象。将绘图链接到演示文稿、文档中时，绘图将被插入，且绘图和目标文件之间将建立关系，如果对 Visio 2010 的绘图改变将直接影响目标文件里的图形。链接绘图可以做到随时更新。下面用实例来说明。

假设事先用户已在 Visio 2010 中绘制了如图 6-54 所示的网络结构图，要将此网络图添加到介绍公司局域网的 Word 文档中，具体操作如下：

① 打开"公司局域网简介.docx"文档，单击"插入"选项卡"文本"组中

的"对象"命令。

② 在弹出的"对象"对话框中，单击"由文件创建"标签，单击"浏览"按钮，选择要插入的绘图文件，选择"连接到文件"复选框，最后单击"确定"按钮，实现对象的连接，如图 6-55 所示。链接成功后在 Word 文档中就插入了 Visio 2010 的绘图，如图 6-56 所示。如果用户在 Visio 2010 中修改了绘图，那么链接到 Word 中的绘图会发生实时变化。

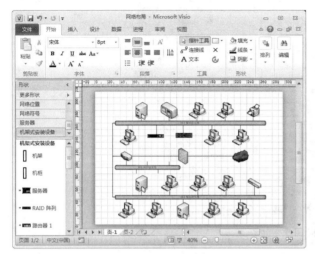

图 6-54　公司局域网图

图 6-55　插入对象对话框

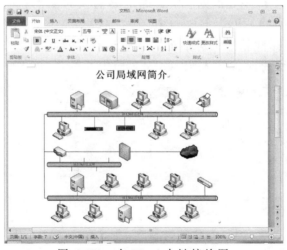

图 6-56　在 Word 中链接绘图

但是，如果要将演示文稿、文档移动到另一台计算机上，需要同时移动绘图文件，否则无法修订绘图。

6.6.3　粘贴为图片

将 Visio 2010 绘图嵌入或链接到目标文件中，会明显增加目标文件的大小。如果用户插入目标文件的绘图内容比较固定，同时希望尽量减少目标文件的大小，粘贴为图片是一种非常好的方法。下面用个实例来说明。

假设事先已在 Visio 2010 中绘制了如图 6-57 所示的展览会安排图,要将此图添加到介绍展览会安排的 Word 文档中,具体操作如下:

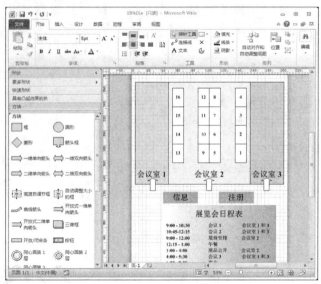

图 6-57　展览会安排图

①　在 Visio 2010 中选择"展览会安排图",然后右击,在弹出的快捷菜单中选择"复制"。

②　切换到目标文件 Word 文档中,确定要插入对象的位置,单击"开始"选项卡"剪贴板"中的"粘贴"按钮,在下拉列表中选择"选择性粘贴",弹出如图 6-58 所示的"选择性粘贴"对话框,从中选择转换形式"图片",单击"确定"按钮,绘图就以图片的形式插入到 Word 文档中,结果如图 6-59 所示。

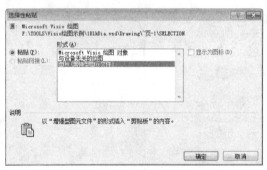

图 6-58　"选择性粘贴"对话框

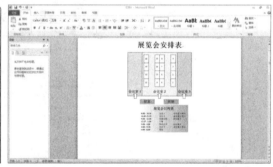

图 6-59　粘贴为图片插入 Visio 2010 对象

6.6.4　常见问题

将 Visio 2010 导入 Word、Excel 或 PPT 中,经常会遇到如下问题:

(1)Visio 2010 绘图复制到 word 中不显示。在 Visio 2010 中选中图形,复制到 Word 文档,却没有在 Word 文档中显示,原因是没有严格按照将绘图插入 Word 中的方法(详见 6.6.1-6.6.3)。

以复制粘贴的方法举例:从 Visio 2010 复制绘图并粘贴到 Word。在 Word 中双击绘图会自动启动 Visio 2010，可以进行修改。但是，如果 Word 文件被移动到另一个没有安装 Visio 2010 的系统，则会出现问题。在粘贴时，可以选择"选择性粘贴"，而不是"粘贴"命令。

（2）将 Visio 2010 中的绘图复制到 Word 中只显示一部分，如图 6-60 所示。将 Visio 2010 的绘图复制到 Word 中只显示了绘图的一部分，而没有全部显示，原因是设置了段落间距为固定值，使得段落和段落间的距离固定，绘图放置不下。因此，只要将段落的行距设置为除固定值之外的即可，如图 6-61 所示。

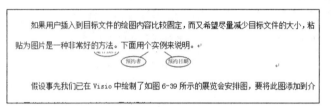

图 6-60　将 Visio 2010 绘图复制到 Word 中只显示一部分　　　　图 6-61　查看段落间距

（3）将 Visio 2010 中的绘图复制到 Word 中虚线变为实线。复制 Visio 2010 中的图形，粘贴到 Word 或者 PPT 等文档时，图形中的虚线有时显示成了实线，原因是 Visio 2010 呈现超长线条和非常细的虚线为实线，以减小增强图元文件 (EMF) 的嵌入对象。Visio 2010 尽量避免在其他程序文档中嵌入对象时文件大小有所增加，同时还有助于避免打印机缓冲区溢出。

将实线部分还原为虚线，有如下方法：

方法一：在 Visio 2010 中将线条设置为 0 像素。选中要设置的线条，右击后在弹出的快捷菜单中选择"格式"中的"线条"命令，弹出"线条"对话框，如图 6-62 所示。设置粗细为自定义，输入 0 pt。

方法二：将原图复制到"画图"工具中，保存为图片。再将图片形式的图形插入 Word 或 PPT 中，即 Microsoft 的 OLE 技术。

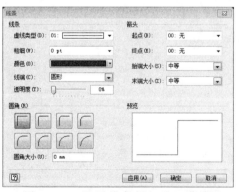

图 6-62　设置线条粗细为 0 像素

参 考 文 献

[1] 吴卿. 办公软件高级应用 Office 2010[M]. 杭州：浙江大学出版社，2010.

[2] 贾小军，骆红波，许巨定. 大学计算机：Windows 7, Office 2010 版[M]. 长沙：湖南大学出版社，2013.

[3] 骆红波，贾小军，潘云燕. 大学计算机实验教程：Windows 7, Office 2010 版[M]. 长沙：湖南大学出版社，2013.

[4] 贾小军，童小素. 办公软件高级应用与案例精选[M]. 北京：中国铁道出版社，2013.

[5] 吴化，兰星. Office 2010 办公软件应用标准教程[M]. 北京：清华大学出版社，2012.

[6] 郭燕. PowerPoint 2010 演示文稿制作[M]. 北京：航空工业出版社，2012.

[7] 成昊. 新概念 Excel 2010 教程. 6 版[M]. 北京：科学出版社，2011.

[8] 黄桂林. Word 2010 文档处理案例教程[M]. 北京：航空工业出版社，2012.

[9] 杨继萍，吴华. Visio 2010 图形设计标准教程[M]. 北京：清华大学出版社，2011.

[10] 杨继萍. Visio 2010 图形设计从新手到高手[M]. 北京：清华大学出版社，2011.

[11] 黄海军. Office 高级技术应用与实践[M]. 北京：清华大学出版社，2012.

[12] 於文刚，刘万辉. Office 2010 办公软件高级应用实例教程[M]. 北京：机械工业出版社，2015.

[13] 谢宇，任华. Office 2010 办公软件高级应用立体化教程[M]. 北京：人民邮电出版社，2014.

[14] 叶苗群. 办公软件高级应用与多媒体案例教程[M]. 北京：清华大学出版社，2015.

[15] 胡建化. Excel VBA 实用教程[M]. 北京：清华大学出版社，2015.